■ 高等学校网络空间安全专业规划教材

信息安全工程

严承华 陈璐 赵俊阁 主编
李支成 张俊 李阳 副主编

清华大学出版社
北京

内 容 简 介

本书从工程应用的角度出发,针对信息安全从规划与控制、需求与分析、实施与评估全过程进行阐述,并结合具体信息安全工程的实现,描述了信息安全工程的内容。主要介绍信息安全工程基础、信息安全系统工程、系统安全工程能力成熟度模型、信息安全工程实施、信息安全策略、信息安全风险管理与评估、信息安全等级保护、容灾备份与数据恢复、信息安全管理,并通过信息安全工程案例加强对信息安全工程的认识。通过本书的学习,读者可对信息安全工程的原理与技术有所了解,并明确信息安全工程过程所包含的内容。

本书适合作为信息安全专业学生的教材,也可供从事相关工作的技术人员和对信息安全感兴趣的读者阅读参考。

图书在版编目(CIP)数据

信息安全工程/严承华等主编. —北京:清华大学出版社,2017(2025.1重印)
(高等学校网络空间安全专业规划教材)
ISBN 978-7-302-46878-3

Ⅰ. ①信⋯ Ⅱ. ①严⋯ Ⅲ. ①信息安全—安全工程 Ⅳ. ①TP309

中国版本图书馆 CIP 数据核字(2017)第 064043 号

责任编辑:袁勤勇 梅栾芳
封面设计:傅瑞学
责任校对:李建庄
责任印制:刘海龙

出版发行:清华大学出版社
    网 址:https://www.tup.com.cn,https://www.wqxuetang.com
    地 址:北京清华大学学研大厦 A 座 邮 编:100084
    社 总 机:010-83470000 邮 购:010-62786544
    投稿与读者服务:010-62776969,c-service@tup.tsinghua.edu.cn
    质量反馈:010-62772015,zhiliang@tup.tsinghua.edu.cn
    课件下载:https://www.tup.com.cn,010-83470236
印 装 者:涿州市般润文化传播有限公司
经 销:全国新华书店
开 本:185mm×260mm 印 张:18 字 数:440 千字
版 次:2017 年 7 月第 1 版 印 次:2025 年 1 月第 7 次印刷
定 价:58.00 元

产品编号:073318-03

前　言

　　信息是社会发展的重要战略资源。信息技术和信息产业正在改变传统的生产、经营和生活方式，成为新的经济增长点。信息网络国际化、社会化、开放化、个人化的特点使国家的"信息边疆"不断延伸，国际上围绕信息的获取、使用和控制的斗争愈演愈烈，信息安全成为维护国家安全和社会稳定的一个焦点，各国都给予极大的关注与投入。

　　著名信息安全专家沈昌祥院士指出："信息安全既不是纯粹的技术，也不是简单的安全产品的堆砌，而是一项复杂的系统工程——信息安全工程"。其复杂性体现在信息安全具有全面性、生命周期性、动态性、层次性和相对性等特点。安全体系结构的设计、安全解决方案的提出必须基于信息安全工程理论。对企业来讲，在建立与实施企业级的信息与网络系统安全体系时，必须考虑信息安全的方方面面，必须兼顾信息网络的风险评估与分析，信息网络的整体安全策略、安全模型、安全体系结构的开发，信息网络安全的技术标准与规范的制定以及信息网络安全工程的实施等各个方面。工程实施单位必须严格按照信息安全工程的过程规范实施。只有这样才能实现真正意义的信息安全。

　　信息安全工程的实施方法有许多种，总的指导思想是将安全工程与信息系统开发集成起来。本书以信息系统建设为基础，在分析常见信息安全问题的基础上，指出具有生命周期的信息安全工程建设流程。并具体阐述信息安全工程过程的目的是使信息系统安全成为系统工程和系统获取过程整体的必要部分，从而有力地保证客户目标的实现，提供有效的安全措施以满足客户的需求，将信息系统安全的安全选项集成到系统工程中去获得最优的信息系统安全解决方案。

　　本书共分9章，第1章信息安全工程基础，介绍信息与信息系统、系统工程与软件工程的概念，信息系统建设中常见的信息安全问题以及信息安全工程的概念、建设流程和特点；第2章信息安全系统工程，介绍信息安全系统工程的基本概念和过程，以及信息安全系统工程与其他过程的联系；第3章系统安全工程能力成熟度模型，介绍SSE-CMM的基础、体系结构与应用、系统安全工程能力评估；第4章信息安全工程实施，介绍安全需求定义、安全支持设计、安全运行分析、生命周期安全支持；第5章信息安全策略，介绍信息安全策略的概念、规划与实施以及环境安全、系统安全、病毒防护安全策略；第6章信息安全等级保护，介绍等级保护的概念及其在信息安全工程中的实施、等级保护标准的确定；第7章容灾备份与数据恢复，介绍数据备份的概念与技术以及灾难恢复概念、种类和应用；第8章信息安全管理，主要介绍信息安全管理的概念、信息安全保障、体系和控制规范；第9章信息安全工程案例，分别介绍涉密网安全建设规划设计、信息系统网络安全工程实施和政府网络安全解决方案。每章后面附有习题，以便学习时使用。

本教材出版得到了湖北省自然科学基金重点项目（编号：2015CFA066）的资助。由于作者水平有限，因此对于本书的不足，恳请读者提出宝贵意见，以便再版时修改和完善，甚为感谢。

作　者

2017 年 4 月

目 录

第5章 信息安全风险管理与评估　/135

第 6 章　信息安全策略　　/173

第 1 章

信息安全工程基础

学习目标

- 了解信息与信息系统;
- 认识信息系统建设中的安全问题;
- 认识信息安全工程概念;
- 了解信息安全工程特点。

1.1 信息与信息系统

1.1.1 信息的概念

"信息"一词来源于拉丁文 Information,意思是指一种陈述或一种解释、理解等。随着人们对信息概念的深入认识,信息的含义也在不断演变。现在"信息"一词已经成为一个含义非常深刻、包含内容相当丰富的概念。

信息论的创始人 C. E. 香农认为,信息是"用来消除未来的某种不确定性的因素",信息是通信的内容。控制论的创始人之一维纳认为,信息是"人们在适应外部世界并且使之反作用于世界的过程中,同世界进行交换内容的名称。"也有人认为,信息是物质和能量在空间和时间中分布的不均匀程度,是伴随宇宙中一切过程发生的变化程度。

ISO/IEC 的 IT 安全管理(ISO/IEC TR13335)对信息的解释是:信息是通过在数据上施加某些约定而赋予的这些数据的特殊含义。

一般意义上的信息是指事物运动的状态和方式,是事物的一种属性,在引入必要的约束条件后可以形成特定的概念体系。通常情况下,可以把信息理解为消息、信号、数据、情报和知识。信息本身是无形的,借助于信息媒体以多种形式存在或传播,它可以存储在计算机、磁带、纸张等介质中,也可以记忆在人的大脑里,还可以通过网络、打印机、传真机等方式进行传播。

对于现代企业来说,信息是一种资产,包括计算机和网络中的数据,还包括专利、标准、商业机密、文件、图纸、管理规定、关键人员等,就像其他重要的商业资产那样,信息资产具有重要的价值,因而需要进行妥善保护。

需要注意的是,从安全保护的角度去考察信息资产,不能只停留在静态的一个点或者一个层面上。信息是有生命周期的,从其创建或诞生,到被使用或操作,到存储,再到被传递,直至生命期结束而被销毁或丢弃,各个环节、各个阶段都应该被考虑到,安全保护应该兼顾信息存在的各种状态,不能够有所遗漏。

1.1.2　信息系统

20世纪40年代,随着计算机在社会各个领域的广泛应用和迅速普及,人类社会步入信息时代,以计算机为核心的各种信息系统建设如雨后春笋。同时,信息安全问题伴随而来。

中国著名科学家钱学森院士认为:"系统工程是组织管理系统规划、研究、制造、实验、使用的科学方法,是一种对所有系统都具有普遍意义的科学方法。"系统工程通过开发并验证一个集成的和在整个生命周期平衡的系统级产品或过程解决方案,以满足最终用户的需求,其模型包括开发、制造、验证、部署、运行、支持和培训、处置等过程。系统工程的方法论是合理开发系统或改造旧系统的思想、步骤、方法、工具和技术。

信息系统建设基于系统工程的思想与方法,其建设过程复杂,任何系统均有其产生、发展、成熟、消亡或更新换代的过程。这个过程称为系统的生命周期。

信息系统建设的周期阶段包括系统规划、系统分析与设计、系统实施和系统运行与维护等阶段。

1. 系统规划

这是信息系统的起始阶段。这一阶段的主要任务是根据组织的整体目标和发展战略确定信息系统的发展战略,明确组织总的信息需求,制定信息系统建设总计划,其中包括确定拟建系统的总体目标、功能以及所需资源,并根据需求的轻、重、缓、急及资源和应用环境的约束,把规划的系统建设内容分解成若干开发项目,以分期分批进行系统开发。

2. 系统分析与设计

这一阶段的主要工作是根据系统规划阶段确定的拟建系统总体方案和开发项目的安排,分期分批进行系统开发。这是系统建设中工作任务最为繁重的阶段。每一个项目的开发工作包括系统调查和系统开发的可能性研究、系统逻辑模型的建立、系统设计、系统实施、系统转换和系统评价等。

3. 系统实施

在信息系统的生命周期中,经过系统规划、系统分析和系统设计等阶段后,便开始进入系统实施阶段。在系统分析和设计阶段,系统开发工作主要集中在逻辑、功能和技术设计上。系统实施阶段要继承此前各阶段的工作,将技术设计转化成为物理实现。系统实施的成果是系统分析和设计阶段的结晶。

4. 系统运行与维护

每个系统开发项目完成后即投入应用,进入正常运行和维护阶段。一般说来,这是系统生命周期中历史最久的阶段,也是信息系统实现其功能、获得效益的阶段。科学的组织与管理是系统正常运行、充分发挥其效益的必要条件,而及时、完善的系统维护是系统正常运行的基本保证。

系统维护可以分为纠错性维护、适应性维护、完善性维护和预防性维护。

(1)纠错性维护是指对系统进行定期和随机的检修,纠正运行阶段暴露的错误,排除故障,消除隐患,更新易损部件,刷新各部分的软件和数据存储,保障系统按预定要求完成各项工作。

（2）适应性维护是指由于管理环境与技术环境的变化，系统中某些部分的工作内容与方式已不能适应变化了的环境，因而影响系统预定功能的实现。故须对这些部分进行适当的调整、修改，以满足管理工作的需要。

（3）完善性维护是指用户对系统提出了某些新的信息需求，因而在原有系统的基础上进行适当的修改、扩充，完善系统的功能，以满足用户新的信息需求。

（4）预防性维护是预防系统可能发生的变化或受到的冲击而采取的维护措施。

信息系统建设计划是指组织关于信息系统建设的行动安排和纲领性文件，内容包括信息系统建设的目的用途、资源需求、费用预算、进度安排等。

1. 目的用途

信息系统建设计划的第一个任务就是确定信息系统建设的目的用途，即信息系统的意义和对系统的要求。主要包括系统的功能、性能、接口和可靠性四个方面。计划人员必须使用管理人员和技术人员都理解的无二义性的语言描述工作范围。

系统的功能描述应尽可能具体化，提供更多的细节，因为这是系统的成本和进度估算的主要依据。

系统性能是指系统应达到的技术要求，例如信息存取响应速度、数据处理精度要求、信息涉及的范围、数据量的估计、关键设备的技术指标和系统的先进性等。一般来说，进行成本和进度估算，需要将功能和性能联合考虑。

接口（Interface）一般分为硬件和软件两类。硬件指运行信息系统的网络硬件环境，包括服务器、交换机、工作站、外围设备和连接线路等。软件指信息系统运行和开发必需的系统软件和支持软件，如操作系统、数据库管理系统和开发工具等。此外软件还包括构成信息系统的一些成熟的商品化应用软件。

系统可靠性是系统的质量指标，包括硬件系统和软件系统的质量。一方面是指系统对信息的存储、加工和分析处理的误差不影响管理人员决策；另一方面是指系统安全性高、故障率低或可恢复性强等。

必须指出，系统建设离不开人的参与，包括系统开发人员和系统使用人员。系统开发人员指系统分析人员、系统设计人员、程序员、网络施工人员、设备安装人员和测试人员等；系统使用人员指系统维护人员、操作员和利用系统获取信息及辅助决策的管理人员。

2. 资源需求

目的用途明确以后，接下来就是确定所需要的资源。信息系统建设对资源的需求由低级到高级可以用金字塔图形来描述，如图 1-1 所示。底层是支持开发和运行软件系统的硬件环境（计算机网络）；中间层是开发和运行应用软件的支撑环境（系统软件和支持软件）；高层是最重要的资源——人员。无论哪种资源都需要描述三个属性：第一是关于人、软件和设备的描述，如需要哪种水平的人、什么样的硬件和软件；第二是开始时间；第三是持续时间。后两个特征可以看作是时间窗口。

信息系统建设，尤其是大型信息系统建设，人员是最重要的资源。在系统建设过程中，不同阶段，不同人员参与的程度不同，其分布如图 1-2 所示。

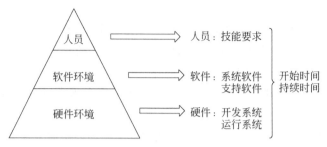

图 1-1　资源需求金字塔图形

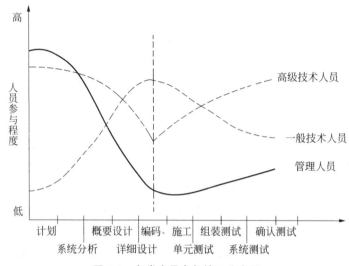

图 1-2　各类人员参与情况分布图

3. 费用预算

信息系统建设计划中的一项非常重要的内容就是建设费用预算,预算以成本估算为基础。信息系统的建设成本主要包括网络环境建设成本、软件购置成本、应用软件开发成本和安全设施建设成本。网络环境建设成本和软件购置成本依据系统建设的技术方案和市场行情以及国家的工程施工费用计算标准,易于估算。而软件开发的费用预算相对比较困难,国内外对此都有许多研究成果,但尚未形成一套完整的标准。因为影响软件成本的因素太多,如人、技术、环境、时间、市场和政治因素等。软件成本估算的关键是对软件开发工作量进行估算。需要特别提出的是,安全设施建设成本在最初的信息系统建设中要充分考虑,事实证明,没有安全设施的信息系统是不可靠、不可信的,这部分的成本也是难以确定的,它因系统的安全级别和要求的不同而不同。

4. 进度安排

计划离不开进度安排,信息系统建设计划也不例外。网络系统施工、设备采购、软件采购等所需时间的估计只需考虑施工现场的环境、施工进度和采购的供应时间等,这些不构成系统建设的瓶颈,可以和信息系统软件开发并行。最初的信息系统建设认为关键在于对各环节所需时间的估计,真正难以确定进度安排的是软件开发。事实上还应该在系统建设之初进行安全体系设计,以确保信息系统安全。

从信息系统的整个生命周期来看,如果把信息系统的生命期划分为建设期和使用维护期,信息系统建设约占总工作量的40%,信息系统使用维护占总工作量的60%。从统计学角度来看信息系统建设期的各阶段工作量分配如表1-1所示。

表1-1 信息系统建设各阶段的工作量分配

阶 段	工作量的百分比/%	阶 段	工作量的百分比/%
系统分析	30	单元测试、组装测试和确认测试	15
概要设计	7	网络施工和调试	5
详细设计	20	系统测试	3
编码	18	系统安装	2

表1-1所列数据只是一种统计结果,对于某个具体系统可能会有所变动,不能生搬硬套,但可依此为指导,具体情况具体分析。

进度安排是信息系统建设计划工作中最困难的任务之一,计划人员要把可用资源与项目工作量协调好,考虑各项任务之间的相互依赖关系,尽可能并行安排某些工作,预见可能出现问题和项目的瓶颈,并提出处理意见。最后制订出计划进度表,其格式如表1-2所示,其中完成任务所需时间是根据工作量来估计的。

表1-2 计划进度表

时间\\任务	1	2	3	4	5	6	7	8	9	…	m
任务1											
任务2											
任务3											
⋮											
任务n											
工作量总计											

1.2 系统工程与软件工程

1.2.1 系统工程的概念与发展

系统是由相互作用和相互依赖的若干组成部分或要素结合而成的具有特定功能的有机整体。

系统的概念包含三个基本要点:①系统由要素组成;②系统要素间存在各种联系;

③系统实现一定的功能和目的。

系统的普遍模型：每一个系统都由一些子系统所组成,可以根据不同的要求将系统分解成不同的子系统。

系统的边界和接口：系统的边界由定义和描述一个系统的一些特征来形成,边界之内是系统,边界之外是环境。系统的子系统由子系统之间的边界勾画出来,子系统之间的相互连接或相互作用称为接口,接口处于子系统的边界上。

下面给出系统工程的定义。"系统工程"是组织管理系统规划、研究、制造、试验和使用"系统"的科学方法,是一种对所有"系统"都具有普遍意义的科学方法。系统工程的意义是使系统达到一种整体性的优化指标。

系统工程的研究对象是系统。系统有自然系统与人造系统、封闭系统与开放系统、静态系统与动态系统、实体系统与概念系统、宏观系统与微观系统、软件系统与硬件系统之分。不管系统如何划分,凡是能称其为系统的,都具有如下特性：整体性、相关性、目的性、有序性和环境适应性。

1) 整体性

系统是由两个或两个以上相互区别的要素(元件或子系统)组成的整体。构成系统的各要素虽然具有不同的性能,但它们通过综合、统一(而不是简单拼凑)形成的整体就具备了新的特定功能,就是说,系统作为一个整体才能发挥其应有功能。所以,系统的观点是一种整体的观点、一种综合的思想方法。

2) 相关性

构成系统的各要素之间、要素与子系统之间、系统与环境之间都存在着相互联系、相互依赖、相互作用的特殊关系,通过这些关系,使系统有机地联系在一起,发挥其特定功能。

3) 目的性

任何系统都是为完成某种任务或实现某种目的而发挥其特定功能的。要达到系统的既定目的,就必须赋予系统规定的功能,这就需要在系统的整个生命周期,即系统的规划、设计、试验、制造和使用等阶段,对系统采取最优规划、最优设计、最优控制、最优管理等优化措施。

4) 有序性

系统有序性主要表现在系统空间结构的层次性和系统发展的时间顺序性。系统可分成若干子系统和更小的子系统,而该系统又是其所属系统的子系统。这种系统的分割形式表现为系统空间结构的层次性。另外,系统的生命过程也是有序的,它总是要经历孕育、诞生、发展、成熟、衰老、消亡的过程,这一过程表现为系统发展的有序性。系统的分析、评价、管理都应考虑系统的有序性。

5) 环境适应性

系统是由许多特定部分组成的有机集合体,而这个集合体以外的部分就是系统的环境。系统从环境中获取必要的物质、能量和信息,经过系统的加工、处理和转化,产生新的物质、能量和信息,然后再提供给环境。另一方面,环境也会对系统产生干扰或限制,即约束条件。环境特性的变化往往能够引起系统特性的变化,系统要实现预定的目标或功能,必须能够适应外部环境的变化。研究系统时,必须重视环境对系统的影响。

系统工程的一个典型实例:战国时期,齐王与大将田忌赛马,双方约定各出 3 匹马,分别为 3 个等级(上等马、中等马和下等马),问田忌战胜齐王的对策是什么? 上等马用 1 表示,中等马用 2 表示,下等马用 3 表示。齐王与田忌各有 6 个策略:

$$
\begin{array}{ccc}
1,2,3 & 1,3,2 & 2,1,3 \\
2,3,1 & 3,2,1 & 3,1,2
\end{array}
$$

那么这就是系统工程的一个典型例子,它体现的就是一种方法论,是一种战略部署,目的是达到整体最优,也就是说,不拘泥于一场比赛的胜负,只要通过某种方法,或者叫做战略上的部署和改变,就可以取得全局上的胜利。所以系统工程强调的是战略部署,而系统工程往往会和运筹学相结合,运筹学能提供的就是达到最终的整体上的胜利需要用到的具体方法,也就是战术安排。将系统工程的战略部署与运筹学的战术安排相结合,最终达到克敌制胜的目的。那么运筹学的作用就是系统工程中的基础理论和数学工具,提供决策所要参考的方法和依据。

系统工程来源于千百年来人们的生产实践,是由点滴经验的总结形成的。在中国,早在 2600 多年前的《周易》、其后孔子所作的《易传》、老子创始的道家、庄子的《天运》,还有《孙子兵法》、《黄帝内经》、《易经》等都试图对自然的演化、社会的发展作出统一解释。它们把世界看成是一个由基本要素组成的、动态演化的、多层次的系统整体,主张从整体上把握系统世界。在西方,大体也同样的久远,古希腊泰勒斯(Thales)、赫拉克利特(Herakleitos)尝试探索组成万物的要素,德谟克利特(Demokritos)提出了构成宇宙系统要素的原子论,亚里士多德(Aristoteles)的“整体大于各部分的总和”更是现代系统论的最基本思想。

下面介绍一下国外系统工程发展的四个时期。

1. 萌芽时期(1900—1956)

美国贝尔电话公司的 Eigi Molina 和丹麦哥本哈根电话公司的 Aiki Erlang 在研究自动交换机时运用了排队论的原理,提出了埃尔朗公式,到麻省理工学院的 ViBush 教授研制出机械式微分器和 J. P. Eckert 博士成功研制了电子数字计算机时才把系统工程作为分析工具。

第二次世界大战期间出现了运筹学,开始应用大规模系统。首先是英国将系统工程应用于制定作战计划,如解决护航舰队的编制、防空雷达的配置、提高反潜艇的作战效果以及民防等问题,广泛应用了数学规划、排队论、博弈论等方法。

二次世界大战时期,德国空军对英国狂轰滥炸,为对付敌人的空袭,英国人使用了雷达,但由于没有科学的布局,防空系统的效率并不高,为解决这个问题,英国军方于 1939 年 9 月从全国各地调来一批科学家,共 11 人。他们中有将军 1 人、数学家 2 人、理论物理学家 2 人、应用物理学家 1 人、天体物理学家 1 人、测量学家 1 人、生物学家 3 人,来到英国皇家空军指挥部,组成了世界上第一个运筹学小组。他们的任务就是应用系统论的观点和统筹规划的方法研究作战问题,这个运筹学小组在作战中发挥了卓越的作用,受到英国政府极大的重视。于是,英国政府逐渐在其海陆空三军中都成立了运筹学小组。美国参战以后,也仿效英国在军队中成立了运筹学小组。

1940 年,美国组织了 25 000 名科技人员、120 000 名生产人员,由加州理工大学理论物理教授奥本海墨领导,花了 3 年半时间,制造出世界第一颗原子弹。1945 年美国空军建立了兰德(RAND)公司,创造了许多数学方法用来分析复杂系统,后来借助电子计算机取得了一些显著成果。

1950 年,麻省理工学院试验了系统工程学的教育,1954 年开设了工程分析课程,1956 年,美国个别杂志出现了少量系统工程的文章。而在军事上早就得到了广泛应用。

2. 发展时期(1957—1964)

1957 年,美国的 H. Goode 和 R. E. Machol 教授在所著的《System Engineering》中正式为系统工程定名。1962 年,A. D. Hall 出版《系统工程方法论》。

20 世纪 60 年代初,美国、英国、日本和加拿大等国家将系统工程用于地下矿和露天矿的开采。这个时期开始出现大量相关的文章和书籍。

3. 初步成熟期(1965—1980)

20 世纪 60 年代以后,开始了对于复杂大系统的研究。系统工程开始应用于社会系统、技术系统、经济系统的最优控制和最优管理。在此基础上,美国的阿波罗计划成功实施。

20 世纪 80 年代以后,在工农业、交通运输、能源、战略等部门在大型工程项目中要求做系统分析、可行性报告,方案才能够评审。

4. 成熟时期(1990—2000)

由于计算机的发展,系统工程发展迅速,一些以前不好解决的复杂问题得到了满意的解决。系统工程的发展更加倾向于解决复杂系统中的建模和优化问题,与信息学科和控制论密不可分。人类开始用系统的方法去思考问题和解决问题。

那么我国系统工程的发展又是如何呢?

中国科学院于 1956 年在力学研究所成立"运用(Operation)组",即后来"运筹组"的前身。1980 年成立"系统科学研究所"。

20 世纪 60 年代,在钱学森的领导下,我国导弹等现代化武器总体设计取得了显著成效。他在系统工程方法论方面有深刻的研究,提出了现代科学技术的体系结构。

1986 年,钱学森发表"为什么创立和研究系统学",把我国系统工程研究提高到基础理论上,从系统科学体系的高度进行研究。指出"系统工程是组织管理系统规划、研究、制造、试验、使用的科学方法,是一种对所有系统都有普遍意义的科学方法"。

可以看出,我们所知的对世界发展史上影响重大的很多事件都与系统工程有关,成就这些大事件所涉及的知识领域范围广泛,可见系统工程所需要的理论基础所涉及的科学领域也是非常广泛的。

- 自然科学:数学、运筹学、统计学、概率论等;
- 社会科学:经济学、社会学、行为科学等;
- 工程技术:控制理论、计算机科学、信息技术等。

系统工程方法的主要环节如下。

- 系统分析:给出系统模型;

- 系统模拟：模拟仿真，通过比较作出最优决策；
- 系统设计：提出技术上能实现的优化设计；
- 系统管理：进行系统的研制、试验和评价，及时改正。

系统工程是一种方法论。系统工程是钱学森最先引入中国并倡导推广的。钱学森对系统工程的定义是：系统工程是组织管理系统规划、研究、制造、试验、使用的科学方法，是一种对所有系统都具有普遍意义的科学方法。

它不同于水木工程、机械工程等硬工程，系统工程主要研究工程的组织和经营管理这些方面，是对软科学的研究。系统工程具有如下特点。

1）是以人参与系统为研究对象

任何系统都是人、设备、过程的有机组合，其中最主要的因素是"人"，尤其在涉及安全的问题上，人的因素很重要。

2）通过数学模型和逻辑模型来描述系统

在一个具体项目应用时，系统工程要求把项目或过程分成几个大步骤，而每个步骤又按一定的程序展开，以保证系统思想在每个部分、每个环节体现出来。系统工程以整体的、综合的、关联的、科学的、实践的观点来看待研究对象，而信息系统和信息安全的复杂性和动态变化性则要求要以"问题导向和反馈控制"做保障。

下面介绍系统工程的方法论。系统工程方法论是指用于解决复杂系统问题的一套工作步骤、方法、工具和技术。在众多的系统工程方法论中，以霍尔三维结构最具代表性，它为解决大型复杂系统的规划、组织、管理问题提供了一种统一的思想方法，在世界各国得到了广泛应用。霍尔三维结构将系统工程整个活动过程分为前后紧密衔接的 7 个阶段和 7 个步骤，同时还考虑了为完成这些阶段和步骤所需要的各种专业知识和技能。这样，就形成了由时间维、逻辑维和知识维所组成的三维空间结构。

（1）时间维表示系统工程活动从开始到结束按时间顺序排列的全过程，分为规划、拟定方案、研制、生产、安装、运行、更新 7 个时间阶段。

（2）逻辑维是指时间维的每一个阶段内所要进行的工作内容和应该遵循的思维程序，包括明确问题、确定目标、系统综合、系统分析、优化、决策、实施 7 个逻辑步骤。

（3）知识维（专业科学知识）。系统工程除了要求为完成上述各步骤、各阶段所需的某些共性知识外，还需要其他学科的知识和各种专业技术，霍尔把这些知识分为工程、医药、建筑、商业、法律、管理、社会科学和艺术等各种知识和技能。各类系统工程，如军事系统工程、经济系统工程、信息系统工程等，都需要使用其他相应的专业基础知识。

1.2.2　软件工程

从 20 世纪 90 年代初起，计算学科的发展就远远超越了计算机科学的边界，形成了计算机科学、计算机工程、软件工程、信息系统与信息技术等若干独立学科。计算机工程从电子工程学科中分离出来，旨在研究计算机硬件的相关工程问题，而软件工程则从计算机科学中的一个学科方向发展成为与之并重的一门独立学科，重点研究如何以系统的、可控的、高效的方式开发和维护高质量软件的问题。

1. 软件工程的定义

软件工程学科诞生后,人们为软件工程给出了不同的定义,例如最早的定义是由 F. L. Bauer 给出的,即"软件工程是为了经济地获得能够在实际机器上高效运行的、可靠的软件而建立和应用一系列坚实的软件工程原则"。而美国梅隆卡耐基大学软件工程研究所(SEI)给出的定义则是,软件工程是以工程的形式应用计算机科学和数学原理,从而经济有效地解决软件问题。但目前普遍使用的软件工程定义是由 IEEE 给出的,即软件工程是将系统性的、规范化的、可定量的方法应用于软件的开发、运行和维护。

软件工程的概念实际存在两层含义:从狭义概念看,软件工程着重体现在软件过程中所采用的工程方法和管理体系,例如,引入成本核算、质量管理和项目管理等,即将软件产品开发看作是一项工程项目所需要的系统工程学和管理学;从广义概念看,软件工程涵盖了软件生命周期中所有的工程方法、技术和工具,包括需求工程、设计、编程、测试和维护的全部内容,即完成一个软件产品所必备的思想、理论、方法、技术和工具。

2. 软件工程的内涵

软件工程学科包含为完成软件需求、设计、构建、测试和维护所需的知识、方法和工具。软件工程不局限在理论之上,更重要是在实践上,能够帮助软件组织协调团队、运用有限的资源,遵守已定义的软件工程规范,通过一系列可复用的、有效的方法,在规定的时间内达到预先设定的目标。针对软件工程的实施,无论采用什么样的方法和工具,先进的软件工程思想始终是最重要的。只有在正确的工程思想指导下,才能制定正确的技术路线,才能正确地运用方法和工具达到软件工程或项目管理的既定目标。

3. 软件工程是一门交叉性学科

软件工程是一门交叉性的工程学科,它是将计算机科学、数学、工程学和管理学等基本原理应用于软件的开发与维护中,其重点在于大型软件的分析与评价、规格说明、设计和演化,同时涉及管理、质量、创新、标准、个人技能、团队协作和专业实践等。图 1-3 为软件工程、知识与实践关系图。从这个定义上看,软件工程可以看作由下列 3 部分组成:①计算机科学和数学用于构造软件的模型与算法;②工程科学用于制定规范、设计模型、评估成本以及确定权衡等;③管理科学用于计划、资源、质量、成本等管理。

例如,计算机辅助软件工程(Computer Aided Software Engineering,CASE)是一组工具和方法的集合,可以辅助软件生命周期

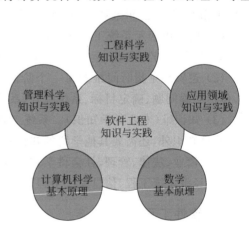

图 1-3　软件工程、知识与实践关系图

各阶段进行的软件开发活动。CASE 吸收了 CAD(计算机辅助设计)、软件工程、操作系统、数据库、网络和许多其他计算机领域的原理和技术。这个例子也体现了这一点——软件工程是学科交叉的、集成和综合的领域。

4. 软件工程学科范围

如果从知识领域看,软件工程学科是以软件方法和技术为核心,涉及计算机的硬件体系、系统基础平台等相关领域,同时还涉及一些应用领域和通用的管理学科、组织行为学科。图 1-4 为软件工程学科领域范围图。例如,通过应用领域的知识帮助我们理解用户的需求,从而可以根据需求来设计软件的功能。在软件工程中必然要涉及组织中应用系统的部署和配置所面临的实际问题,同时又必须不断促进知识的更新和理论的创新。为了真正解决实际问题,需要在理论和应用上获得最佳平衡。

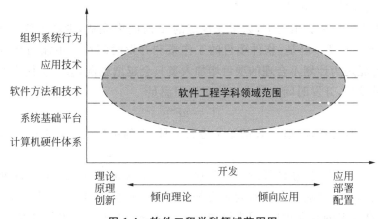

图 1-4　软件工程学科领域范围图

5. 软件开发工作量

软件开发工作量估算是软件成本估算的重要部分,软件开发的总时间和总工作量的估算策略有两种:一种是自顶向下,即首先对整个项目的总开发时间和总工作量进行估算,然后分解到各阶段、步骤和工作单元。另一种是自底向上,即首先估计各工作单元所需的时间和工作量,然后相加,得到各步骤和阶段直至整个项目的总工作量和总时间。无论采取哪种思路,都必须使用一定的方法,有以下三种常用的方法。

1) 专家估算法

专家估算法依靠一个或多个专家,对要求的项目做出估计,其准确程度取决于专家对估算项目定性参数的了解和经验。该方法适宜于自顶向下的策略。

2) 类推估算法

对于自顶向下策略,类推估算法是将要估算的项目的总体参数与类似项目进行直接比较从而获得结果。对于自底向上策略,类推估算法是将具有相似条件的工作单元进行比较获得估算结果。

3) 算式估算法

经验表明,软件开发的人力投入 M 与软件项目的指令数 L 存在如下关系:

$$M = L/P \tag{1-1}$$

其中 P 为常数,单位为指令数/人·日。使用该公式,必须用专家估算法和类推估算法估算指令数 L 和 P 值。而且其中 L 是源指令数还是目标指令数、是否包含未交付的试验指令、P 值如何选择、是否包括系统分析、是否包括质量保证和项目管理等问题难以界定。

因此式(1-1)实际使用存在许多困难。大量的研究发现,对式(1-1)稍作修改,得

$$E = rS^c \tag{1-2}$$

式(1-2)与实际统计数据一致,该式被称为幂定律算法。其中 E 为到交付使用为止的总的开发工作量,单位为人·月;S 为源指令数,不包括注释,但包括数据说明、公式或类似的语句;常数 r 和 c 为校正因子,若 S 的单位为 10^3 条,E 的单位为人·月,则 $r \in [1, 5]$,$c \in [0.9, 1.5]$。

开发进度的估算,重点是对软件工作量的估算。这里着重讨论开发时间与工作量之间的关系,进而安排工作进度。

假设开发工作量估算值为 E,如果在规定的 T 时间内完成,则和需要投入的人力 M 之间应满足 $M = E/T$。但是,软件项目的工作量和开发时间往往不能相互独立,这种现象最极端的情况是为计划不合理的项目增加人员只会越增越乱,甚至会使进度更慢。

研究人员发现,开发时间和开发工作量之间满足

$$T = aE^b \tag{1-3}$$

其中 a 和 b 为经验常数,习惯上 E 的单位为人·月,T 的单位为月,$a \in [2, 4]$,$b \in [0.25, 0.4]$。

由式(1-3)可以看出,软件开发时间和软件开发工作量的 $0.25 \sim 0.4$ 次幂成正比,就是说要花很高的代价才能使开发时间稍有缩短,其下限是 $b = 1/4$,表明无论增加多少人员,也不能提高太多的开发进度,因为增加的这一部分工作人员的工作量都消耗在保持项目人员之间通信的开销上了。

1.3 常见信息安全问题

信息是社会发展的重要战略资源,信息技术与信息产业是经济发展的重要增长点。信息技术推动社会发展的同时带来了诸多的信息安全问题。信息安全问题已不可小视地渗透到社会生活的各个领域,影响到社会的稳定、发展及国家的兴亡。信息安全已成为信息系统应用和发展的普遍需求。

影响信息正常存储、传输和使用,以及不良信息散布的问题均属于信息安全问题。

1.3.1 信息安全问题的层次

信息安全问题可划分为以下三个层次。

1. 信息自身的安全

这个层次说明信息的保密性、完整性、可控性、可用性、不可否认性等存在的问题。

2. 信息系统的安全

信息从产生到应用经历的存储、传输和处理等过程中的安全问题,这些过程的载体构成了信息系统。

3. 信息自身的安全与信息系统的安全相互关联

这里有两个方面的含义:一是信息系统的损坏直接影响信息自身的安全;二是信息自身的安全问题也会波及信息系统的安全。

1.3.2　信息系统的安全问题

保障信息安全的任务不是仅仅依靠技术就可以实现的,它是自然科学、社会科学的融合。随着全球信息化飞速发展,大量的信息系统成为国家关键基础设施,它们已成为国家、社会稳定、和谐发展的重要支撑。然而,信息系统在建设、运行、维护各个过程都面临着严峻的安全威胁,存在各种各样的安全问题。

1. 自然破坏带来的安全问题

自然破坏是不可抗拒的自然事件,如地震、洪灾、雪灾和火灾等各种自然灾害。这类威胁发生的概率相对较低,与一个机构、组织或部门所处的自然环境密切相关。

2. 人为操作带来的安全问题

通常人为带来的安全事件发生的概率高,带来的损失大。可以将其分为意外性安全问题与有意性安全问题。

意外性安全问题是由诸多不确定因素(如人员疏忽大意带来的程序设计错误、误操作、无意中损坏和无意中泄密等)偶发产生的。信息系统建设需要经历调研、规划、设计、选型、实施和验收等过程,在任何一个环节稍有大意都会给系统安全带来意外的威胁,如系统调研、规划阶段由于没有全面考虑安全因素而带来的系统安全设计缺陷;程序设计开发过程中的 BUG 所带来的安全问题。在系统的使用与维护过程中,由于工作人员的使用不当及维护不全面,同样也会带来一些潜在的意外威胁,如系统配置错误带来的安全隐患,它给黑客及病毒入侵带来了便利。

有意性安全问题是攻击者利用系统弱点主动攻击、破坏系统而产生。无论是信息系统建设过程,还是其运用、维护过程中,都面临各种各样主动攻击。

3. 网络安全

网络是信息系统的重要组成部分。网络安全问题越来越多地成为方方面面关注的焦点问题。从根本上说,网络的安全隐患都是利用了网络系统本身存在的安全弱点,在使用、管理过程中的失误和疏漏更加剧了问题的严重性。

不同的人对网络安全的定义不同,一般上网的使用者关心的是连上任何一台服务器时,客户端的计算机会不会被入侵或是资料被窃取的问题。而网站管理员关注的则是处理服务器端的网络安全问题,如何避免或延缓黑客的阻断攻击行为或是如何保护网站使用者的资料不被窃取。进行信息流通的企业之间、经营电子商店的企业和上网消费的使用者之间所关心的,则是如何有效运用安全的交易平台与加密解密技术,来避免文件资料被窃取以及网络诈欺等行为的发生。

1.3.3　信息安全问题分类

1. 按安全问题产生的来源分类

(1) 内部攻击问题。它包括内部人员窃取秘密信息、攻击信息系统等。

(2) 外部攻击问题。它包括外部黑客攻击、信息间谍攻击等。

2. 按安全攻击类型分类

(1) 冒充攻击。冒充是一个实体假装成另一个不同实体的攻击。它常与其他攻击形式一起使用,获取额外权限。例如,冒充主机欺骗合法主机及合法用户;冒充系统控制程序套取及修改使用权限,以及越权使用系统资源、占用合法用户资源。

（2）重放攻击。攻击者为了非授权使用资源,截取并复制信息,在必要时重发该信息。例如,非授权实体重发授权实体身份鉴别信息,证明自己是授权实体以获得合法用户权限。

（3）篡改攻击。非法改变信息流的次序、时序及流向,更改信息的内容及形式,破坏信息的完整性。

（4）抵赖攻击。发信者、接收者事后否认曾发送或接收过消息。

（5）非法访问。未经授权使用信息资源。

（6）窃取攻击。攻击者非法偷窃秘密信息。

（7）截收攻击。攻击者通过搭线或在电磁波辐射范围内安装截收装置等方式截获秘密信息,或通过对信息流量和流向、通信频率等参数分析推断有效信息。

（8）特洛伊木马攻击。特洛伊木马程序是一种实际上或表面上有某种有用功能的程序,它内部含有隐蔽代码,当其被调用时会产生一些意想不到的后果,例如获取文件的访问权限、非法窃取信息等。

（9）拒绝服务攻击。当一个实体不能执行正常功能,或其行为妨碍其他实体正常功能时,便产生拒绝服务。拒绝服务攻击破坏系统的可用性,使合法用户不能正常访问系统资源,服务不能及时响应。

（10）计算机病毒攻击。计算机病毒是以自我复制为明确目的的代码,它附着于宿主程序,试图破坏计算机功能或毁坏数据,进而影响计算机的使用。

3. 按照网络安全问题的成因分类

1）软件本身设计不良或系统设计上的缺陷

（1）软件本身设计不良。也就是俗称的软件有漏洞,例如使用 IE 浏览器,因为其本身设计上的疏失,使得别人很容易就可以取得一些用户的重要信息。这也就是为什么大家常常会在 Microsoft Windows Update 网站上看到某软件的修正程序,Windows NT Server 常常会推出所谓的 Service Pack 的原因。

（2）系统设计上的缺陷。应用程序或系统毕竟是人写出来的,所谓智者千虑,必有一失,软件工程师想的再怎么严密,系统工程师再怎么严谨,实际应用在充满陷阱和恶意入侵的互联网络上时,仍难免会给黑客有机可乘的空隙。因此,在系统设计时须特别注意,并配合其他防护措施,以确保网络的安全性。

2）使用者习惯及方法不正确

（1）口令设置不合理。很多 MIS 或网管人员在设置 UNIX 中的 root 与 NT 中 administrator 的口令时,通常不设口令或用很简单、很好记的口令,像是 abc、123 或是公司名称等,这使得保护系统的第一层使用者认证,有跟没有一样,而系统管理者的读写权限又较一般使用者大,一旦被入侵,后果不堪设想。

（2）轻易开启来历不明的档案。收到来历不明的人寄来电邮附件,也不管是什么档案就开启执行。有些附件是计算机病毒的隐藏,一旦执行,后果不堪设想;有时则是档案本身藏有特洛伊木马程序,入侵者轻轻松松地进入系统,透过这个程序便可以从远程掌控被侵计算机,只要该机联网在网络上,黑客便随时可以把系统中重要的信息窃走。

3) 网络防护不严谨

除了网际网络与计算机系统本身的安全威胁外,经营者对网际网络的认识不足,往往也会让系统出现安全漏洞而不自觉。例如在公司的网站和内部网络间不架设防火墙,或是企业经营者由于不了解网络技术,认为只要装设防火墙便可安全无虞,那么就有可能忽略其他安全上的问题。事实上,防火墙对于单纯的网络安全应用或许足够,但并非绝对安全,尤其是当网站服务越来越多时,安全漏洞也将接踵而至。

面对纷繁的信息安全问题,各种信息安全技术相继出现。为了降低安全攻击带来的损害,人们不断用各种技术封堵系统漏洞。然而,这样做并不能从根本上解决问题,亟须从安全体系的整体高度开展研究工作。宏观安全体系研究能够为解决我国信息安全问题提供整体的理论指导和基础构件支撑,并为信息安全工程奠定坚实基础。

1.4 信息安全工程概述

1.4.1 信息安全工程的基本概念

信息安全的概念经历了一个漫长的历史。从信息的保密性(保证信息不泄漏给未经授权的人)拓展到信息的完整性(防止信息被未经授权者篡改,保证真实的信息从真实的信源无失真地到达真实的信宿),信息的可用性(保证信息及信息系统确实为授权使用者所用,防止由于计算机病毒或其他人为因素造成的系统拒绝服务,或为敌手可用),信息的可控性(对信息及信息系统实施安全监控管理)和信息的不可否认性(保证信息行为人不能否认自己的行为)等。从早期的安全就是杀毒防毒,再到安装防火墙以及购买系列安全产品,直至开始重视安全体系的建设,人们对安全的理解正在一步一步地加深,将信息安全保障问题作为一个系统工程来考虑和对待的工作正在逐步开展。

信息安全需要"攻、防、测、控、管、评"等多方面的基础理论及技术。信息安全保障问题的解决既不能只依靠纯粹的技术,也不能靠简单安全产品的堆砌,它要依赖于复杂的系统工程——信息安全工程。信息安全工程是系统工程的一个子集,系统工程的原理适用于信息安全工程的开发、集成、运行、管理、维护和演变。

国际标准化组织(ISO)将信息安全定义为:"为数据处理系统建立和采取的技术和管理的安全保护,保护计算机硬件、软件和数据不因偶然和恶意的原因而遭到破坏、更改和显露。"

从以计算机为核心的信息系统形态和运行过程出发,可把信息安全分为实体安全、运行安全、数据安全和管理安全四个方面。

(1) 实体安全是指保护计算机设备、设施(含网络)以及其他媒体免遭地震、水灾、火灾、有害气体和其他环境事故(如电磁污染等)破坏的措施、过程。

(2) 运行安全是指为保障系统功能的安全实现,提供一套安全措施(如安全评估、审计跟踪、备份与恢复、应急措施等)来保护信息处理过程的安全。

(3) 数据安全是指防止数据资源被故意或偶然的非授权泄露、更改、破坏,或使敏感数据被非法系统辨识、控制和否认,即确保信息的完整性、保密性、可用性、可控性和不可否认性。

(4)管理安全是指以有关的法律法令和规章制度以及安全管理手段,确保系统安全生存和运营。管理手段是对安全服务和安全机制进行管理,把管理信息分配到有关的安全服务和安全机制中去,并收集与其操作有关的信息。

信息安全工程是基于以上基本概念,采用工程的概念、原理、技术和方法,来研究、开发、实施与维护信息系统安全的过程,是将经过时间考验证明是正确的工程实施流程、管理技术和当前能够得到的最好的技术方法相结合的过程。

信息安全工程具有清晰的研究范畴,具体包括信息安全工程的目标、原则与范围,信息安全风险分析与评估的方法、手段、流程,信息安全需求分析方法,安全策略,安全体系结构,安全实施领域及安全解决方案,安全工程的实施规范,安全工程的测试与运行,安全意识的教育与技术培训,应急响应技术、方法与流程等。

既然是系统工程,那么就要用系统工程的观点、方法来对待和处理信息安全问题。安全体系结构的设计与安全解决方案的提出必须基于信息安全工程理论。因此,对信息系统建设部门来说,在建立与实施企业级的信息与网络系统安全体系时,必须考虑信息安全的方方面面,必须兼顾信息网络的风险评估与分析、安全需求分析、整体安全策略、安全模型、安全体系结构的开发、信息网络安全的技术标准规范的制定、信息网络安全工程的实施与监理、信息网络安全意识的教育与技术的培训等各个方面;对工程实施单位来说,必须严格按照信息安全工程的过程、规范进行实施;对管理部门来说,建议采用信息安全工程能力成熟度(SSE-SSM)对信息系统建设部门安全工程的质量、安全工程实施单位的实施能力进行评估。只有这样才能实现真正意义上的信息系统的安全。

随着人类信息化的飞速发展,信息革命和计算机在社会各个层面的引入使人类生活发生了翻天覆地的变化。信息已成为代表综合国力的战略资源,信息安全已成为保证国民经济信息化进程健康有序发展的基础,直接关系到国家的安全,影响重大。站在信息安全工程的高度上来全面构建和规范信息安全,将大大地加强新建和已建信息系统的安全,进而保障国家信息资源的安全。

1.4.2　信息安全工程建设流程

所谓工程,是将自然科学的理论应用到具体工农业生产部门中形成的各学科的总称或用较大而复杂的设备来进行的工作,例如水利工程等。

1. 一般意义的工程建设应该具备的流程

- 编制工程建议书或项目任务书;
- 组织工程项目建设的可行性研究,提出可行性研究报告,并按规定报计划部门;
- 确定工程项目建设监理单位;
- 进行初步设计,经费超过一定数目的项目的初步设计也应该按招标方式确定设计单位,初步设计方案应该经审核并抄送计划部门;
- 确定开发方(承建商)单位,编制工程项目方案;

- 工程实施建设；
- 工程验收及维护等过程。

2. 信息安全工程建设的流程

信息安全工程也是一种复杂的工作、一种重要的工程,同样包括复杂的建设过程。它是一项涉及产品或系统整个生命周期的安全工程活动,包括概念定义、需求分析、设计、开发、集成、安装、运行、维护和终止等过程。信息安全工程建设包括风险分析评估、安全需求分析、制定安全策略、安全体系设计、安全工程实施、安全工程监理等过程,如图1-5所示。

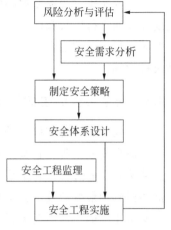

图1-5　信息安全工程工作流程

1) 风险分析与评估

安全风险是一种潜在的、负面的东西,处于未发生状态。信息系统安全风险是指信息系统存在的脆弱性导致信息安全事件发生的可能性及其造成的影响。信息安全风险评估就是对信息系统及其处理、传输和存储信息的保密性、完整性及可用性等安全属性进行科学识别和评价。

风险评估可从对现行信息系统风险分析入手,采用有效的风险分析方法,明确系统保护的资产,找出系统弱点及威胁,度量安全风险。其中,明确保护的资产、资产的位置及重要性是安全风险分析的关键。基于对关键资产的确认,系统管理员、操作者及安全专家对系统脆弱性进行评估,识别风险。明确存在的弱点及漏洞的风险级别,分析资产面临的威胁、发生的可能性及造成的影响,并对其进行量化分析。

2) 安全需求分析

安全需求是为保护信息系统安全对必须完成的工作的全面描述,是详细、全面、系统的工作规划。安全需求是系统设计、建设、使用、评估和监管的标准和依据。安全需求的提出应针对风险分析的结果,参照国家标准、行业标准,并遵循有关法律、法规及政府部门文件。安全需求是不断更新的,安全需求分析过程与系统同步发展。

3) 制定安全策略

安全策略是为发布、管理及保护敏感信息资源而制定的法律、法规及措施的综合,是对信息资源使用及管理规则的正式描述,是内部成员必须遵守的规则。安全策略的制定者根据对信息系统风险分析的结果,结合安全目标及安全需求,提出系统的安全策略,它可以包括物理安全策略、网络安全策略、应用安全策略及管理安全策略等。安全策略必须包括安全保护的内容、方法及手段,安全保护的责任、分工,出现安全问题所采取的应对措施及后果处理方法。安全策略应简洁、可实施、可操作。

4) 安全体系设计

信息系统应有全方位、综合性的安全保护。多层的安全防护构成整体安全框架,当系统受到侵害时,各安全防御层次分级阻止违规行为、保护系统,实现一体化安全系统。

5) 安全工程实施

在设计的安全体系框架的基础上,提出相应的安全服务、安全机制,及所要采用的安全技术及产品。例如,身份认证、数字签名、加密、信息隐藏和网络监测及隔离等技术以及防火墙、身份认证系统、访问控制系统和安全监控系统等安全产品。信息安全工程实施遵从经济、高效与公开、公正、公平的原则。

6) 安全工程监理

工程的实施过程需要严格的工程监理制度。安全工程监理需要从工程的规范、流程、进度等方面进行监督和检查。安全监理单位或个人须为第三方中立机构或个人,这样才能保证项目真正按照合理流程与技术标准进行,保证工程招标过程、项目实施过程的公正性及科学性。

1.4.3　安全工程的生命周期

信息安全既不是纯粹的技术,也不是简单的安全产品堆砌,而是一项复杂的系统工程——信息安全工程。它是采用工程的概念、原理、技术及方法,研究、开发、实施和维护信息系统安全的过程。它是将经过时间考验证明是正确的工程实施流程、管理技术和当前能够得到的最好的技术方法相结合的过程。

安全工程的生命周期主要包括以下阶段。

1. 发掘信息保护需求

依据用户单位的性质、目标、任务以及存在的安全威胁确定安全需求,例如支持多种信息安全策略需求、使用开放系统需求、支持不同安全保护等级需求、使用公共通信系统需求等。信息系统安全工程师要帮助客户理解用来支持其业务或任务的信息保护的需求。信息保护需求说明可以在信息保护策略中记录。

2. 定义系统安全要求

信息系统安全工程师要将信息保护需求分配到系统中。系统安全的背景环境、概要性的系统安全以及基线安全要求均应得到确定。

3. 设计系统安全体系结构

信息系统安全工程师要与系统工程师合作,一起分析待建系统的体系结构,完成功能的分析和分配,同时分配安全服务,并选择安全机制。信息系统安全工程师还应确定安全系统的组件或要素,将安全功能分配给这些要素,并描述这些要素间的关系。

4. 开展详细的安全设计

信息系统安全工程师应分析设计约束,均衡取舍,完成详细的系统和安全设计,并考虑生命周期的支持。信息系统安全工程师应将所有的系统安全要求跟踪至系统组件,直至无一遗漏。最终的详细安全设计结果应反映出组件和接口规范,为系统实现时的采办工作提供充分的信息。

5. 实现系统安全

信息系统安全工程师要参与到对所有的系统问题进行的多学科检查之中,并向认证与认可过程活动提供输入,例如检验系统是否已经针对先前的威胁评估结果实施了保护,跟踪系统是否实现和测试活动中的信息保护保障机制,是否向系统的生命周期支持计划、运行流程以及维护培训材料提供输入。

6. 评估信息保护的有效性

信息系统安全工程师要关注信息保护的有效性：系统是否能够为其任务所需的信息提供保密性、完整性、可用性、鉴别和不可否认性。

1.4.4 安全工程的特点

信息安全工程的特点带来了信息安全工程的诸多特性。

1. 全面性

信息安全问题需要全面考虑，系统安全程度取决于系统最薄弱的环节。信息安全的全面性带来了安全工程的全面性。

2. 过程性与周期性

信息安全具有过程性或生命周期性。一个完整的安全过程至少应包括安全目标与原则的确定、风险分析、需求分析、安全策略研究、安全体系结构的研究、安全实施领域的确定、安全技术与产品的测试与选型、安全工程的实施、安全工程的实施监理、安全工程的测试与运行、安全意识的教育与技术培训、安全稽核与检查以及应急响应等，这个过程是一个完整的信息安全工程的生命周期，经过安全稽核与检查后，又形成新一轮的生命周期，是一个不断往复、不断上升的螺旋式安全模型。

3. 动态性

信息安全工程具有动态性。信息技术在发展，黑客水平也在提高，安全策略、安全体系、安全技术也必须动态地调整，在最大程度上使安全系统能够跟上实际情况的变化，发挥效用，使整个安全系统处于不断更新、不断完善、不断进步的动态过程中。

4. 层次性

信息安全工程具有层次性。需要用多层次的安全技术、方法与手段，分层次地化解安全风险。

5. 相对性

信息安全具有相对性，信息安全工程也具有相对性。安全是相对的，没有绝对的安全可言。安全措施应该与保护的信息与网络系统的价值相称。因此，实施信息安全工程要充分权衡风险威胁与防御措施的利弊与得失，在安全级别与投资代价之间取得一个信息系统建设部门能够接受的平衡点。这样实施的安全才是真正的安全。

6. 继承性

信息安全工程具有继承性。网络的普及突显了信息安全的重要性，然而在网络普及之前，信息安全问题早已存在，是人们关心的热点。在计算机以外的其他领域，积累了许多从系统工程角度出发维护信息安全的方法与经验，在情况复杂的信息时代，信息安全内涵不断扩展，方法与经验不断继承与发展。

信息系统安全工程涉及一个综合的系统工程环境中的各个方面，它不是一个独立的过程，而是集成在信息系统生命周期内的各个阶段。通过对信息系统生命期中各个安全工程活动的确认、评估，消除（或控制）已知的或假定的安全威胁可能引起的系统风险，最终将得到一个可以接受的安全风险等级。

本 章 小 结

本章着重介绍信息安全、信息安全工程等基本概念,从信息系统建设及其存在的信息安全问题出发,阐述提出信息安全工程的重要性,并分析信息安全工程建设流程、生命周期及信息安全工程特点。本章介绍的信息安全工程基本概念、基本理论为后续内容的学习奠定了基础。

习　　题

1. 什么是信息安全? 什么是信息安全工程?
2. 从安全工程的角度出发,分析如何构建一个安全信息系统。
3. 对比分析信息系统建设生命周期和安全工程的生命周期。
4. 结合信息系统建设及信息安全保障的特点,分析安全工程特点。
5. 结合目前面临的信息安全问题,分析在信息建设中应该注意哪些问题。

第2章

信息安全系统工程

学习目标

- 了解系统工程的概念、产生与发展；
- 了解信息安全系统工程的概念；
- 掌握信息安全系统工程的过程。

2.1 信息安全系统工程概述

2.1.1 信息安全系统工程的概念

"信息安全工程"与"信息安全系统工程"这两个名词究竟是什么关系呢？首先来看信息安全工程，"信息安全"这四个字我们是非常熟悉的，可后面加了"工程"两个字，可能就觉得不太容易理解，不明白是干什么的，其实"工程"简单地说就是搞建设，"信息安全工程"就是研究如何建设信息安全系统，例如建设哪些东西，如何去建设，建设的系统和要求是否是一致等，都需要有一种方法来指导我们，信息安全系统工程(Information Security System Engineering，ISSE)就是这样一种方法，从名字就可以看出，它是在"信息安全"的后面加上了"系统工程"这四个字，系统工程是一种方法论，可以指导如何建设和开发一个系统，在系统工程的实践过程中，由于信息安全问题日益突出，使得在建设系统的过程中，不得不考虑建设相应的信息安全系统，因此就诞生了信息安全系统工程，就是借鉴系统工程的思想和方法，来指导信息安全系统的建设。所以信息安全系统工程是系统工程在实践过程中的一种自然扩展。

信息系统安全工程是美国军方在20世纪90年代初发布的信息安全工程方法，反映ISSE成果的主要文献是1994年出版的《信息系统安全工程手册v1.0》。ISSE将有助于开发可满足用户信息保护需求的系统产品和过程解决方案，同时，ISSE也注重标识、理解和控制信息保护风险并对其进行优化。ISSE行为主要用于以下情况：

- 确定信息保护需求；
- 在一个可以接受的信息保护风险下满足信息保护的需求；
- 根据需求，构建一个功能上的信息保护体系结构；
- 根据物理体系结构和逻辑结构分配信息保护的具体功能；
- 设计信息系统，用于实现信息保护的体系结构；

- 从整个系统的成本、规划、运行的适宜性和有效性综合考虑,在信息保护风险与其他的 ISSE 问题之间进行权衡;
- 参与对其他信息保护和系统工程学科的综合利用;
- 将 ISSE 过程与系统工程和采办过程相结合;
- 以验证信息保护设计方案并确认信息保护的需求为目的,对系统进行测试;
- 根据用户需要对整个系统进行扩充和裁剪,为用户提供系统部署的进一步支持。

为确保信息保护能被平滑地纳入整个系统,必须在最初进行系统设计时便考虑 ISSE。此外,要在与系统工程相应的阶段中同时考虑信息保护的目标、需求、功能、体系结构、设计、测试和实施,基于对特定系统的技术和非技术考虑,使信息保护得以优化。

下面来看几个生活中的例子,看看都存在什么问题。

在图 2-1 中有幢楼,楼的外墙处竖着一个梯子,看起来与外墙很不协调,这个梯子有什么用呢?原来这是一个门市,因为消防部门规定,商住楼中住宅的疏散楼梯应独立设置。所以这家门市为了应付消防检查自行搭建了一个消防通道,这个梯子就是消防通道。为什么会这样呢?原来是大楼在设计和实施时没有考虑到这个问题,楼盖完了,才发现有这样一个缺陷,这必然会导致成本的上升和安全性的下降。

图 2-1　楼的外墙梯子

安全工程同样如此,在进行系统建设时,一定要考虑到安全因素,并找到成本和安全性等因素的平衡点。

再来看一个例子,以前用固定电话进行刷卡支付这个应用很火,和现在的手机支付类似,可以足不出户地缴纳电话费、水费、电费,还信用卡,网上购物,还可以订飞机票等,用户可以通过其网站查询相关的付款信息,为了建设和推广这个项目,中国银联和中国电信联手投资了很多财力和物力。在本例中,A 公司开展的业务应用背景是一致的,后来,第三方在测评过程中发现该网站存在注入漏洞,会泄露用户的交易信息。出现了这样的问题该怎么办?当初这个网站的开发是外包的,再去找那个开发公司,结果发现开发此网站的公司已经倒闭了,而 A 公司的技术人员对网站的开发情况并不了解,漏洞无法消除。

那怎么办？公司最终决定,暂时不再提供网上交易查询服务,这对公司,肯定会带来不好的影响。请想一想,这里面涉及哪些问题？对于承担外包项目的公司是不是要严格审查,建设完是不是要及时进行测试验收,是不是还应该保留相关的资料文档？一旦发生问题,也可以为解决方案提供一定的参考。

在讲解信息安全系统工程之前,需要搞清几个"词语"的关系：信息系统、业务应用信息系统、信息安全系统、信息系统工程、业务应用信息系统工程、信息安全系统工程以及信息系统安全和信息系统安全工程。它们的彼此关系如图 2-2 所示。

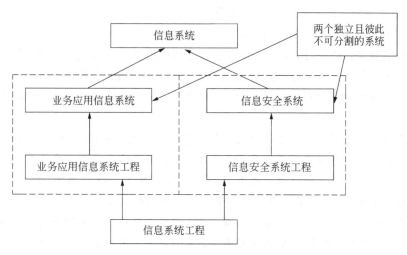

图 2-2　几个词语之间的关系示意图

信息系统：又叫做信息应用系统、信息应用管理系统、管理信息系统等,简称 MIS (Management Information System)。

由于信息安全的迫切需要,"信息安全系统"已经从信息应用系统中脱颖而出,明确地成为一个独立存在的系统,这已经是不争的事实了。它有独立立项、独立设计、独立施工和独立评估验收并独立运营的诸多特征。为此,把传统的信息应用系统明确地分为两个部分：信息安全系统和业务应用信息系统。

信息安全系统服务于业务应用信息系统并与之密不可分,但又不能混为一谈。信息安全系统不能脱离开业务应用信息系统而存在,但彼此的功能、操作流程、管理方式、人员要求、技术领域等都完全不同。随着信息化的深入,两者的界限越来越明显。

但是,信息系统的叫法在日常生活中还存在,例如我们说建立"国税信息系统""公安信息系统""社保信息系统"等,一定包含业务应用信息系统和信息安全系统两个部分。

在强调信息安全的时候,更应该明确界定两者的关系。这样做,既对业务运营的信息应用系统的建设有好处,又对支撑它的信息安全系统建设有好处。

信息系统工程：建造信息系统的工程。同样,信息系统工程也包括两个独立且不可分割的部分：信息安全系统工程和业务应用信息系统工程。

业务应用信息系统：支撑业务运营的计算机应用信息系统,如银行柜台业务信息系统、国税征收信息系统等。

业务应用信息系统工程：为了达到建设好"业务应用信息系统"所组织实施的工程，一般成为信息系统集成项目工程。它是"信息系统工程"的一部分。

信息安全系统：它是"信息系统"的一个部分，它的正常运营是为了保证"业务应用信息系统"的正常运营。业界又称为"信息安全保障系统"。现在人们已经明确这样的理念：要建立一个"信息系统"，就必须要建立一个或多个业务应用信息系统和一个信息安全系统。

信息安全系统工程：为了达到建设好"信息安全系统"的特殊需要而组织实施的工程。同样，它也是"信息系统工程"的一部分。

容易与之混淆的是如下两个"词语"。

信息系统安全：从字面上理解，指的是信息系统的安全。在前面的介绍（定义）中明确说明：信息系统的安全由组成该信息系统的信息安全系统所保证。因此，信息系统安全不是一个另外的独立存在的系统，而信息安全系统是客观的、独立于业务应用信息系统而存在的信息系统。

信息系统安全工程：一定要区分出它与信息安全系统工程的区别。前面介绍中已经对信息安全系统和信息安全系统工程做出界定，如果再讲信息系统安全工程，则只能限于如下的语意：在建设信息系统的工程中，不要出"漏电漏水""砍伤砸伤"等工程事故和人身事故等安全事故，已经不是信息系统安全工程范畴的概念了。

信息安全系统工程不是信息系统安全工程，信息安全系统大体划分为三种架构体系，简单称之为：MIS＋S 系统、S-MIS 系统和 S2-MIS 系统。S-MIS 系统又称之为标准的信息安全保障系统。顾名思义，S-MIS 系统一定是"涉密"系统，即系统中一定要用到"密码"和"密码设备"，一定是基于 PKI/CA 和 PKI/AA 建立的支撑用户的业务应用信息系统的运营。

S-MIS 系统外围安装的"安全措施和安全防范设备"，不能说这些设备 S-MIS 系统不需要，而是从工程实施和运营管理与维护来看，它们就显得太简单了。

1. 为什么要研究信息安全系统工程

信息安全系统工程就是要建造一个信息安全系统，它是整个信息系统工程的一部分，而且是与业务应用信息系统工程同步进行的（有的在其后施工建设也可）。但它的内容主要是围绕"信息安全"的内容，如：信息安全风险评估、信息安全策略制定、信息安全需求确定、信息安全系统总体设计、信息安全系统详细设计、信息安全系统设备选型、信息安全系统工程招投标、密钥密码机制确定、资源界定和授权、信息安全系统施工中防泄密问题和施工中后期的信息安全系统测试、运营、维护的安全管理等问题。这些问题与用户的业务应用信息系统建设所关注的问题不同。业务应用信息系统工程主要关注的是客户的需求、业务流程、价值链等企业的业务优化和改造问题。相比之下，当前更多的人对后者比较熟悉，而对前者却无从下手。信息安全系统建设所关注的问题恰恰是业务应用信息系统正常运营所不能缺少的。

直到 20 世纪末，随着国际互联网信息高速公路的畅通和国际化的信息交流，业务大范围扩展，信息安全的风险也急剧恶化。传统的由业务应用信息系统解决安全问题的方案已经不能胜任，由操作系统、数据库系统、网络管理系统来解决安全问题也不能满足实际的需要,因此不得不建立独立的信息安全系统。

信息安全系统是一门新兴的工程实践课题。与国外的同行相比,我们必须加强对信息安全系统工程的研究,规范信息安全系统工程建设的过程,提高建设信息安全系统工程的成熟能力。否则,信息安全系统工程建立不合理、不科学、不到位、不标准,势必影响业务应用信息系统的正常运营,阻碍信息化的推进。

信息安全系统工程作为信息系统工程的一个子集,其安全体系和策略必须遵从系统工程的一般性原则和规律。本章的重点和最终目的是介绍信息安全系统工程的工程原理和方法,因此对系统安全过程进行一般性讨论和概念性介绍就显得非常必要。

随着社会对信息依赖程度的增长,信息的保护变得越来越重要。网络、计算机、业务应用甚至企业间的广泛互联和互操作特性正在成为产品和系统安全的主要驱动力。信息安全的关注点已从维护保密的政府数据到更广泛的应用,如金融交易、合同协议、个人信息和因特网信息。因此,非常有必要考虑和确定各种应用的潜在安全需求。潜在的需求实例包括信息或数据的机密性、完整性、可用性、可记录性、私有性直至系统安全运营的保障。

信息安全关注点的动态变化性,提高了信息安全系统工程的重要地位。信息安全系统工程正日益成为重要的工程课题,并将成为多种学科和协同作业的工程组织中一个关键性部分。信息安全系统工程原理适用于系统和应用的开发、集成、运行、管理、维护和演变,以及产品的开发、交付和演变。这样,信息安全系统工程就能够在一个系统、一个产品或一个服务中得到体现。

2. 信息安全系统与业务应用信息系统之间的关系

用户的业务应用信息系统生命周期与信息安全系统生命周期的关系几乎是一样的,因为它们是同步进行的。但是,它们的工程实施过程和工程保证过程是有本质不同的。其中最大的不同点是,信息安全系统从项目启动(立项)开始,需要严格保密的。一般情况下,不允许外单位人员参加。所有参加该项目的人员,不仅需要签订工程建设期间的保密协议,还要签订3～5年不泄密的保密协议。

此外,信息安全系统并不是很常见的信息应用系统,需要专业知识和技能,因此,涉及这样的信息系统集成项目,承建单位需要有特殊的"资质"。

另外,从工程要求来看,信息安全系统工程的建设决不能与业务应用信息系统工程建设混为一谈,更不能彼此掺和。我们要切记:任何一个信息系统,必定要有两个系统的生命周期"并存"。信息安全系统是根据业务应用信息系统的安全需求建设的,而信息安全系统是为了保障业务应用信息系统的正常运营而运营的。

虽然两者始终保持"并存"的"关系"(可能延续到正常运营和维护阶段结束之后,彼此仍然保持"并存"的关系),但是它们之间有明显的主次之分。信息安全保障系统永远是业务应用信息系统中起到支撑保障作用的一个重要组成部分,因此永远处于"次要"地位。没有了业务应用信息系统,也就没有了信息安全系统。信息安全系统的"天职"就是保障业务应用信息系统的安全。相反,没有了安全,业务应用信息系统也就不能正常地运营了。所以,虽然处于"次要"地位,却是不可缺少的。

3. 信息安全系统工程目标

信息安全系统工程是一个发展中的技术学科领域,目前尚不存在准确的、业界一致认可的定义。然而,对信息安全系统工程进行概括性的描述还是可能的。为此,我们给出信息安全系统工程主要目标的定义:

- 获得对企业安全风险的理解;
- 根据已识别的安全风险建立一组平衡的安全需求;
- 将安全需求转换成安全的策略,成为信息系统建设基本原则,并落实到项目实施中的各个科目、活动和系统配置或运行的定义中;
- 通过正确有效的安全机制建立抵御安全威胁和系统正常运营的保证;
- 动态监测、判断系统中和系统运行时出现的安全隐患和突发事件,并及时按预先指定的方案,启动紧急事故处理程序进行处理和追踪,遏制危险的发生和蔓延,使系统免除损失或控制在可控范围之内;
- 将所有科目和专业活动集成为一个具有共识的系统安全可信性工程。

4. 与信息安全系统工程有关的组织

各种不同类型的单位/组织都会涉及信息安全系统工程活动,他们是:

- 业主及业主的客户;
- 集成商;
- 信息安全专家及顾问委员会;
- 安全产品开发者和经营者;
- 密码及密码产品运行许可权批准者;
- 可信第三方(数字证书认证服务机构);
- 紧急事故应急处理中心;
- 安全评估组织(系统认证者、产品评估者和运行许可权批准者);
- 咨询服务组织。

5. 信息安全系统工程活动

在系统工程整个生命期中执行的信息安全系统工程活动包括:

- 信息安全风险评估;
- 信息安全策略制定;
- 信息安全需求确定;
- 信息安全人员组织和培训;
- 信息安全岗位、制度和信息安全系统运营策划和管理;
- 信息安全系统总体设计;
- 信息安全系统详细设计;
- 信息安全系统设备选型;
- 信息安全系统工程招投标;
- 密钥、密码机制确定;
- 资源界定和授权;
- 信息安全系统施工中需要注意的防泄密问题和施工中后期的信息安全系统测试、

运营、维护的安全管理；
- 淘汰或报废安全处理。

6. 信息安全系统工程与其他科目

信息安全系统的建设是在 OSI 网络参考模型的各个层面进行的,因此与信息安全系统工程活动存在直接或间接关系的相关工程有：

- 硬件工程；
- 软件工程；
- 通信及网络工程；
- 数据存储和灾备工程；
- 系统工程；
- 测试工程；
- 密码工程；
- 企业信息化工程。

此外,信息安全系统建设是遵从企业/单位(组织)所制定的安全策略进行的,而安全策略由业主与业主的客户、集成商、安全产品开发者、密码研制单位、独立评估者和其他相关组织共同协商建立。因此信息安全系统工程活动必须要与其他外部实体进行协调。也正是因为信息安全系统工程存在这些与其他工程的关系接口,而这些接口又遍布各种组织且具有相互影响,所以信息安全系统工程与其他工程相比就更加复杂。

7. 信息安全系统工程学科

在目前信息安全系统的组成概念和运营管理的环境下,信息安全系统工程和信息安全技术成为趋势性学科。但这并不排斥其他传统安全科目(如物理安全、人员安全、通信安全等)的发展和作用(对它们有一定促进作用)。信息安全系统工程应该吸纳传统安全科目的成熟规范部分。一些传统的专业安全科目如下。

- 物理安全——侧重于保护建筑物和物理场所的安全；
- 计算机安全——各种类型计算设备的安全保护；
- 网络安全——保护网络连接和数据传输的安全措施,包括网络硬件、软件和协议,以及在网络上传输的信息的安全；
- 通信安全——保护有关安全域之间的通信安全,特别是信息在传输介质上传输时的安全；
- 输入/输出产品的安全——保护与主机硬件和软件的安全、正常、稳定的连接和运行,防止外来的干扰和破坏；
- 操作系统安全——保护操作系统本身安全运营的安全措施和由操作系统提供给使用者的安全措施；
- 数据库系统安全——保护数据库管理系统本身安全运营的安全措施和由数据库管理系统提供给使用者的安全措施；
- 数据安全——保护在存储、操作和处理中的数据；
- 信息审计安全——保证审计信息和审计系统的安全运营,从而获得运行环境安全和安全运行态势维护；

- 人员安全——有关人员及其可信度保证,以及安全意识培训教育保证;
- 管理安全——有关安全管理和管理该系统的安全;
- 辐射安全——控制所有机器设备保证不将未期望的信号发射到安全域外部。

2.1.2 信息安全系统工程的要求

在《关于加强信息安全保障工作的意见》中明确要求:信息安全建设是信息化的有机组成部分,必须与信息化建设同步规划、同步建设。各地各部门在信息化建设中,要同步考虑信息安全建设,保证信息安全设施的运行维护费用。

可以看出,"重功能、轻安全""先建设、后安全"都是信息化建设的大忌!

通过上面这些例子,可以看到在安全系统建设过程中可能出现的一些问题,所以需要有一个系统的方法来指导进行信息安全系统的建设,这个方法就是 ISSE。信息安全系统工程目前尚没有准确的、业界一致认可的定义,按照著名科学家钱学森对系统工程的定义,信息安全系统工程可定义为组织、管理信息安全系统规划、研究、制造、实验、使用的科学方法,即开发一个新的信息安全系统或者改造一个旧的系统的思想、方法、步骤、工具和技术。从该定义中,可以获得如下信息:首先,ISSE 到底是一门基本理论,是技术基础,还是方法论?通过定义我们知道,ISSE 是方法论,它研究的重点是方法,就是去研究系统规划、研究、制造、实验、使用过程中所使用的方法。它可以用来开发一个新系统,也可以用来改造一个旧系统。它能提供建设这个系统的思想、方法、步骤、工具和技术。

2.1.3 信息安全系统工程过程描述

在日常办事的过程中,思维方式以及所采取的方法是和 ISSE 一致的,ISSE 的优点在于能从繁杂的事务中理出头绪,能找全问题集,也就是能够找出要解决的问题,而不会发生遗漏,然后通过一个个步骤,指导逐步地解决这些问题。来看一下 ISSE 中所用的方法。以某单位的信息化建设为例,信息系统包括业务应用信息系统和信息安全系统,所以相对应的,信息系统工程就包括业务应用信息系统工程和信息安全系统工程。这两个系统是彼此独立却又不可分割的,所以要进行某单位的信息化建设,就要同时建设两个系统,即业务应用系统和信息安全系统。

在 ISSE 中,首先要有一个开发工作的组织,这个组织不仅要有专业人员参加,还要有立项单位的主要领导和业务人员参加。开发工作中的组织形式,新系统开发领导小组包括系统开发专业组、系统维护组、系统运行组。在系统开发专业组下面还分为系统分析与设计、安全方案的分析与设计、设备选型调试等。系统维护组包括培训、数据维护和机器维护等。在 ISSE 中,为了保证研制工作的顺利进行,要求在开发的各阶段中都要有业务人员参加。

在开发前期,需要大量有经验的业务人员配合系统分析人员搞好系统分析的工作;在开发后期,也需要大量业务人员配合系统的测试和转换工作。开发工作的管理又称为项目管理。

2.1.4　信息安全系统工程中的开发工作

项目的管理者在有限的资源约束下,运用系统的观点、方法和理论,对项目涉及的全部工作进行有效的管理,即从项目的投资决策开始到项目结束的全过程进行计划、组织、指挥、协调、控制和评价,以实现项目的目标。项目管理是系统工程思想针对具体项目的实践应用。项目管理的要素如下。

(1) 项目范围管理:为了实现项目的目标,对项目的工作内容进行控制的管理过程。它包括范围的界定、范围的规划、范围的调整等。

(2) 项目时间管理:为了确保项目最终按时完成的一系列管理过程。它包括具体活动界定、活动排序、时间估计、进度安排及时间控制等项工作。

(3) 项目成本管理:为了保证完成项目的实际成本、费用不超过预算成本、费用的管理过程。它包括资源的配置,成本、费用的预算以及费用的控制等项工作。

(4) 项目质量管理:为了确保项目达到客户所规定的质量要求所实施的一系列管理过程。它包括质量规划、质量控制和质量保证等。

(5) 人力资源管理:为了保证所有项目关系人的能力和积极性都得到最有效发挥和利用所做的一系列管理措施。它包括组织的规划、团队的建设、人员的选聘和项目的班子建设等一系列工作。

(6) 项目沟通管理:为了确保项目的信息的合理收集和传输所需要实施的一系列措施,它包括沟通规划、信息传输和进度报告等。

(7) 项目风险管理:涉及项目可能遇到各种不确定因素。它包括风险识别、风险量化、制订对策和风险控制等。

(8) 项目采购管理:为了从项目实施组织之外获得所需资源或服务所采取的一系列管理措施。它包括采购计划、采购与征购、资源的选择以及合同的管理等项目工作。

(9) 项目集成管理:指为确保项目各项工作能够有机地协调和配合所展开的综合性和全局性的项目管理工作和过程。它包括项目集成计划的制定、项目集成计划的实施、项目变动的总体控制等。

项目管理的目的是为了保证工程项目在一定资源情况下按质按量如期完成。项目管理包括项目研究计划和项目控制,其中项目研制计划由长期计划和短期计划两部分组成,而项目控制主要包括成本控制、进度控制和质量控制。

在了解了开发工作的组织和管理之后,来看一下 ISSE 的过程。首先了解系统工程的生命周期。系统工程包括下面五个过程:概念与需求定义(发掘业务需求)、系统功能设计(定义系统功能)、系统开发与获取(系统设计)、系统实现与测试(部署系统)和系统维护与废弃(有效性评估)。系统工程过程的原理是将问题与解决方案区分开来,问题简单来讲就是“做什么”,代表了需求限制、风险、策略和其他解决问题的约束条件;解决方案就是要“怎么做”,代表了要完成的活动和需要创造的用来满足用户需求的产品。所以发掘业务需求和定义系统功能是面向问题的,告诉我们都要做什么;而系统设计和部署系统是面向解答的,告诉我们该怎么做。在系统维护过程中还需要进行有效性评估,通过评估体系来评估解决方案是否可以解决存在的问题,从而对问题和解决方案做出必要的修正。

信息系统安全工程是在一个综合的系统工程中涉及与信息安全(INFOSEC)工程实践有关的过程。它是这样一个过程：它分析用户的信息保障需求，是系统工程学、系统采购、风险管理、认证和鉴定以及生命周期的支持过程的一部分，是作为系统工程过程的一个自然扩展而给出的。它的过程也包括五个阶段：系统规划阶段，发掘信息保护需求；系统分析阶段，定义信息保护系统功能；系统设计阶段，设计信息保护系统元素；系统实施阶段，实施信息保护系统，开发和安装系统；维护管理阶段，评估系统有效性。

在系统分析阶段，主要是确定系统的网络拓扑结构，包括业务系统和信息安全系统。在系统设计阶段，确定需要使用的具体设备。

2.2　信息安全系统工程过程

2.2.1　信息保护需求的发掘

ISSE 首先调查在信息方面的用户任务需求，相关政策、法规、标准以及威胁，然后将标识信息系统和信息的具体用户、他们与信息系统和信息交互作用的实质以及他们在信息保护生命周期各阶段的角色、责任和权力。信息保护需求应该来自于用户的视角，并且不能对系统的设计和实施造成过度限制。

在信息保护政策和安全运行概念(Concept of Operations，CoO)中，ISSE 应该使用通用语言描述如何在一个综合的信息环境中获得所需要的信息安全保护。当系统发掘和描述出这一信息安全保护需求时，信息保护将成为一个必须同时考虑的系统模块。图 2-3 解释了系统任务、威胁和政策如何影响信息保护需求以及如何对其进行分析。

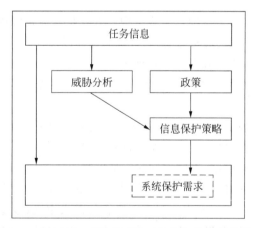

图 2-3　系统任务、威胁和政策对信息保护需求的影响

1. 机构任务信息的保护需求

必须考虑信息和信息系统在一个大型任务或特定机构中的作用。ISSE 必须考察机构中各元素(人和子系统)的任务可能受到的影响，即：当无法使用信息系统或信息，尤其是丧失保密性、完整性、可用性、不可否认性时，可能会带来哪些问题？

信息的重要性众所周知，但是很多人在发掘其信息保护需求和信息保护的优先级时还是会遇到困难。为了科学地发掘出用户的信息保护需求,必须了解哪些信息在泄漏、丢失或修改时会对总体任务造成伤害。ISSE 应该做到以下几点:

- 帮助用户对自己的信息管理过程进行建模;
- 帮助用户定义信息威胁;
- 帮助用户确立信息保护需求的优先次序;
- 准备信息保护策略;
- 获得用户许可。

确定用户需求是 ISSE 实施的与用户相交互的活动,以确保任务需求中包含信息保护需求以及系统功能中包含了信息保护功能。ISSE 能够将安全规则、技术、机制相结合,并将其应用于解决用户的信息保护需求,从而建立一个信息系统保护系统,并使用该系统中包含的信息保护体系结构和机制,可在用户允许的成本、功能和时间安排的范围之内获取最佳信息保护性能。

图 2-4 描述的是一个分层需求图,较高层向下一层施加了信息保护需求,各保护需求的详细程度决定于它在机构图中的位置,越向下,要求越具体,反之,则越抽象。

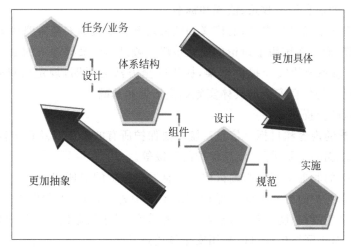

图 2-4 分层需求图

ISSE 在设计信息保护系统时必须评估信息对信息和系统对任务的重要性,并在此基础上遵循用户的意见。信息和信息系统在支持系统任务方面的角色可以通过以下的方式描述:

- 需要查阅、更新、删除、初始化或者处理的信息属于何种类型(涉密信息、金融信息、产权信息、个人隐私信息等);
- 谁有权查阅、更新、删除、初始化和处理信息记录;
- 授权用户如何履行其职责;
- 授权用户使用何种工具(文档、硬件、软件、固定和规程)履行其职责;
- 系统中是否有不可否认性需求。

ISSE 和系统用户将精诚合作,研究信息系统的角色,使信息系统更好地满足用户的任务需求。若没有用户的参与,ISSE 很难做出满足用户需求的决定。

2. 考察信息系统面临的威胁

依照 ISSE,系统背景/环境应负责说明信息系统的功能和它与系统边界外部元素的接口,还要明确信息系统的物理边界和逻辑边界,以及系统输入/输出的一般特性。它应描述系统与环境之间或系统与其他系统之间信号、能量和资源的双向信息流。除此之外,还必须考虑系统与环境或其他系统之间有意设定或自行存在的接口。其中,针对后者的描述即是在确定信息系统所面临的"威胁"。"威胁"指可能造成某个结果的事件或对系统造成危害的潜在事实。对系统威胁的描述涉及:

- 信息类型;
- 信息的合法用户及用户的信息;
- 对威胁主体的考察包括动机、能力、意图、途径、可能性、后果(对机构任务/业务的影响)。

3. 信息安全策略的考虑

对一个机构而言,在制定本机构的信息保护策略时,除考虑信息系统面临的威胁外,还必须考虑现有的信息保护政策、法规和标准。

对安全策略的定义多种多样,有广义和狭义之分。狭义的安全策略诸如防火墙策略、访问控制策略等,而在系统级上讨论的安全策略一般是指广义概念下的信息安全策略,其目的在于:为信息系统的安全提供框架,提供安全方法的说明,规定信息安全的基本规范,落实安全责任,为信息安全的具体实施提供依据和基础。

信息安全策略要提供:

- 信息保护的内容和目标。信息系统中要保护所有的资产以及每个资产的重要性、资产所面临的主要威胁、信息保护的等级等。
- 信息保护的职责落实。明确机构中信息安全保护的责任和义务。
- 实施信息保护的方法。确定保护信息系统中各类资产的具体方法,例如,对于实体可以采用隔离、防辐射、防自然灾害的措施,对于数据信息可以采用授权访问控制技术,对于网络传输可以采用安全隧道技术等。
- 事故的处理。为确保任务的落实,提高安全意识和警惕性,应规定相关的惩罚条款,并建立监管机制,以确保各项条款的严格执行。

与系统工程过程相同,一个机构必须考虑本机构内所有的政策、规则和标准。很多时候,该机构的信息保护策略应根据更高层的法律、法规等政策制定。在考察或制定信息系统的安全保护策时,尤其重要的是不能与更高层的信息保护及其他有关政策相违背。

以下是美国军方在实施信息安全工程过程时所参照的信息保护政策。

- DoD 5200.28 《自动化信息系统的安全要求》。它具体规定了自动化信息系统的最小安全要求,包括可追究性、访问权限、安全培训、物理控制、密级/敏感度标记、"应需可知"的限制、整个生命周期内的数据控制,以及应急计划、风险管理和认可过程。
- 管理和预算办公厅 A-130 附件Ⅲ《联邦自动化资源的安全》和公共法律 100~235。具体描述了保护国家信息系统的安全需求,定义了每个授权拥有信息的个人的角色和责任,建立和实施了相应的信息安全计划以规范整个系统生命周期的连续性管理支持。

- 美国总统令 12968 《信息分类指南》。描述了对于各类信息的个人访问安全要求。

我国的有关国家级法律、法规包括:

- 中华人民共和国保守国家秘密法;
- 中华人民共和国国家安全法;
- 中华人民共和国计算机信息系统安全保护条例;
- 全国人大常委会关于维护互联网安全的决定;
- 中华人民共和国计算机信息网路国际互联网络安全保护管理办法;
- 计算机信息系统安全专用产品检测和销售许可证管理办法;
- ……

地方法律、法规等政策文献也是在制定机构的信息安全策略时必须参照的内容,这方面的政策文献很多。北京市近年来颁布的信息安全法律和法规包括:

- 北京市党政机关计算机网络与信息安全管理办法;
- 北京市信息安全服务单位资质等级评估条件(试行);
- ……

事实上,一个机构在实施信息安全工程时,因具体条件的不同(机构性质、资产类别、地理位置等),需要参照的政策可能各不相同,最终制定出的安全策略可能差异较大。因范围太广,本书没有给出所有可能参考到的信息安全政策,以上的列举旨在强调外部信息安全政策对信息安全工程的重要意义。在实践中,往往需要专门设立一个有系统工程专家、ISSE、用户代表、权威认证机构、设计专家组成的小组来制定一个有效的信息保护策略。该小组要通力合作,保护政策的正确性、全面性及其与其他现有政策的一致性。

信息安全策略必须由高层管理机构批准并颁布。该策略必须是明确的,以使下级机构易于制定各自的制度,并且便于机构所有成员的理解。还需要有一个能够确保在机构内部实施该策略的流程,并让机构成员认识到违反该策略将会出现的后果。尽管必须依据具体情况的改变及时更新机构的安全策略,但一般来说,高层策略的改动不宜过于频繁。

可以比较一下,在建设一个系统时,没有 ISSE 的指导和有 ISSE 的指导会有哪些不同。

首先是第一个阶段系统规划,这是系统开发的准备和总部署,是建设信息安全系统的先行工程,在工程开发中有着举足轻重的地位。要考虑的主要内容包括:①了解任务信息保护需求;②掌握对信息系统的威胁;③考虑信息安全的策略;④新系统规划设计;⑤系统开发可行性分析。系统规划阶段的最后结果是系统开发可行性分析报告。依据用户单位的性质、目标、任务以及存在的安全威胁确定安全需求,例如支持多种信息安全策略需求、使用开放系统需求、支持不同安全保护等级需求、使用公共通信系统需求等。信息系统安全工程师要帮助客户理解用来支持其业务或任务的信息保护的需求。信息保护需求说明可以在信息保护策略中记录。要发掘需求,即要帮助客户理解并记录用来支持其业务或使命的信息管理的需求。

第二个阶段是系统分析阶段,要考虑的主要内容包括:①确定信息保护目标;②硬件系统逻辑模型(网络拓扑、设备选型等);③软件系统逻辑模型(绘制数据流程图、信息安全系统的逻辑模型等)。系统分析是面向"问题"的,是在对用户的业务活动进行分析后,明确在用户的业务环境中,新系统应"做什么"。这个阶段的最后成果是系统分析说明书,也称其为总体技术方案。信息系统安全工程师要将信息保护需求分配到系统中。系统安全的背景环境、概要性的系统安全以及基线安全要求均应得到确定。

2.2.2　定义信息保护系统

定义系统要求:要向系统中分配已经确定的需求;应标识出系统的环境,并说明系统功能对该环境的分配;要写出概要性的系统运行概念,描述待建系统的运行情况;要建立起系统的基线要求。

在该阶段的行为中,用户对信息保护的需求和信息系统环境的描述应被解释为信息安全保护的目标、要求和功能。该阶段的行为将定义信息保护系统将要做什么,信息保护系统执行其功能的情况如何,以及信息保护系统的内部和外部接口。

1. 信息保护目标

信息保护目标与系统目标具有相同的特性,都具有有效性度量(Measure of Effectiveness,MoE),而且对信息保护需求来说应是明确的、可测量的、可验证的、可跟踪的。每个目标的基本原理必须能解释以下内容:

- 信息保护对象所支持的任务对象;
- 驱动信息保护目标、与任务相关的威胁;
- 未实现目标可能带来的后果;
- 支持目标的信息保护方针或策略。

2. 系统背景/环境

从技术层面讲,系统背景/环境应确定系统的功能及其与系统边界外部元素的接口。在信息保护系统的工程过程中,任务目标、信息的本质、任务的信息处理系统、威胁、信息保护策略和设备极大地影响着系统环境。信息保护系统的背景应该在其与任务信息处理系统、其他系统、环境之间界定逻辑和物理边界。这种背景/环境包含对信息的输入和输出、系统与环境之间或与其他系统之间信号和能量的双向流动的描述。

3. 信息保护需求

ISSE 中,需求分析行为将评审和更新此前工程过程中的分析(任务、威胁、目标、系统背景/环境)。当信息保护需求从用户需求演变为更加精炼的系统规范时,必须对其进行充分的定义,以便系统体系结构的概念能够在集成、并行的系统工程过程中得以开发。ISSE 将和其他信息保护系统的所有者一起考察以下信息保护需求:正确性、完备性、一致性、互依赖性、冲突和可测性。信息保护功能、性能、接口、互操作性、派生要求与设计一样将进入系统的全过程 RTM(Release To Manufacturing)。

4. 功能分析

ISSE 将使用许多系统工程工具来理解信息保护功能,并将功能分配给各种信息保护配置项。ISSE 必须理解信息保护子系统如何成为这个系统的一部分,还必须理解如何才能支持整个系统。

2.2.3　设计信息保护系统

第三个阶段是系统设计阶段,要考虑的主要内容包括:①设计概述,即物理模型(系统顶层设计、决定配置项);②初步设计;③详细设计。系统设计是面向解答的,是对信息安全系统本身进行分析,考虑它应该"怎么做"才能满足用户提出的要求。系统设计的最终结果是系统设计说明书,又称实施方案。

在这个行为中,ISSE 将构造系统的体系结构,详细地说明信息保护系统的设计方案。包括:

- 精炼、验证并检查安全要求与威胁评估的技术原理;
- 确保一系列的低层要求能够满足系统级的要求;
- 支持系统级体系结构、配置项和接口定义;
- 支持长研制周期和前期的采购决策;
- 定义信息保护的操作和生命周期支持问题;
- 继续跟踪、精炼信息保护相关的采办和工程管理计划及战略;
- 继续进行面向具体系统的信息保护风险审查和评估;
- 支持认证和认可过程;
- 加入系统工程过程。

1. 功能分配

与系统功能被分配给人、硬件、软件和固件相同,信息保护功能也要分配给这些系统元素。分配时,组件不仅要满足问题空间中整个系统约束条件的子集,也要满足相应的功能和性能要求。必须考察各种不同的信息保护系统体系结构,ISSE 将与系统所有者一起协商出在概念上、物理上都可行的信息保护系统体系结构协定。

2. 概要信息保护设计

实施概要信息保护设计的最小条件是:针对信息保护需求,具有一个稳定的协定和一个在配置管理下的稳定的信息保护体系结构。一旦定义了这个体系结构并将其实现了基线,系统和 ISSE 工程师将书写相应的规范,使这些规范细化直至配置顶层怎样构造的粒度。产品和高层规范的审查应位于在概要设计审查(PDR)之前。ISSE 这一阶段的行为包括:

- 对发掘需求和定义系统这两个阶段的产物进行回顾并改进,尤其是配置顶层和接口规范的定义;
- 对现有解决方案进行调查,使之与顶层配置要求相匹配;
- 检查所提出的概要设计审查层解决办法的基本原理;
- 检查验证配置顶层规范是否满足高层信息保护要求;
- 支持认证和认可过程;
- 支持信息保护操作发展和生命周期管理决策;
- 加入系统工程过程。

3. 详细信息保护设计

详细信息保护设计将产生底层产品规范,该规范或者要完成配置顶层的设计,或者要规定并调整对正在购买的配置项的选择。该阶段的行为将导出检查-检查设计审查(CI-CDR)——就完备性、冲突、兼容性(与接口系统)、可检验性、信息保护风险、集成风险和对需求的可跟踪性对每个详细的配置项规范进行评审。该阶段包括:

- 对前面概要设计的产物进行评审和改进;
- 通过对可行的信息保护解决方案提供输入并评审具体的设计资料,来支持系统层设计和配置项层设计;
- 检查 CDR 层解决方案的基本技术原理;
- 支持、产生、检验信息保护测试和评估的要求及步骤;
- 追踪和应用信息保护的保障机制;
- 检验配置项层设计是否满足高层的信息保护要求;
- 完成对信息生命周期安全支持的大部分输入,包括向训练和紧急事件培训材料提供信息保护的输入;
- 评审和更新信息保护风险和威胁计划以及对任何要求集的改变;
- 支持认证和认可过程;
- 加入系统工程过程。

(1) 设计系统安全体系结构。信息系统安全工程师要与系统工程师合作,一起分析待建系统的体系结构,完成功能的分析和分配,同时分配安全服务,并选择安全机制。

设计系统体系结构:应该分析待建系统的体系结构,完成功能的分析和分配,同时分配系统的要求,并选择相关机制。系统工程师还应确定系统中的组件或要素,将功能分配给这些要素,并描述这些要素间的关系。

(2) 开展详细的安全设计。信息系统安全工程师应分析设计约束和均衡取舍,完成详细的系统和安全设计,并考虑生命周期的支持。

开展详细设计:应分析系统的设计约束和均衡取舍,完成详细的系统设计,并考虑生命周期的支持。系统工程师应将所有的系统要求跟踪至系统组件,直至无一遗漏。最终的详细设计结果应反映出组件和接口规范,为系统实现时的采办工作提供充分的信息。

2.2.4　实施信息保护系统

该阶段行为的目的是建设、购买、集成、检验和认证信息保护子系统中配置项的集合。参照的依据是全套的信息保护需求。

ISSE 所执行的其他用于信息保护系统的实施与测试的功能还包括:

- 在系统当前的运行状态下对系统信息保护的威胁评估进行更新;
- 验证已经实施的信息保护解决方案的信息保护需求和约束条件,实施相关的系统验证与确认机制,发现新的问题;
- 跟踪或参与和系统实施和测试实践相关的信息保护保证机制的应用;
- 对变化中的系统操作流程与生命周期支持计划提供进一步的输入和评审,例如,后勤支持中通信安全(Communication Security,COMSEC)中密钥发布或可发布

性控制问题,以及系统操作和维护培训材料中的信息保护相关元素;

- 为安全验证审查(Security Verification Review,SVR)准备的正式的信息保护评估;
- 认证与认可(Certificate Authority,CA)过程行为所要求的输入;
- 参与对系统所有问题的综合式、多学科的检查。

上述行为及其所产生的结果均支持安全验证审查。在安全验证审查总结后,通常会很快得到安全的认可和批准。

1. 采购

在决定究竟是采购还是自己生产系统组件时,往往要基于一个分层式的首选偏好,例如,有的人对商业现贷(Commercial off the Shelf,COTS)的硬件、软件和固件具有强烈偏好,但却对政府现贷(Government off the Shelf,GOTS)产品兴趣不大。

在进行采购/生产决策时需要进行权衡分析。以在操作、性能、成本、进度和风险相互平衡的基础上达到体系结构的综合指数最佳,ISSE 必须确保所有分析均包括了相关的安全因素。为做出是购买还是生产系统组件的决策,ISSE 必须调查现有的产品目录,以判断某些现有产品是否能够满足系统组件的要求。在所有问题的情况下,必须对一系列潜在的可行选项进行验证,而不是仅仅验证单一选项。此外,为确保系统实施之后依然具有较强的生命力,ISSE 必须适当地考虑采用新技术和新产品。

2. 建设

除在第 1 章信息安全工程基础中详细描述的建设行为外,ISSE 行为中的系统设计均针对信息保护系统。该行为的目的是确保设计出必要的保护机制并使该机制在系统实施中得以实现。与多数系统相同,信息保护系统也会受到一些能够加强或削弱其效果的变量的影响。在一个信息保护系统中,这些变量扮演着重要角色,它们决定了信息保护对系统的适宜程度。这些变量包括:

- 物理完整性——产品所用组件是否能够正确地防篡改?
- 人员完整性——建造或装配系统的人员是否有足够的知识按照正确的装配步骤来建设系统? 他们是否拥有适宜的涉密许可级别,以确保系统的可信性?

这些在很大程度上影响其他行为,在开始装配系统时,必须给予足够的重视。

3. 测试

ISSE 必须包括已开发的信息保护测试计划和流程。此外,还必须开发出相关的测试用例、工具、硬件和软件,以便充分试用该系统。ISSE 的测试行为包括:

- 对"设计信息保护系统"阶段的结果进行评审并加以改进;
- 验证已经实施的信息保护解决方案的系统配置和配置顶层的信息保护需求和约束条件,实施相关的系统验证与确认机制,发现新的问题;
- 跟踪和运用与系统实施和测试实践相关的信息保护保障机制;
- 为变化的生命周期安全支持计划提供输入和评审,包括后勤、维护和训练;
- 继续进行风险管理活动;
- 支持认证和认可过程;
- 加入系统工程过程。

在系统实施阶段，就是依据系统设计说明书（实施方案）完成一个可以实际运行的信息安全系统，交付用户使用。要考虑的主要内容是：①实现设计阶段的物理模型；②设备的选购与系统集成；③非采购件的设计实现；④系统测试和验收。系统实施过程中要进行基本设计评审、关键设计评审和系统验收评审，并形成文档。信息安全工程师要参与对所有的系统问题进行的多学科检查之中，并向认证与认可过程活动提供输入；跟踪系统实现和测试活动中的信息保护保障机制；向系统的生命周期支持计划、运行流程以及维护培训材料提供输入。

实现系统：将系统从规范变为现实，该阶段的主要活动包括采办、集成、配置、测试、记录和培训。系统的各组件要接受测试和评估，以确保它们能够满足规范。成功的测试之后，各组件——硬件、软件、固件——要进行集成和正确的配置，并作为一个系统接受整体测试。

从系统维护管理阶段开始，一直运行到该系统被另一个新的系统取代为止，要考虑的主要内容包括：①系统维护和管理（软件、设备、介质和密钥）；②信息保护系统的有效性评估（成本是否可接受，风险是否可控制，系统可用性是否可行等），要提供风险评估报告、安全评估报告和安全认证报告。

2.2.5　评估信息保护系统的有效性

ISSE 也强调了信息保护系统的有效性，其重点是为信息提供必要级别的保密性、完整性、可用性和不可否认性的系统能力。如果信息保护系统不能完全满足这些要求，则任务的成功性将会大打折扣。这些着重点包括：

- 互操作性——系统能否通过外部接口正确地保护信息；
- 可用性——用户是否能够利用系统来保护信息和信息资产；
- 训练——为使用户能够操作和维护信息保护系统，需要进行何种程度的指导；
- 人机接口——人机接口是否会导致用户出错，是否会破坏信息保护机制；
- 成本——构造和维护信息保护系统在经济上是否可行。

评估有效性：各项活动的结果要接受评估，以确保系统能够满足用户的需求，系统在一个预期环境中实现了期望的功能，并达到了一个要求的质量标准。系统工程师要检查系统对任务需求的满足程度。

通常某一项安全技术都是针对一个具体的安全问题，它是具体的、局部的、有针对性的；而信息安全工程和信息安全保障一样，强调的是整体的、综合的、基于过程的，它们都是有一个生命周期的，信息安全保障中就采用了很多信息安全工程的思想和方法。生命周期，顾名思义就是从出生到最后的消亡这整个的一个过程，所以信息安全工程不仅要考虑系统的规划、分析、设计和建设阶段，还要考虑系统的管理与运维阶段，一直到系统废弃不用。在系统设计与建设阶段，包括：发掘信息保护需求、定义系统安全要求、设计系统安全体系结构、开展详细的安全设计、实现系统安全、评估有效性。

这个过程面对的主要是静态的信息安全问题，包括：怎么根据组织的方针和策略制定安全管理政策，怎么根据风险分析和评估设计系统的安全防御措施，以及怎么制定安全应急预案来防止灾难发生时带来的数据丢失等对组织有较大影响的事件发生。

在系统管理与运维阶段,除了对系统软件、硬件、人员以及密钥等方面进行管理,还要对系统的有效性进行评估。信息系统安全工程师要关注信息保护的有效性——系统是否能够为其任务所需的信息提供保密性、完整性、可用性、可控性和不可否认性,所采用的安全措施是否能够发挥它所应有的效果,是否能够有效降低组织的安全风险,是否满足我们的安全目标。说简单些就是,是否能够解决我们在前期所提出的问题。这个阶段面对的主要是动态信息安全问题,所面临的安全问题很有可能在我们不确定的时间和地点发生。在这个阶段,我们要观察系统内都发生了哪些安全活动,这些活动是否是我们可以控制的,是否会带来额外的安全风险,在上个阶段制定的管理政策是否有效,需不需要根据具体情况进行调整。例如组织发生了大的变故,或者通过日志审计发现了新的问题。这时就需要调整相应的管理策略。在系统的运维阶段,最主要的就是看安全措施是否发挥了作用,能否达到安全目标,以及安全应急预案的演练与执行情况是否符合预期。

可见,我们在案例中所做的事情还不够,问题集也没有找全,也就是说,很多问题都没有考虑到。例如,关于 ISSE 里都有哪些活动?系统是干什么用的?系统面临哪些风险?需要达到怎样的安全水平?有哪些方法可以达到这样的安全水平?总体思路是什么?具体方案是什么?

按照方案把安全措施部署好,保证这些安全措施确实发挥了作用,这可以通过测试评估来实现,发生安全事件或安全措施运行不正常的情况得及时发现,以问题为导向,及时进行反馈控制以提供信息安全保障。团结一致,协调配合把以上事情做好,过程记录整理好,验收测试能证明安全措施的功能、性能都达标了。

ISSE 活动包括:分析并描述信息保障需求;在早期的系统工程过程中,基于需求而产生信息保障的要求;以一个可接受的信息保障的风险水准来满足要求;建立一个基于要求的功能性的信息保障体系;将信息保护功能分配到一个物理和逻辑的体系之中去;设计系统;部署信息保障体系;以成本、进度和操作的适宜性及有效性等因素来平衡信息保障风险管理和其他的 ISSE 事项;研究与其他的信息保障和系统工程原则如何进行权衡;将ISSE 过程与系统工程和采购过程相结合;测试系统以核实信息保障的设计并验证信息保障要求;在实施完成后进行用户支持,并根据其需求进行调整。

下面来看 ISSE 过程的第一个阶段系统规划阶段。

知识子域:系统规划——发掘信息保护需求,这里要理解两个观点。第一,理解风险评估结果是安全需求的重要决定因素;第二,理解国家政策法规和合同协议等符合性要求是安全需求的重要决定因素。

本阶段的主要活动包括:对信息管理过程进行建模;定义信息威胁;确立信息保护需求的优先次序;准备信息保护策略;获得用户/使用者的许可。

确保任务需求中包含了信息保护需求,系统功能中包含了信息保护功能,系统中包含信息保护体系结构和机制。

风险评估结果是安全需求的重要决定因素:一切工程皆有需求;信息安全工程的需求并不是工程的起点,应从风险评估结果分析中得出;需求与风险的一致性越强,则需求越准确。因此信息安全工程应从风险着手制定需求。

- 发掘信息保护需求-子任务
  - 任务-01.1 分析机构的任务
  - 任务-01.2 判断信息对机构任务的关系和重要性
  - 任务-01.3 确定法律和法规的要求
  - 任务-01.4 确定威胁的类别
  - 任务-01.5 判断影响
  - 任务-01.6 确定安全服务
  - 任务-01.7 记录信息保护需求
  - 任务-01.8 记录安全管理的角色和责任
  - 任务-01.9 标识设计约束
  - 任务-01.10 评估信息保护的有效性
    - 子任务-01.10.1 提供/展示文档化的信息保护需求
    - 子任务-01.10.1 对信息保护需求的认同
  - 任务-01.11 支持系统的认证和认可
    - 子任务-01.11.1 标识指派的批准官员/认可员
    - 子任务-01.11.2 标识认证专家/认证员
    - 子任务-01.11.3 确定可适用的认证、认可和采办过程
    - 子任务-01.11.4 确保认可员和认证员对信息保护需求的认同

风险评估结果是安全需求的重要决定因素。一切工程皆有需求,信息安全工程的需求并不是工程的起点,信息安全工程的需求应从风险评估结果分析中得出,需求与风险的一致性越强,则需求越准确。因此信息安全工程应从风险着手,制定需求,这也符合信息安全保障(Information Assurance,IA)的思想。

案例:某单位部署完成网络准入系统,有效降低了终端的安全风险和内网安全风险;开展风险评估,提出应用层安全防护能力薄弱是其最主要风险,识别了主要风险在于外网,并且是应用层次。开展安全项目建设,部署了桌面防护系统,建设内容和效果却没有解决外网应用层的隐患,反而放在了内部安全防范和审计上,导致效率低下,重复投资,资源浪费。

原因分析:缺少对现有网络风险的描述,没有有效的需求提取与分析,无法找出有效的评审依据或基线,因此无法做到对方案的评审,或者提出的意见是协助其夯实风险识别的过程。

风险评估机制的引入,解决了工程建设需求合理性的问题,符合性的问题如何来解决?国家政策法规和合同协议等符合性要求也是安全需求的重要决定因素。

信息安全系统工程是在一个综合的系统工程中涉及与 INFOSEC 工程实践有关的过程,它分析用户的信息保障需求,是系统工程学、系统采购、风险管理、认证和鉴定以及生命周期的支持过程的一部分,是作为系统工程过程的一个自然扩展而给出的。它的过程包括五个阶段:系统规划阶段,发掘信息保护需求;系统分析阶段,定义信息保护系统功能;系统设计阶段,设计信息保护系统元素;系统实施阶段,实施信息保护系统,开发和安装系统;维护管理阶段,评估系统有效性。运用 ISSE 中安全需求分析的方法和过程,得

出该信息安全系统建设的安全需求,据此才能用 ISSE 的思想和方法来指导信息安全系统的建设。

系统分析阶段主要就是定义信息保护系统。本阶段的要求就是要理解信息安全必须与信息系统同步规划,同时还要理解所定义的信息保护系统的用途、架构等特征会对安全风险有较大的影响。

信息安全工程建设应与信息化工程建设同步规划、同步设计、同步实施、同步验收。这是国家的政策要求(国信办【2006】5 号文、发改高技【2008】2071 号文)。这是业界的最佳实践,是规避和解决层出不穷的信息安全问题的最有效方式(发改高技,即国家发展和改革委员会高技术产业司)。

所以,要保障的是业务的安全,不是简单的 IT 安全,应根据业务目标和信息系统的目标来确定信息安全保障策略和安全目标,信息化是业务发展的重要组成部分,保证业务能够健康稳定的运行和发展。

定义信息安全系统,就是要确定信息安全系统将要保护什么,如何实现其功能,以及描述信息安全系统的边界和环境的联系情况。任务的信息保护需求和信息系统环境在这里被细化为信息安全保护的对象、需求和功能集合。

一般是通过确定信息保护目标、描述系统联系、检查信息保护需求和功能分析等来定义信息安全系统的。

1. 确定信息保护目标

信息保护目标与通常的系统对象具有相同的特性,例如对于信息保护需求的明确性、可测量性、可验证性、可追踪性等。确定信息保护对象,要保证它们的这些有效性度量性质,在描述每个对象时需要说明以下内容:

- 信息保护目标支持系统中的什么任务对象;
- 有哪些与信息保护目标和任务相关的威胁;
- 失去目标会有什么后果;
- 受什么样的信息保护策略或方针的支持。

2. 描述系统联系

系统联系是信息安全系统的边界和环境,即系统与外界交互的功能和接口。在信息安全工程中,系统联系对于确定系统边界并实施保护是很重要的,任务目标、任务信息处理、系统威胁、信息安全策略、设备等都极大地影响着系统边界与环境,因此,描述系统联系需要做以下工作:

- 在系统的任务处理过程中与其他系统和环境之间确定物理的和逻辑的边界;
- 描述信息的输入和输出、系统与环境之间或与其他系统之间的信息的双向流动情况。

ISSE 的系统信息保护需求检查任务是对上述过程中的分析(包括目标、任务、威胁、系统联系等)进行特征检查。当信息保护需求从最初的信息保障的用户愿望,经过充分定义,并演变为一系列的系统保护规范时,信息保护的需求能力可能出现缺失,因此,需要检查信息保护需求的正确性、完整性、一致性、依赖性、无冲突和可测试性等特征。

3. 功能分析

ISSE 使用许多系统工程工具来理解信息保护功能,并将功能分配给系统中各种信息保护的配置项。在定义信息安全系统中,对功能进行分析,必须分析备选系统体系结构、信息保护配置项,以及信息保护子系统是如何成为整个系统一部分的,这些功能是否能达到原本设定的目标,并理解它们如何才能与整个系统协调工作。

信息化建设与信息安全建设脱节的问题往往是由于对系统缺乏安全方面的认识和了解,没有清晰、完整定义和描述信息系统,因此信息系统的决策层和管理层应树立以下认识:

- "2071 号文"明确提出了电子政务建设项目中的信息安全一票否决制;
- 安全的发展滞后于业务的发展是诸多安全问题涌现的"罪魁祸首";
- 方案设计要有安全部分,项目验收要做风险评估。

只有决策层和管理层树立良好的安全意识和原则,才能真正实现"高枕无忧"。

信息系统的用途、架构等特征对安全风险特征的影响如下:

(1) 任何系统都是有风险的。

(2) 同等的应用系统,采用不同的技术架构,其安全风险也是不同的。例如,同样部署在省级单位的税务综合征管系统数据库,在 A 省采用汇聚交换机,集中管理方式;在 B 省采用直连核心交换机,分散管理方式。两种不同的部署方式,也使得其面临的风险迥异。

(3) 同样一项 IT 技术应用在不同的业务系统中,其风险程度不一定相同。例如建设银行网上银行系统和某公司的内部办公自动化系统,同样采用 Oracle 数据库,但是两个系统面临的安全风险完全不同。

综上所述,从信息安全工程/保障的角度定义或描述信息系统时,应以保障业务安全的思想为基础,清楚认识业务安全风险以及为业务提供服务/支撑的信息系统的安全风险,从而科学、全面地认识信息系统及其安全属性。

系统设计阶段,就是要设计信息保护系统,因此这个阶段要求信息安全不仅要和信息系统同步规划,还必须要与信息系统同步设计。同时理解根据安全需求有针对性地设计安全措施的必要性,也就是说设计对象要有针对性,要依据我们提出的安全需求。

下面来看一下定义与设计的区别,这样可以让我们对这两个阶段的分工有更为清晰的认识和理解。

定义系统要求所要做的是通过分析明确所有的系统功能,明确系统的内部接口和外部接口,确定系统的物理边界和逻辑边界;而设计信息保护系统就是要设计系统的体系结构,明确系统中都有哪些要素,哪些组件,然后将确定好的功能分配到目标系统中的各要素。明确各要素及其之间的关系,例如向系统的安全要素分配安全机制,确定需要定制的安全产品,检验设计要素和系统接口(内部及外部)等。

系统设计阶段设计步骤如下:

明确目标系统后,将构造信息系统的体系结构,详细说明信息保护系统的设计方案,这时 ISSE 工程师要进行功能分配、信息保护概要设计和详细设计等工作。

1. 功能分配

当某种系统功能被定位到人、软件、硬件或固件上后,同时也就附上了相对应的信息保护功能。ISSE 应该为系统制定一个理论和实践上都可行的、协调一致的信息保护系统体系构架。功能分配过程包括以下内容:

- 提炼、验证并检查安全要求与威胁评估的技术原理;
- 确保一系列的低层要求能够满足系统级的要求;
- 完成系统级体系结构、配置项和接口定义。

2. 信息保护概要设计

在需求和构架已经确定的前提下,ISSE 进入了信息保护的概要设计阶段。在这一阶段,ISSE 工程师将制定出系统践行的规范,其中至少包括:

- 检查、细化并改进前期需求和定义的成果,特别是配置项的定义和接口规范;
- 从现在解决方案中,找到与配置项一致的方案,并验证是否满足高层信息保护要求;
- 加入系统工程过程,并支持认证/认可和管理决策,提出风险分析结果。

3. 详细的信息保护设计

进一步完善配置级方案,细化底层产品规范,检查每个细节规范的完整性、兼容性、可验证性、安全风险和可追踪性等。详细设计包括以下内容:

- 检查、细化并改进预设计阶段的成果;
- 对解决方案提供细节设计资料以支持系统层和配置层的设计;
- 检查关键设计的原理和合理性;
- 设计信息保护测试与评估程序;
- 实施并追踪信息保护的保障机制;
- 检验配置项层设计与上层方案的一致性;
- 提供各种测试数据;
- 检查和更新信息保护的风险与威胁计划;
- 加入系统工程过程,并支持认证/认可和管理决策,提出风险分析结果。

信息安全建设必须与信息系统建设同步设计,这是因为:①安全是信息系统建设过程的重要组成部分,忽视了安全的信息化建设是不完整的;②信息系统建设与信息安全建设同步设计可以避免重复投资,增强效益。我们来看两个例子。

案例:某单位在信息化建设立项阶段,高举"风险评估、等级保护"大旗,提出"以风险评估为依据、以等级保护为基准",保障信息化建设的安全性,但是在预算中都没有风险评估经费;在需求书中明确了边界防护安全需求,却没有后续的安全设计。访谈其管理人员得到回答:"安全只是保障信息化经费能够充足的一种手段。"

安全不能只停留在立项报告、风险评估报告和需求书中,不是为了通过评审和立项需要而做的"假把式"。安全是信息系统建设过程的重要组成部分,忽视了安全的信息化建设是不完整的。

案例:某单位网络扩容和安全建设项目,首先更换了交换机设备,欲再使用 802.1X 认证技术部署网络准入产品,发现新增交换机无法匹配网络准入产品的认证机制,于是再次更换全部楼层交换机,问题得到解决。这表面上是产品的普适性问题,根源却是信息化建设在设计、部署过程缺乏统一的安全考虑。因此,信息系统建设与信息安全建设同步设计可以避免重复投资,提升效益。

同样,根据安全需求有针对性地设计安全措施是非常必要的。安全设计要依据安全需求,安全设计要具备可行性和一定的前瞻性,达到风险—需求—设计的一致性和协调性。

案例:某单位提出安全建设的需求是加强网络边界的防护,集成单位根据需求,制定的设计方案中包含有数据库审计产品、桌面防护系统、SoC 系统等,没有实现边界防护的目标,却实现了内部防范与审计。因此,安全设计要依据安全需求。

案例:某行业欲解决病毒防治问题,在部署了防病毒软件后,提出建立病毒爆发事前预警机制,于是开展了部署"防病毒预警"产品。病毒预警的功能实际上就是病毒日志的汇总和统计。所谓预警,目前只能做到用前 5 天的数据,预测后 1 天的病毒,且误差在 2 天左右,病毒预警产品只支持特定品牌的防病毒软件。诸多省级单位为了适应该预警系统,更换了原有的防病毒软件,使特定品牌的病毒软件"统一江湖"。因此,安全设计要具备可行性。

再看下一个阶段——实施信息保护系统,在这个阶段要求大家理解这样两个观点:信息安全除了要与信息系统同步规划、同步设计以外,信息安全还必须与信息系统同步实施、同步运行;同时,要理解在实施过程中所进行的安全防护措施的部署要符合总体安全需求和设计方案。

这一阶段的目标是,将满足信息安全需求的信息保护子系统中的各配置项购买或建造出来,然后组装、集成、检验、认证和评估其结果。

实施信息保护系统的流程通常包括:

- 购买/开发采购;
- 建设、集成;
- 测试、认证。

1. 采购/开发部件

一般来说,要根据市场产品的研究、偏好和最终的效果,来决定是采用购买还是自行生产的方式来取得部件。购买/生产的决定应该通盘考虑安全因素、可操作性、性能、成本、进度、风险等影响。在购买时,对于大量生产且相对低成本的商业现货供应和由政府机构创建的技术团队开发的政府现货供应等都可作为部件采购的考虑范围。在采购部件时,要注意考虑以下因素:

- 确保考虑了全部相关的安全因素;
- 查看现有产品是否能满足系统部件的需求,最好有多种产品可供选择;
- 验证一系列潜在的可行性选项;
- 考虑将来技术的发展,新技术和新产品如何运用到系统中去。

2. 建造、集成系统

建造系统的过程,是确保已设计出必要的保护机制,并使该机制在系统实施中得以实现。与许多系统一样,信息保护系统也会受到许多因素的影响来加强或削弱其效果,这些因素决定了信息保护对系统的适宜程度。所以,在建造系统中,要重视以下问题:

- 部件的集成是否满足系统安全规范？
- 部件的配置是否保证了必要的安全特性，以及安全参数能否正确配置以便提供所要求的安全服务？
- 对设备、部件是否有物理安全保护措施？
- 组装、建造系统的人员是否对工作流程有足够的知识和权限？

3. 测试系统

ISSE 要给出一些与信息保护相关的测试计划和工作流程，还要给出相关的测试实例、工具、软硬件等，这些测试系统的工作包括：

- 检查、细化并改进设计信息安全系统的阶段结果；
- 检验解决方案的信息保护需求和约束限制等条件，并实施相关的系统验证和确认机制与决策；
- 跟踪实施与系统实施和测试相关的系统保障机制；
- 鉴别测试数据的可用性；
- 提供安全支持计划，包括逻辑上的和有关维护、培训等方面；
- 加入系统工程过程，并支持认证/认可和管理决策，提出风险分析结果。

下面我们通过例子来加以说明。

案例：某部委开展网络改造建设项目，实施方案中安排首先完成网络割接，之后进行防火墙部署和配置，然后进行 VLAN 划分，这导致系统频繁出现网络中断，疲于应急。因此，安全建设是信息化建设的重要保障和基础，不能分割置之。

案例：某部委开展应用系统建设项目，由于在开发过程中没有使用必要的安全控制措施（安全编程、数据正确性处理），导致系统出现诸多注入、溢出等漏洞，危害系统安全。因此，信息化建设中必须引入必要的安全控制手段和措施，安全手段和措施必须与信息化建设同步落实到位。

案例：某行业开展对重要网络设备和服务器设备的安全审计项目，设计方案中要求各省级单位把核心网络设备、核心系统的主机设备、边界安全设备等纳入审计范围，实施过程中由于产品通用性差、各单位有瞒报数据企图等原因，导致审计范围缩水严重，没有达到预期效果。因此，安全措施部署和实施要依据安全设计。

案例：某行业采购了一批网络行为管理产品，以加强对互联网访问的管理和审计，在该产品到货验收时发现，到货产品的外观与送检产品的外观不一致，故要求其把到货产品交予检测机构进行比对测试，根据比对测试结果，判断其是否能够在工程中予以继续应用。因此，部署过程应重点关注变更环节。

可见，安全工程应重点把握：风险、需求、设计、实施的一致性和协调性，以风险评估为起点，对信息安全系统进行安全需求分析，根据需要分析的结果进行系统设计和实施，在设计和实施阶段，同样也要反过来检查当初的安全需求是否正确，同时，在每个过程都贯穿着风险评估。

在安全工程的实施过程中还要考虑工程监理。安全工程的实施是为信息与网络系统设计实现安全防护体系的最后一个阶段的任务，这个阶段做不好，以前所有的工作（制定安全策略、风险分析与评估、需求分析等）等于徒劳。安全工程的实施也是一个系统化的过程,包含了很多领域的内容,需要认真、仔细地对待。最关键的一点是要保证安全工程的质量,避免重复建设和垃圾工程。

为了保证安全工程的质量,有三个方面的工作必须得到重视:一是选择一个科学、合适的实施方案作为工程实施的指导;二是选择一个工程能力可靠的施工单位负责工程的建设;三是对工程实施的整个过程进行监理。工程监理工作的流程基本包含以下三个阶段:工程实施前的监理、工程实施中的监理、工程实施后的监理。

信息保护系统的评价阶段,主要是评估信息保护系统的有效性,主要要理解信息安全工作是需要覆盖系统全生命周期,ISSE 建设的本身也是按照系统的全生命周期来设计和实施的,它的体系结构是一个顺序结构,前一环节的输出结果,正是下一阶段的输入,具有严格的顺序性,是按照时间维的发展。违背这种顺序性将导致系统建设的盲目性,最终会导致信息系统安全工程建设的失败。还要理解持续的风险评估和风险控制是保障系统安全的必要工作。

风险评估是重要系统验收和投入运行前的必要工作,系统验收引入风险评估机制是政策的要求。风险评估是确保和验证安全措施实现的重要手段。

来看一个情景:某行业通过五年安全防护体系建设,为全国省级单位部署了 12 款安全产品。完成了产品部署工作,信息安全工作就高枕无忧了。但是运维阶段设备无人管理,日志无人分析,配置无人更新。

这个场景反映出什么安全问题?只有产品进行了使用和配置才能保证其功能的正常发挥,以检验该安全措施是否可以满足我们的安全需求,达到我们的安全目标,降低系统的安全风险,所以有些领导认为信息安全工程就是产品部署,部署上架后就可以签字验收,使用和配置是运维的事情,这是个错误的认识。设计和部署的信息安全措施应发挥应有的作用,并且“安全措施”必须予以落实才可以称为安全措施,在运维阶段要有专门的人员负责进行管理维护,要有专门的安全人员负责日志分析、配置更新等,这样才能保证安全设备发挥其自身的功效,安全措施才能发挥作用。并且安全措施要与应用系统同时落实才能真正发挥其安全作用,保证业务的正常运行和稳定开展。

再来看一个场景:部署了防火墙产品,但为了视频会议不受“影响”,策略为透明全通模式,短时的畅通换来的是病毒泛滥、入侵频发、网络瘫痪。这种现象确实存在,某单位通信部门负责单位与上级和下级的电视电话会议系统的运行和保障,本来通信设备是可以加密的,可是一旦启用加密那个功能,对电视电话会议的传输效率和效果会有影响,有时还可能出现一些不可知的问题,所以他们在使用时干脆就不启用加密模式,直接是全通模式,这给信息安全带来了很大隐患。因此,安全与效率的关系是互相促进的,系统的效率是靠安全来保障的,以牺牲安全为代价换取系统效率的行为是短视行为。信息安全工程常伴有“影响效率或隐私”的阻力,应正确认识、做好宣讲、果断行事,长痛不如短痛,确保长治久安。

2071 号文件《关于加强国家电子政务工程建设项目信息安全风险评估工作的通知》要求:电子政务建设项目应开展安全风险评估工作。建设单位应在试运行期间开展风险评估。项目验收申请时应提交安全风险评估报告。可以看出,系统验收引入风险评估机制是政策的要求。下面来看两个例子。

（1）某单位在信息安全策略中明确指出，信息化建设项目在试运行阶段必须执行安全风险评估，并将评估结果和整改情况作为终验和付款的重要依据。

（2）某部委信息安全处长："风险评估的引入即保证和验证了系统的安全有效性，同时也分担了部分工程风险。我们工程验收评审不再只凭甲方意见和乙方的汇报，风险评估使我们找到了一种更为科学的手段来验证安全，更找到了一种更为可靠的角色来分担风险。"

因此，信息安全工作不是一劳永逸的，需要在全生命周期予以重视。

案例：四川某责任公司是国家重点企业，是一家国家二级涉密企业。厂领导重视信息化建设，目前已经基本形成了军品设计、财务管理等局域网。不过目前企业的信息系统规模小，信息应用简单，主要在三个主要办公区域采用了 3 个 HUB 进行本部门的网络连接（这三个网之间无相互连接），其拓扑示意图如图 2-5 所示。

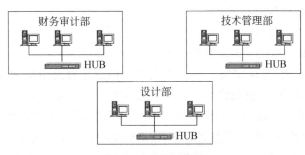

图 2-5　拓扑示意图

1. 信息系统现状

（1）****企业目前的信息系统组成如下：

- 单机办公共计 100 多台，主要运行 MS Office 软件；
- 财务审计部和技术管理部的计算机接于各自的 HUB 上，目的是网络办公和共享打印机；
- 基于非网管的、同房间使用的交换机组成的临时网络，主要运行 CAD 系统，目的是共享文件和打印机。

（2）信息系统的资产：全厂的 100 多台 PC，以及 CAD 和财务数据。

（3）信息系统的管理：目前是"谁使用、谁负责、谁运行维护"的状态，没有专业的信息技术部门统一管理。

（4）信息系统的应用系统及重要性：应用系统包括财务系统和 CAD 联网应用，这两个系统中 CAD 是该企业的业务龙头，有较大的重要性。

（5）信息系统之间的互联关系：实现了和国际互联网的物理隔离，没有和其他网络有连接关系。

（6）系统安全管理的组织机构及措施：成立了保密办，负责检查和教育，确保应用系统同国际互联网的物理隔离。

（7）信息系统承载的密级：目前的单个计算机绝大部分不涉密，全厂涉密等级最高为秘密级，其主要集中在设计部门和管理部门。

（8）涉密人员及涉密计算机设备状况：涉密人员和涉密计算机设备均有良好的制度管理。目前涉密人员定员明确,涉密计算机的设备运行状况也良好,实行"谁使用谁负责,谁应用谁维护"的管理模式。

2. 建设目标和原则

1）建设目标

有两个目标：

- 搭建企业局域网平台；
- 同步建设企业安全保密系统,满足保密资格认证的要求。

2）建设原则

- 规范定密,准确定级；
- 依据标准,同步建设；
- 突出重点,确保核心；
- 明确责任,加强监督。

以上 32 字原则是本次方案设计的政策性指导。

第一句：规范定密,准确定级。该军工企业的信息定密是由保密保卫部根据中国二航的相关规定负责定密,信息确定的密级为：秘密级。其中明确涉密信息主要是围绕科研生产产生的信息和上级部门的密级文件（对于来自上级部门的、所占比例很少的机密级文件,将不允许进入本涉密计算机信息系统中；严格限定将这些机密级文件采用单机处理）。

第二句：依据标准,同步建设。根据相关国家标准,在搭建单位局域网时同步建设安全系统。

第三句：突出重点,确保核心。要建立信息中心,集中存放产品数据,确实保障核心涉密数据。

第四句：明确责任,加强监督。单位保密委同时明确各个涉密部门和人员的责任,由保卫保密部执行技术部协助加强对各个涉密系统和人员的监督。

3. 信息系统安全需求分析

该军工企业是国家重点保军企业,是国家二级涉密单位,目前该单位的信息化建设还只是三个局域网,包括军品设计、财务管理和技术管理的三个局域网。为了适应工作需要,单位要建设一个安全、稳定、高效的信息系统平台,而在信息系统平台的建设工程中,办公大楼的网络建设是园区网的核心。

下面来看一下需求的来源。根据上面所说安全需求分析的流程,首先要明确任务信息,然后了解相关政策,再对系统进行风险评估,然后再看系统的需求,根据这些才能得出系统的安全需求。下面看一下该任务需求的来源。

1）需求的来源

（1）国家信息安全政策的要求。该公司是国家二级涉密单位,全厂的信息化建设必须符合国家相关规定,同时要接受国家职能部门的达标审查,因此,计算机信息系统的涉密安全建设是重中之重。在本方案中,网络系统设计、结构化布线设计以及机房工程,均严格遵守国家相关保密规定,进行对应的密级工程设计与施工。

（2）科研生产的需要。全厂在生产过程中会产生大量的实验数据和文档资料,怎样将这些数据资料有效地存储和传输,以适应分布式计算的需要,同时保证安全性、保密性的要求?建立一个流畅、高速的网络平台与一个安全、稳定、高效的系统平台,是当前刻不容缓的任务。

(3) 工厂管理的需要。目前,计算机已成为该公司日常办公的主要工具。怎样有效地利用现有软、硬件资源,简化工作流程,提高管理工作效率,实现办公自动化和信息资源共享,同时实现安全有序的管理,是当前厂内各管理部门的迫切需要。

设计一个信息系统安全需要表,在该表中有以下五项:安全种类、项目、现状、风险等级和安全需求。下面给出可以参考的安全种类、项目,还有相应的现状,也可以在这个安全种类、项目的基础上,再增加一些需要进行安全需求分析的项目。

安全种类包括信息安全保密、运行安全和物理安全。在信息安全保密中包括 5 个项目:访问控制、安全审计、信息加密与电磁泄漏、端口接入管理、系统及网络安全检测;运行安全包括:存储备份、应急响应、运行管理、病毒与恶意代码防护;物理安全包括:门禁、防雷、供电、防静电、防盗、电磁泄漏和介质安全。

2) 信息系统安全现状

该公司是要进行全新的信息系统建设,而不是在原有的基础上进行改造。目前进行了简单的安全现状分析,这些安全现状分析是风险评估的基础,也是信息系统安全需求的重要来源之一。

(1) 物理安全现状见表 2-1。

表 2-1　物理安全现状

安 全 种 类	项　目	现　状
物理安全	门禁	不具备
	防雷	原大楼建设有防雷系统
	供电	仅有市电供应
	防静电防盗	无中心机房,更无防静电措施
	电磁泄漏	办公大楼与公共区域距离在 50m 以内
	介质安全	标准中有关于介质收发和传递的新要求

(2) 运行安全现状见表 2-2。

表 2-2　运行安全现状

安 全 种 类	项　目	现　状
运行安全	存储备份	中心机房服务器和重要的涉密单机缺少有效的备份手段
	应急响应	没有应急响应的制度与技术手段,缺乏定期培训和演练
	运行管理	需要完善运行管理和建立统一的安全运行管理中心
	病毒与恶意代码防护	需要在系统内的关键入口点(如电子邮件服务器)以及各用户终端、服务器和移动计算机设备上采取病毒和恶意代码防护措施

（3）信息安全保密现状见表 2-3。

表 2-3　信息安全保密现状

安全种类	项目	现状
信息安全保密	访问控制	现有网络系统没有对资源的访问控制,只限于自身资源自我控制,未建立一套整体的资源访问控制
	安全审计	现有的审计系统已不满足新的安全保密要求,对资源的访问存在着不可控的现象,同时涉密信息泄漏时,存在事后不可查现象
	信息加密与电磁泄漏	综合布线采用非屏蔽线
	端口接入管理	内网信息接入点分布广泛,不方便进行管理,无法对接入网络的设备进行安全认证
	系统及网络安全检测	没有专业的安全软件或设备对系统及网络的安全进行有效的检测和评估

3）信息系统安全需求

分析完该公司涉密计算机信息系统的现状后,结合国家相关规范的要求,可以根据这些来完成安全需求分析表（见表 2-4）。

表 2-4　安全需求分析表

安全种类	项目	现状	风险等级	安全需求
物理安全	门禁	不具备	2	建设中心机房,建设门禁系统
运行安全				
信息安全保密				

要求根据该企业涉密计算机信息安全系统建设场景中的具体情况,按照安全需求分析流程对其进行分析,写出安全需求分析报告。在分析报告中要求有如下几项：①要保护的安全种类和项目；②任务分析；③风险分析；④在上面三项的基础上,得到安全需求分析结果。

4. 制定安全目标

根据单位的现状和即将建设的信息系统，划分为两个安全域：普通办公计算机系统和涉密人员使用的计算机系统，分别为独立的安全域。

根据具体的网络拓扑结构和网络应用情况，可以将网络分为如表 2-5 所示的安全域。在划分过程中，我们将安全等级分为三等级，其中 C 为最低，A 为最高。

表 2-5　系统安全域划分

序号	安 全 区 域	安全级别	访 问 对 象	
			可访问的对象	获准访问该安全域的对象
1	非技术类外来人员安全域	C	服务器安全域	网管
			防毒、软件及网管工作域	
2	服务器安全域	B	不能访问任何对象	所有对象
3	防毒、软件及网管工作域	B	不能访问任何对象	所有对象
4	科室、生产部门	A	所有服务器安全域	网管（部门间彼此不能访问）
			防毒、软件及网管工作域	

将以上的安全域在交换机上通过 VLAN 划分来实现，而且从业务的实际情况出发，对 VLAN 间的通信关系进行系统分析，配置 VLAN 间路由和访问控制列表，既保证 VLAN 间的通信，又保护各 VLAN 之间的安全。

公司涉密计算机信息系统实施效果示意图如图 2-6 所示，图中的涉密单机上有防病毒客户端和审计客户端。

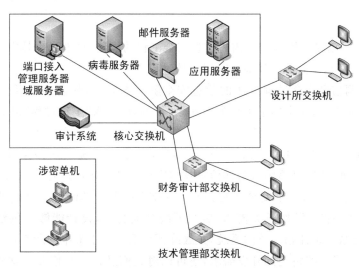

图 2-6　涉密计算机信息系统实施效果示意图

可以看到，该公司将普通办公计算机系统和涉密人员使用的计算机系统分为了独立的安全域。图 2-6 为涉密计算机信息系统的实施效果图，图中各部门的涉密单机都连到了相应的部门交换机上,设计所交换机、财务审计部交换机和技术管理部交换机再连接到核心交换机上。在服务器区有端口接入管理服务器、病毒服务器、邮件服务器和应用服务器。

可以根据安全需求,参考效果图,给出系统的安全目标。根据上面得到的安全需求分析制定内网构建、防火墙、服务器系统、备份系统、管理系统、检测与响应系统(如果需要)的安全目标,提交一份安全目标报告。

经过安全需求分析,制定整个公司的安全目标。下面以该公司为例,说明网络和系统经过分析后得到的基本安全目标(安全技术方面)情况。该单位的安全目标如下:

(1)利用防火墙实现内外网或不信任域之间的隔离与访问控制并作日志;

(2)通过防火墙的一次性口令认证机制,实现远程用户对内部网访问的细粒度访问控制;

(3)通过入侵检测系统全面监视进出网络的所有访问行为,及时发现和拒绝不安全的操作和黑客攻击行为,并对攻击行为作日志;

(4)通过网络及系统的安全扫描系统检测网络安全漏洞,减少可能被黑客利用的不安全因素;

(5)利用全网的防病毒系统软件,保证网络和主机不被病毒的侵害;

(6)备份与灾难恢复,强化系统备份,实现系统快速恢复。

通过安全服务提高整个网络系统的安全性。

2.3　ISSE 与其他过程的联系

2.3.1　引言

ISSE 突出了以时间维为线索描述信息安全工程的思路,这本身也是由"工程"的概念决定的,因为工程本身也是一种基于时间维的过程。

在所有强调信息安全过程方法的信息安全解决方案中,都会必不可少的留下 ISSE 的影子。但确切地说,这个影子不是为 ISSE 留下的,而是为"工程过程"留下的。

介绍几种通常使用的安全解决方案——它们同时也是独立的信息安全工程过程,并将它们与 ISSE 过程进行比较。信息安全工程过程包括:系统采办、风险管理、生命周期支持、认证与认可(特别是美国国防部信息技术安全认证与认可过程 DITSCAP 和通用准则 CC)。本节将说明每一个安全工程过程与 ISSE 过程的具体行为之间的联系。ISSE 过程的基本行为包括:发掘任务需求,定义系统功能特征,设计能够提供清晰功能的系统,以及实现与系统设计相一致的系统,并最终评估系统。本节中的所有过程均包含相似的行为。为了满足一些特定的开发需求,还可以对它们进行一些修改。这些信息安全工程过程与 ISSE 的共同点是:开发者能够同时完成一些信息保护过程和生命周期所要求的开发行为。这样就可以减少系统的重复开发,并且还可以大大缩减安全地开发某个系统或产品并对其进行成果转化所需的时间。以下分别将 ISSE 过程依次与系统采办过程、风险管理过程、生命周期支持过程、认证与认可过程(特别是 DITSCAP)和 CC 进行了比较。

2.3.2 系统采办过程

常常有人领会不到系统采办中的工程学思想,这来源于对两个英文词汇的理解:procurement 和 acquisition。这两个词均有采购的意思,很多时候甚至通用。但随着美国军方对系统(不只是信息系统)建设过程中工程方法的关注,acquisition 逐渐加强了"采办"的含义,并最终发展成为一种系统工程方法。它突出的是为了获得一个可以使用的产品或系统而应经历的过程;而 procurement 则一直保留了"采购"的含义,凡后者出现之处,均指一般意义上的购买行为。

采办过程的重要性在于,它在所有的系统工程方法中都是一个基本过程。绝大多数情况下,系统采办过程出现在系统工程和 ISSE 过程中。它包括需求识别阶段、概念发掘阶段、工程化与实施阶段和生产与运行支持阶段。图 2-7 显示了采办工程与 ISSE 的对照关系。

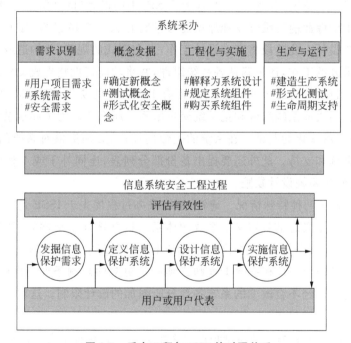

图 2-7 采办工程与 ISSE 的对照关系

在这里,ISSE 将要了解任务需求、任务环境、政策限制和系统的信息保护需求。然后必须在获得某个信息保护子系统的上述信息和确定的时间、成本、技术与风险评估的情况下判断能够满足上述要求的信息保护子系统是否可行。

在行动之前,管理层(例如指定的批准官员)必须在风险的基础上做出决策,使得在系统采办和工程管理中信息保护系统的构想具有可行性。无论该决策是否得以执行,都必须将其整理成文档,以此保证在环境发生变化的情况下能对一个具有充分理由的决策进行再审议,避免从头做起。

　　在采办的需求识别阶段(和系统工程与 ISSE 的发掘(信息保护)系统需求的行为相平行),采办行为包括对项目要求的评审以及从用户的角度来定义系统信息保护的需求。在这个阶段中,对新技术的开发将得到研究,系统运行时潜在的威胁将得到确定,同时还要研究可供选择的解决方案。另外还要进行成本研究、风险估计、技术可行性的确定和生命周期成本的估计。最后,将做出实施下一阶段行为的决定,同时会要求对继续进行的开发过程提供资金。

　　在采办的概念发掘阶段(和系统工程与 ISSE 中的定义(信息保护)系统行为一样)中将会发生发掘新概念和巩固系统定义的行为。该阶段将会选择一个或多个有希望的备选方案对构想、观念进行测试,以确定功能特征、性能特征和信息保护的特征,并开发出系统工程计划和生命周期支持计划。为了满足系统所有者要求的细则设计要求与相同级别的规范中体现出形式化的信息保护概念,将实施仿真、建模和测试,以对设计概念加以证明。本阶段所定义的系统级规范与形式化的信息保护概念将被用于设计整个系统。

　　在工程化与实施阶段(和系统工程(还有 ISSE)中的设计(信息保护)系统行为一样),采办行为将集中确保此前三维开发和原型能够被转化为一个稳定的、可生产的和性能代价比合理的系统设计。此阶段将完成设计工作,发布正式的规范,并构造或完成指定的组件。为了支持采办的工作,还将确认各系统组件,并将功能特性整理成文档。

　　在生产与运行支持阶段(和系统工程(还有 ISSE)中的实施(信息保护)系统行为一样),采办行为包括集成系统组件和把系统交付给系统所有者。为了展示系统要求是否已被满足,必须进行形式化的测试。在系统的生命周期内,必须提供对系统的持续支持,同时对客户进行训练和支持。此外还要提出备份部分列表,连同补丁或工程变化建议一起进行维护,以便修正系统设计缺陷。

　　图 2-7 没有显示两种特殊情况。通常,系统采办过程优先于 ISSE 过程。当在任务信息保护需求还没有定义之前就定义了系统的体系结构并选好了组件时,如果期望信息保护需求得到满足,系统采办过程将不得不倒转并返回到需求识别阶段。这时,为了满足"新"的信息保护需求,ISSE 和系统工程师必须满足更多的限制条件。也就是说,无论如何必须满足预定且已经不会改变的系统各部分所强加的设计限制。这对于建立一个次优化系统而言代价将非常昂贵。

　　图 2-7 未明确显示的另一种特殊情况是系统升级。在这种情况下,系统已经在运行。对系统新的需求将来自于所发现的性能缺陷或新的任务声明。因为新的系统组件必须与整个系统交互作用,并且不能使整个系统的运行状况退化,所以还会有接口要求。系统升级应该经历 ISSE 和系统采办过程,在开始就定义功能和性能要求,并特别注意新增的接口要求。由于升级的广泛性,它几乎可以被认为是与一些从旧系统中预先选择出来的部分组件一起进行的一项新的开发。

　　此外,还可以认识到,普通过程元素确实存在于系统采办过程和 ISSE 过程中。过程的相似性表明,我们只需对采办过程进行非常少的改动,就可以把信息保护设计概念与系统设计过程结合起来。

2.3.3　风险管理过程

在整个系统开发和采办过程中,风险管理可运用于最初的系统开发及现有的系统上。在最初的系统采办过程时期,风险管理行为通常和 ISSE 过程的行为一样。一旦系统落实后,风险管理过程就要能够随着系统设计和配置的改变、操作环境的改变和所支持的任务的改变(这些元素都将对风险造成影响)而进行相应的调整和反应。在整个开发、采办和系统实施中,当参数随时间而变化时,有必要对当前及计划的环境下进行操作而导致的风险进行定期的再评估,并且判断保护方案(技术、流程、人员)的变化是否合理。针对这些变化和最终的执行所做的决策是整个过程的焦点。

风险管理在性质上是循环的,它始于对任务和信息保护的目标与需求的理解,然后将对当前的任务风险情况进行特征化并描述任务成功完成过程中可能碰到的阻碍。任务的成功完成需要开发、设计、集成与配置一个具有某些技术(运行保护和信息保护)、成本、规划(开发时间)特点和预期有效寿命的信息保护系统。在理解了任务(还有信息保护需求)之后,下一步就是对风险的标识、刻画并区分优先级。现在,ISSE 所起的作用就是推荐一些管理对策选项来减轻风险,这也将帮助最终决策者判断哪些风险能够——而且应该——被减轻。对于一个给定的用户系统,通常来说,要想在执行一系列技术与非技术得到对策后就能完全满足用户所在机构的信息保护策略并减轻所有风险,这是不可能的。任务本身要求的操作能力和功能可能正好与风险最小化的原则相矛盾。因此,风险管理方法就应该应用于决定是否推出一个特定的信息保护系统的情况下。在这样的战略中,第一步就是详细评估给定系统的信息保护风险。系统的残余风险则基于对手将成功发动一个对运行任务有巨大影响的特定攻击的可能性上。

为了使后续的决策合理化,ISSE 将经历下面的循环过程(见图 2-8)来构造整个框架:

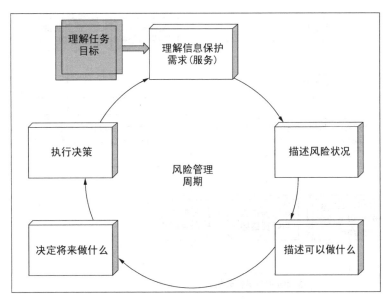

图 2-8　ISSE 经历的循环过程

- 理解任务目标；
- 理解信息保护需求；
- 描述风险状况；
- 描述可以做什么；
- 决定将要做什么；
- 执行决策。

1. 理解任务与信息保护目标

风险管理过程是随着对用户任务目标和任务信息保护需求的确定一起进行的。它们是由系统工程师根据对机构任务的确定、对任务关键程度的确定、对用户人数的确定、对操作环境的确定和对用户现在的信息保护情况的确定来完成的。这就需要对相应的政策、法规、可应用的操作指南和标准进行查询。

对用户操作流程和现有系统体系结构的查阅只是为了正确评价信息价值和信息保护需求而付出的各项努力的一部分。在风险管理过程的这一步骤中，所产生的信息将使ISSE能够判断系统实施时可能会引入的潜在的风险以及所需的保护级别。

2. 描述风险状况

在该阶段的行为中，ISSE将着重了解因系统操作、设计和恶劣运行环境而正在发生或将要发生的风险。描述风险状况的行为包括风险、脆弱性/攻击、威胁以及任务影响的分析。这些分析结果在综合之后将使决策者对相应的应急操作或预算问题做出分析。

风险分析是收集并分析与风险相关的数据的风险管理活动的一部分，其目的是为决策者提供有关在不友好的环境中能够完成指定任务的备选行动的优点与代价信息。这些决策非常难以做出，要求 ISSE 使用有效分析手段进行处理。图 2-9 是一个基本的有助于判断各种备选行动的优点与代价的综合方法——风险决策流。

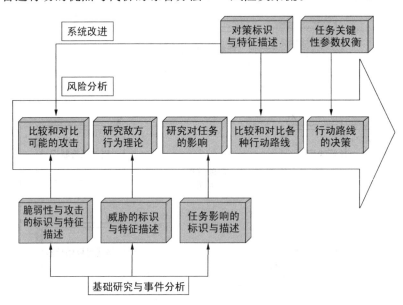

图 2-9   风险决策流

在实验风险分析时,必须考虑下列因素。

1)威胁

威胁的种类可被清晰地分为 3 类:来自人们敌意的威胁、非敌意的威胁和自然的威胁。

敌意的威胁:每一种敌意的态度都是有其独特性的,所以必须得到详细的说明和分析。这种敌意依赖具体环境而改变。例如,在国与国之间,今天的对手有可能就是明天的同盟者,反之亦然。潜在的威胁有可能来自如下出处:

- 恐怖分子;
- 心里不平衡的人们;
- 单独的犯罪分子;
- 有组织的犯罪分子;
- 与外地勾结的内部人员;
- 对本机构不满意、心里不平衡的内部人员以及潜伏在机构内部的间谍或犯罪分子。

非敌意的威胁:这种类型的威胁没有恶意的目标、动机和企图。但无论如何,它们确实有在一定程度上造成危害后果(有时甚至超越了敌意威胁带来的危害)的能力。执行某些文档化的信息保护策略将大大减小由这种威胁带来的风险。潜在的非敌意威胁有可能来自如下出处:

- 系统使用者;
- 维护人员。

自然威胁:根据一些历史记录数据能够预测可能在某个地理位置发生这类威胁,可以大致把握这些威胁发生的频率和强度。而对于前面所谈的非敌意威胁,则无法准确知道它什么时候会出现。自然威胁主要有:

- 地震;
- 火山爆发;
- 飓风;
- 台风;
- 洪水;
- 闪电;
- 冰雹。

2)代价

对于每一次威胁所发起的攻击,攻击者必须支付的相应代价。这些代价的多少视被攻击的系统的保护级别和攻击级别、攻击的复杂性而定。从代价的角度来说,攻击可分为以下几类。

- **硬件**:代价可根据用于分析所必备的仪器代价来计算。
- **软件/攻击工具**:这些代价与攻击者用来发起攻击的一整套应用软件的装配和使用有关。这些工具的复杂性、价格各不相同,有时可以在 Internet 上直接得到。
- **信号分析**:这些代价视用于绕过安全规则的设备而定,在使用这类设备的攻击中,攻击者将通过使用口令捕获法及其他方法来绕过信息保护策略的强制例程。

- **专门技术**:每一种攻击都需要具有水准的人们去开发所需的方案与工具。那么这个代价就会由所需技术的复杂性和组织性来决定。

- **访问**:每一种攻击都需要在一定程度上实施访问。那么这个代价就会视攻击是知情的内部者还是由不知情的外部人员所发起的不同情况而有不同的层次。

3)对策

ISSE 必须定义出哪些对策可以用来清除或缓解一个或多个成功攻击的风险。遗憾的是,现实中常常会出现缺乏相应信息的情况。应该更有效地获得有关最能危害机构任务的脆弱性和攻击的信息源。决策者最终将决定可以承受的风险级别,因此 ISSE 必须向其提供尽可能详细的信息。

4)预测攻击发生的可能性

ISSE 必须判断一次攻击发生的可能性,即对手的动机和成功利用系统脆弱性的可能性。

5)灾难恢复

对于每一次攻击来说,ISSE 必须判断系统从被攻击后的状态中恢复过来的可能性和用于矫正影响的时间(从攻击被检测到开始)。

6)判断对任务的后续影响

用户机构应与脆弱性搜寻小组一起工作,从攻击造成的后果中推导出机构在将来的信息保护任务;同时,攻击后的恢复也应考虑在内。对每次攻击,都要确定出后果影响的相对(由高到低)级别。

对每种攻击,ISSE 都将生成一个风险平面或用其他分析工具来显示其发生的可能性及其所造成的后果。风险平面是后面描述的认证过程的输入。如图 2-10 所示的是一个典型的风险平面。

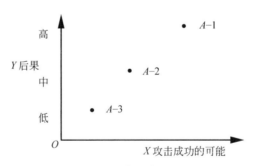

图 2-10 一个典型的风险平面

3. 描述可行的风险对策

在完成风险分析之后,ISSE 将运用综合信息来为决策者提供具体行动路线。为此,ISSE 需要比较和对照所有备选的行动路线。这种分析将深入观察各类相应的安全对策是如何改善或减缓当前的风险状况以及系统的任务功能的。为了描述可行的风险对策,ISSE 需要致力于开发可能的成套行动路线并知晓它们的相应成本及收益。这些行动路线的选项中将包括很多不同的、可能的解决方案,包括了"不变更""关闭"等选项,还结合了对系统各类技术的、流程的以及人员上的一些改变,以削弱潜在的攻击,降低成功攻击造成的冲击,防止攻击对机构的运行能力或信息保护中的风险平衡造成影响。ISSE 还将进行成本—获利分析,以清楚地描述出在给定对策成本的情况下可以提供的保护级别。

4. 决定风险对策

基于风险分析,决策者将决定需要对付哪些威胁和脆弱性。做出该决策的基础是威胁/脆弱性风险、风险对策成本和任务的功能性,以及风险对策对于减轻整个风险的有效性。ISSE 将记录残余风险的情况,这是完全无法对抗或尚未根除的风险。

5. 执行策略

一个信息保护系统只有在该系统是运行在本地的 DAA 可接受的风险级别时才算完成。它是由以下两步行动来实现的:

- 验证;
- 确认。

验证是一个确保系统能够满足已经声明并记录下需求的过程。简而言之,"验证"回答了这样的问题:"你是按照正确的方法创建系统的吗?""确认"则是再一次检验系统是否达到所规定的目标,系统是否能全面实施。简而言之,"确认"回答了这样的问题:"你创建的是正确的系统吗?"

进行确认分析的目的是确认系统的能力能够满足信息保护需求并使残余风险最小化。信息保护验证测试包括关于密码的验证测试和功能性的信息保护测试。它用来保证所有信息保护功能均已按照规范得到了正确的实施。信息保护测试还要查找那些未规定但却实施了的功能(它们有可能颠覆信息保护的关键操作)以及任何由信息保护机制的不正确实施而导致的脆弱性。

为了完成风险管理的循环,ISSE 必须评估决策所造成的后果。ISSE 不仅需要重新评估自己的各项决策,还需要评估做出决策的周遭环境。一旦发现了能够导致攻击/防范平衡改变的新的威胁、脆弱性或技术,ISSE 就必须重新评估其风险。如果是政治因素改变了攻击的可能性或攻击者的动机,也必须重新检查风险。任务需求的改变也可能会迫使任务特性/信息保护机制的风险平衡发生改变。风险管理是一个持续过程,它为各系统工程和 ISSE 行动提供了输入并影响着系统生命周期的各个环节。

6. 风险管理的独立性

这里我们重在考察风险管理与 ISSE 的结合。但作为一项独立的信息安全解决方案,风险管理有其自己完善的方法学。风险管理思想也是系统安全工程能力成熟度模型(System Security Capability Maturity,SSE-CMM)的核心内容。然而,SSE-CMM 并没有将风险管理与其并列,而是在其中的若干个过程之中引入了风险管理的主要过程,这显然是一种思路上的巨大转变。这种差异也反映出信息安全界各类信息安全方法对统一和合并的迫切需要。

2.3.4　生命周期支持过程

系统生命周期通常由以下阶段组成:概念与需求定义、系统功能设计、系统开发与采办、系统实施与测试、系统的持久操作支持和最终的系统废置处理。近年来,实现系统生命周期支持的途径已经转变，以适应将安全组件和安全过程综合到系统工程过程中的需要。因此，ISSE 方法是作为一个信息安全生命周期过程而得以开发的。

对于任何功能或系统级需求来说，安全应该在生命周期过程的早期便提出，包括理解安全需求、参与安全产品评估并最终实现系统的工程化设计及实施。从近年来的教训中发现，在系统开发之后再来改进安全解决方案将非常困难，因此，必须在发掘需求和定义系统时便考虑安全需求。为了在系统工程过程中有效地集成安全措施与控制，设计者与开发者应该调整现有的过程模型，以生产一个反复式的系统开发生命周期，该周期关注更多的是安全控制与保护机制。这种理念的一个成功范例是 DITSCAP。

尽管 DITSCAP 被称为是一个认证与认可过程，但它主要还是基于 ISSE 的概念与生命周期管理原则。DITSCAP 的各阶段可以与上述的 ISSE 基本行为相对应。在 DITSCAP 中，系统安全授权协定（SSAA）常用于记录全部 IT 系统生命周期中使用的所有安全准则。大部分的系统生命周期分析发生在 DITSCAP 的第二个阶段。在该阶段中，生命周期计划得到开发和评估，其中的生命周期支持行为包括：

- 创建生命周期管理计划；
- 创建系统工程管理计划；
- 创建配置控制过程；
- 创建安全计划；
- 创建维护计划；
- 创建应急和连续性操作计划；
- 创建系统处置计划。

无论使用 DITSCAP、系统工程过程或系统生命周期过程，都可以看出这些过程中存在着共同过程。因为有这种交叉的过程共同性，就有可能确保安全组件以成本最小且对系统规划或功能影响最小的方式融入全部系统的开发行动中。

一致性验证过程侧重于对系统的周期性重认可活动进行管理，以及对各类在已部署的系统中负责响应各级风险的方法的使用进行管理。可以利用传统的检查方法，但是，以"现行（living）文档"和原系统检查为基础的方法是可提供选择的很重要的方法。此外，如果发现一个系统在变动不大时出现的更多的是有限风险，则可以适当简化相应的检查过程。

一致性再验证的最后步骤是检查。对检查方法进行裁剪的目的是开发出能集中于系统中最脆弱区域的检查步骤。检查方法和详细程度可依据正式化的风险分析中所定义的风险类别和特定的风险域所裁剪。

2.3.5　认证与认可

认证与认可过程近年来（尤其是 2000 年以来）得到了美国的密切关注，政府和军方多次发布国家级政策对此进行支持。其中的部分原因在于，美国国内（世界范围亦是如此）开始对敏感系统中安全产品的选用以及系统建成之后的安全性更加关注。因此，产品的安全性评估（认证过程）以及安全产品在系统中的应用评估（认可过程）便受到了极大的重视。

C&A(Certificate & Authority)被定义为：针对自动化信息系统和其他保护措施的技术或非技术安全特征而进行的一种综合评估，其目的是确定某一种特定设计和实施能够满足已指定的安全需求集的程度，并由指定的批准官员（Designated Approving Authority，DAA）藉此正式宣布某信息系统被获准可在某一可接受的风险级别上运行。CA 是支持认可过程、负责对这些安全特征与其他保护措施进行评估的官员（或机构）。CA 将确定某一种特定设计与系统实施对指定安全需求的满足程度。最初的认证任务包括：

- 系统体系结构分析；
- 网络连接规则一致性分析；
- 集成产品的完整性分析；
- 生命周期管理分析；
- 脆弱性分析。

一个正在经历认证与认可的系统应该有用于支持每个任务的正式文档、安全规范、综合性的测试计划和一个确保所有网络与其他互联要求均被实现的书面说明。可以对特定的认证任务进行定制，以适合系统的项目战略、生命周期管理过程以及信息在其信息系统、在其生命周期中的位置。也可定制对系统开发行为的认证任务，以确保其与系统过程相关联，并确保其已提供了必要程度的分析来保证这些行为与书面的文档（通常是以系统安全授权协定（System Security Authority Agreement，SSAA）的形式）相一致。

脆弱性评估将对与保密性、完整性、可用性、可追究性和所推荐的对策相关的安全漏洞进行评估。为了保护相应的系统价值，DAA 应该决定可承受的风险级别。脆弱性评估主要关注实现 SSAA 安全需求的过程。评估结论被用于判断评估者信息服务（AIS）是否已经准备好进行正式的 C&A 评估与测试。最终的认证任务包括：

- 安全测试与评估；
- 渗透性测试；
- 电磁环境安全防护（TEMPEST）与 Red-Black 检验；
- 与通信安全（COMSEC）一致的认证；
- 系统管理分析；
- 站点认可调查；
- 应急计划评估；
- 基于风险的管理评审。

如果 CA 断定信息系统满足了 SSAA 的技术要求，便会发布一个系统证书。该证书说明了信息系统与协定好的安全需求保持了一致。CA 也可以制定补充建议，以提高系统的安全状况。对于将来的系统升级与改变管理决策而言，这样的建议还应该提供一个输入接口。

CA 的建议、DAA 的操作授权、支持文档和 SSAA 共同形成了认可包。支持文档可根据系统类型不同而不同。这些文档最少应该包括安全调查结果、缺陷与运行风险。认可包必须包括用于支持所建议的决策的所有信息。如果这些决策希望得到认可，则它应该包括安全参数，这些参数决定了信息系统可授权操作的环境。如果系统不满足 SSAA

所陈述的要求,但任务的关键程度要求系统必须投入运行,也可以用一个临时许可的授权方式来完成。

最后的认可应该三年有效,或在某个重大改变导致一次新认可之前一直有效。在有关人员通过认证请求通告提出要求,或者是系统需要周期性重新评估或系统表现出有安全问题时,均会进行再评估。评估必须保持周期性,当然很多再评估可能要基于触发性事件。

DITSCAP 推动了美国国防部(DoD)的认证与认可过程。在 DoD 中建立了 IT 系统的标准认证与认可过程。对于情报系统来说,美国的中央情报局长令(DCID)6/3 也曾推动了认证与认可过程。现在 DITSCAP 正逐步走向世界,引起各国广大研究者的关注。DITSCAP 的目的是在国防部建立一个以基础设施为中心的标准方法,以保护和加强国防信息基础设施(DII)组成实体的安全。DITSCAP 中所列出的行为集合对于单个 IT 实体的认证与认可过程实现了标准化,并可引申到更安全的系统操作与更安全的国防信息基础设施(DII)中。在评估系统操作对于 DII 的影响时,该过程还将综合考虑系统的任务、环境、体系结构等。该过程将:

- 实现信息保护策略,落实信息保护责任,并描述 IT 系统的 CA 过程,包括自动化信息系统、网络和美国国防部中的站点;
- 对于涉密/无密级的 IT 系统,创建 DITSCAP,以用于信息保护的 CA;
- 强调生命周期管理方法对 CA 和国防部的 IT 进行重认可的重要性。

DITSCAP 适用于所有在整个生命周期中需要 CA 的系统,对于任何类型的 IT 系统以及任何计算环境和任务来说,它均可适应。评估后的产品可以使用新的安全技术或方法,并可调整为可行的标准。DITSCAP 可被映射到任何系统生命周期过程中,但仍然可以独立于生命周期战略。DITSCAP 被设计成能适用于开发、修改和运行的生命周期各阶段。每个新的 CA 工作均从阶段 1(定义)开始,结束于阶段 4,即获得认可。第 4 阶段后便确保了已获得的信息系统或系统组件能持续运行于其计算环境之中,保持了与所获认可的一致。

DITSCAP 可划分为逻辑上的阶段序列,逐阶段引导系统达到最终认可状态。图 2-11 给出了这些阶段:定义、验证、确认、认可后。

DITSCAP 的阶段 1(定义)包括了书面的 SSAA——在项目管理员、DAA、CA 和用户代表之间基于系统任务、目标环境、目标体系结构和安全策略的描述之上的一种协定。SSAA 描述了计划的制定和认证行为、资源以及要用于支持认证与认可的文档。

ISSE 过程的流程图从系统安全需求出发,流向了已定义的系统结构。ISSE 中(定义信息保护系统)和 DITSCAP 阶段 2 的行为(验证)都能查看系统的安全功能和体系结构是否满足了系统对于信息处理和安全功能的要求。生命周期管理行为需要大量用于指导、控制并管理系统开发、设计、操作和废置处理的系统工程文档。这些行为的结果可能对最初的 SSAA、系统功能和系统结构造成改变。在此阶段,系统安全工程师应该已经发来了测试计划和过程,这些测试计划与过程应涵盖系统功能、系统完整性与安全一致性等内容。系统安全工程师还应该评估和描述所提交的设计中的残余风险的级别。

DITSCAP 阶段 3 的行为(确认)将把系统设计变成现实,检验系统设计是否正确,并且确认系统是否能够满足需求。这是一个得到严禁检验的、集成的、有效的、经过认证与

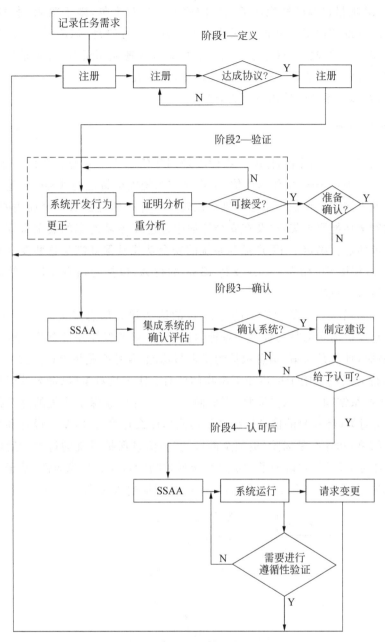

图 2-11 DITSCAP 流程

认可的系统的最高阶段。

认可后是 DITSCAP 阶段 4，主要处理遵循性验证（CV）过程。遵循性验证检查（CVI）过程着重于对系统周期性重认可的管理以及在已部署的系统中加入能对风险做出的各类方法。可以使用传统的检测手段，但是，以"现行文档"和 DITSCAP 阶段 3 中对系统的检测为基础的方法都是很重要的可选方法。此外，如果发现一个系统有更多的基于非重大改变的有限的风险，则可以适当简化相应的检测过程。

DITSCAP 项目目前已经积累了大量的研究结果和文献,限于篇幅,本书不再赘述,这些参考文献详细描述了遵循性验证的如下过程:过程管理、风险管理、CM 评审、CVI 优先级排定和检查的裁剪。这些过程的目的是更有效地应用资源,特别是当多个系统需要重评估或有迹象表明需要 CV 时。在使用中,可以在独立系统或多个系统中使用这些过程。当然,在多个系统中使用将更为有效。

2.3.6　CC 与 ISSE

通用准则 CC 是一个国际标准。该标准是国际信息安全界通力合作的成果。CC 定义了这样一个准则:"⋯⋯可作为评估 IT 产品与系统安全特性的基础⋯⋯这个标准允许在相互独立的不同安全评估结果之间进行比较⋯⋯这是通过提供一套通用的用于 IT 产品与系统的安全功能要求集,以及在安全评估中适应于该功能集的安全保证措施要求集来实现的。评估过程确定了 IT 产品与系统的安全功能及保证满足这些要求集的可信水平。"ISSE 可以利用 CC 作为工具来支持 ISSE 的行为,包括为信息保护系统制定系统级的规范并支持认可过程。

图 2-12 显示了 CC 是如何应用的,用 CC 的语法建立信息安全的过程符合 ISSE 过程。发掘信息保护需求的行为提供了各种信息,如所有者怎样评价资产、威胁,主体是什么,什么是威胁,什么是对策(信息保护的要求与功能)及什么是风险(部分的)。定义信息保护系统的行为提供了用于描述如下事物的信息:什么是对策(已命名的组件),什么是脆弱性(基于体系结构),什么是风险(更全面的)。设计信息保护系统的行为提供了如下信息:什么是对策(经检验的信息保护产品功能),什么是脆弱性(基于设计和单元以及检验了的测试结果)和什么是风险(更加全面)。实现信息保护系统的行为最后提供了如下信息:什么是对策(安装并认证了的信息系统保护功能),什么是脆弱性(基于认证和渗透性测试的结果)、什么是风险(更全面的)。CC 并不描述人员和运行安全(但这些安全措

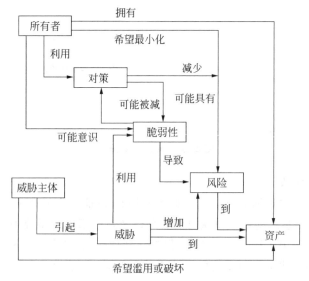

图 2-12　CC 的安全概念及其相互关系

施必须在安全环境中讨论），也不描述评估的有效性或其他使系统更有效的管理措施。CC 提供了一种标准的语言与语法，用户和开发者可以用它来声明系统的通用功能（保护轮廓或称 PP）或将被评估的具体性能（安全目标或称 ST）。

如图 2-13 所示，PP 以标准化的格式定义了一套功能要求与保证要求，它或者来自于 CC，或由用户定义，用来解决已知或假设的安全问题（可能被定义成对被保护资产的威胁）。对于一套评估对象（简称 TOE）集来说，PP 可以是对完全满足安全目标集的、与实现无关的安全功能的描述。PP 是设计可重用的，并且定义了可有效满足确定的功能和保证目标的 TOE 环境。PP 也包括了安全性与安全目标的基本原理。当评估对象是特定

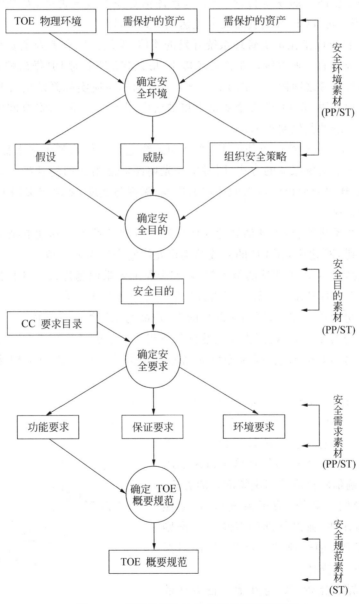

图 2-13　保护轮廓和安全目标的开发过程

类型的 IT 产品或系统(如操作系统、数据库管理系统、智能卡、防火墙等)时,其安全需求的定义是不会因系统或产品不同而不同的。

显然,PP 与 ST 的开发过程同时也是安全工程过程的一部分。PP 可以由用户、IT 产品开发商或其他有兴趣定义这样一个要求集合的集体所开发。PP 给了消费者一个参考特定安全要求的集合的手段,有利于基于这些要求而在将来实施评估。由此可见,PP 是一个适合于 ISSE 开发并描述体系结构的 CC 文档,可以作为采办与技术评估的基础。ST 包括一个可参考 PP 的安全要求的集合,它或者直接引用 CC 的功能或保证部分,或者更加详细地对其说明。ST 将描述具体的 TOE 的安全要求,通过评估来考察这些要求是否能有效地满足已确定的安全目标。ST 包括评估对象的概要说明、安全要求与目标及其原理,是各团体对 TOE 所提供的安全性达成一致的基础。

PP 和 ST 也可以是在负责管理系统开发的团体、系统的所有者及负责生产该系统的机构之间互相沟通的一种手段。在这种环境中,应该建议 ST 对 PP 做出响应。PP 与 ST 的内容可以在参与者之间协商。以 PP 与 ST 为基础的对应实际系统的评估是验收过程的一部分。总的来说,非 IT 的安全要求也将被协商和评估。通常,安全问题的解决方案并不是独立于系统的其他要求的。

CC 的理念是:在对希望可信的 IT 产品和系统进行评估的基础之上提供一种保证。评估是一种传统的提供保证的方式,同时也是先期评估准则文档的基础,CC 也采纳了同样的观点。CC 建议专业评估员加大评估的广度、深度与强度,来检测文档的有效性和 IT 产品或系统的结果。

当然,CC 并不排除、也不评估其他获取保证的方法的优点。其他成熟的备选方法也可以考虑加入到 CC 之中,而 CC 的开放结构也允许它今后引入其他方法。

CC 的理念宣称:用于评估的努力越多,安全保证效果便越好;CC 的目标是用最小的努力来达到必需的保证水平。评估努力程度的增加基于如下因素:

- 范围:努力必须加大,因为大部分的 IT 产品与系统被包含在内;
- 深度:努力必须加深,因为评估数据的收集依赖于更好的设计水平与实现细节;
- 强度:努力必须加强,因为评估证据的收集需要应用于更加结构化和形式化的方式。

评估过程为 PP 与 ST 所需的保证提供了证据,评估的概念和相互关系如图 2-14 所示。评估的结果就是对信息保护系统某种程度上的确信。其他 ISSE 过程,如风险管理或 DITSCAP,提供了将这种确信转化成管理决策准则的方法。

图 2-15 说明了系统(或子系统)可以参照 PP 或 ST 得到评估,辅以外部的系统认可准则(例如 DITSCAP),创建评估产品集,从而对系统的认可过程提供支持。

信息安全界在比较 CC 与其他保证方法的异同时,常常认为 CC 的保证是通过对产品的评

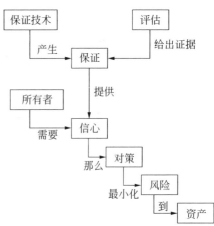

图 2-14 评估的概念和相互关系

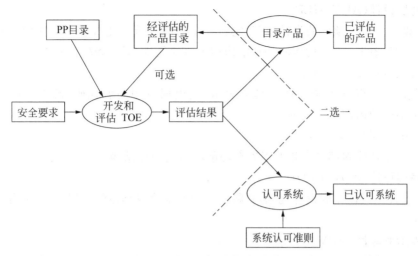

图 2-15　CC 评估结果对其他过程的支持

估而获得的,而 SSE-CMM 等信息安全工程所提供的保证则是通过对过程的评估获得的。在形式上,的确是这样。但 CC 的方法学中侧重的是全面的信息安全保证,而保证的实现来源于多个角度,其中便包括对产品开发过程的关注。图 2-16 说明了 CC 方法学中对产品开发过程模型的阐述。从安全要求逐步细化至安全在 TOE 中的实现,这是完整的软件开发过程。

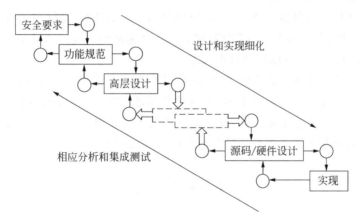

图 2-16　CC 对 TOE 开发过程的阐述

　　所以在最终的 TOE 评估中,CC 对该过程的安全性是做了评估的。CC 的安全保证类 ADV(开发类)便专门定义了从 TOE 概要规范到实现安全功能的一系列保证要求。

　　1) 功能规范(ADV_FSP)

　　功能规范描述了 TOE 的安全功能,而且它一定是 TOE 安全功能要求的一个完整而准确的实例化。功能规范也详细描述了 TOE 的外部接口。TOE 的用户希望通过此接口同 TOE 安全功能交互信息。

2) 高层设计(ADV_HLD)

高层设计是一个顶层的设计规范,它将安全功能规范细化成安全功能的一些组成部分。高层设计指明了安全功能的基础结构和主要的硬件、固件和软件元素。

3) 实现表示(ADV_IMP)

实现表示是 TOE 安全功能的具体表示,它根据可用的源代码、硬件图详细表述了TOE 安全功能的内部工作方式。

4) TSF 内部(ADV_INT)

TOE 安全功能内部要求指明了安全功能必需的内部结构。

5) 底层设计(ADV_LLD)

底层设计是具体化的设计规范,它将高层设计细化成具体的一层,作为编程或硬件构造的基础。

6) 表示对应性(ADV_RCR)

表示对应性论证了所有 TOE 开发阶段中各相邻阶段(如 TOE 概要规范、功能规范、高层设计、底层设计、实现表示)之间的对应性。以保证最高层的概要规范完全贯彻到底层设计之中。

7) 安全策略模型(ADV_SPM)

安全策略模型是 TOE 安全策略的结构化描述,保证功能规范和安全策略相符合,并且最终和 TOE 的安全功能要求相符合。这是通过功能规范、安全策略模型和模型化的安全策略之间的对应来实现的。

除此之外,CC 的其他保证类——ACM(配置管理)、ADD(交付和运行)、AGD(指导性文件)、ALC(生命周期支持)、ATE(测试)、AVA(脆弱性评定)、AMA(保证维护)——也均涉及 ISSE 中不同工程阶段的过程元素。

当然,ISSE 对保证的要求不够,且其以时间维为线索的描述方式也阻碍了其涵盖贯穿始终的很多保证要求。本章对 ISSE 与其他工程过程做了比较,说明了 ISSE 的重要意义,但符合信息保证概念发展、应用范围更广的是 SSE-CMM。下一章我们将介绍 SSE-CMM,随后将研究其方法学中对风险分析和保证方法的吸收。

本 章 小 结

既然是系统工程,那么就要用系统工程的观点、方法来对待和处理信息安全问题。安全体系结构的设计与安全解决方案的提出必须基于信息安全工程理论,因此,对信息系统建设部门来说,在建立与实施企业级的信息与网络系统安全体系时,必须考虑信息安全的方方面面,兼顾信息网络的风险评估与分析、安全需求分析、整体安全策略、安全模型、安全体系结构的开发、信息网络安全技术标准规范的制定、信息网络安全工程的实施与监理、信息网络安全意识的教育与技术的培训等各个方面;对工程实施单位来说,必须严格按照信息安全工程的过程、规范进行实施;对管理部门来说,建议采用信息安全工程能力成熟度(SSE-SSM)对军事信息系统建设部门安全工程的质量、安全工程实施单位的实施能力进行评估。只有这样才能实现真正意义上的信息系统安全。

习　题

1. 系统工程有哪些基本特性？
2. 什么是信息安全系统工程？
3. 简述信息安全系统工程的过程。
4. 如何开展信息安全系统工程的开发工作？
5. 简述信息安全系统工程与风险管理过程的关系。
6. 通用准则 CC 与信息安全系统工程 ISSE 过程的区别在哪里？

第3章

系统安全工程能力成熟度模型

学习目标

- 了解 CMM 的概念及其每个级别的内涵;
- 知道 SSE-CMM 的域维和能力维的意义;
- 知道应用 SSE-CMM 进行过程改进;
- 了解系统安全工程能力评估过程。

3.1 概　述

随着社会对信息依赖程度的增长,信息的保护变得越来越重要。网络、计算机、业务应用甚至企业间的广泛互联和互操作特性正在成为产品和系统安全的主要驱动力。安全的关注点已从维护保密的政府数据到更广泛的应用,如金融交易、合同协议、个人信息和互联网信息。因此,非常有必要考虑和确定各种应用的潜在安全需求。潜在的需求实例包括信息或数据的机密性、完整性和可用性等直至系统安全的保障。

安全关注点的动态变化性,提高了信息安全工程的重要地位。信息安全工程正日益成为重要的学科,并将成为多种学科和协同作业的工程组织中的一个关键性部分。信息安全工程原理适用于系统和应用的开发、集成、运行、管理、维护和演变。这样,信息安全工程就能够在一个系统、一个产品或一个服务中得到体现。

信息系统安全工程是美国军方在 20 世纪 90 年代初发布的信息安全工程方法。其重点是通过实施系统工程过程来满足信息保护的需求。主要包括:

- 发掘信息保护需求;
- 定义信息保护系统;
- 设计信息保护系统;
- 实施信息保护系统;
- 评估信息保护系统的有效性。

3.1.1　安全工程

安全工程是一个正在进化的项目,当前尚不存在业界一致认可的精确定义。目前只能对安全工程进行概括性的描述。

安全工程的目标如下:

(1) 获取对企业的安全风险的理解;

（2）根据已识别的安全风险建立一组平衡的安全要求；

（3）将安全要求转换成安全指南，将其集成到一个项目实施的活动中和系统配置或运行的定义中；

（4）在正确有效的安全机制下建立信心和保证；

（5）判断系统中和系统运行时残留的安全脆弱性对运行的影响是否可容忍（即可接受的风险）；

（6）将所有项目和专业活动集成到一个可共同理解系统安全可信性的程度。

3.1.2　CMM 介绍

一个组织或企业从事工程的能力将直接关系到工程的质量。国际上通常采用能力成熟度模型（Capability Maturity Model，CMM）来评估一个组织的工程能力。CMM 模型是建立在统计过程控制理论基础上的。统计过程控制理论指出，所有成功企业都有共同特点，即具有一组定义严格、管理完善、可测量的工作过程。CMM 模型认为，能力成熟度高的企业持续生产高质量产品的可能性很大，而工程风险则很小。

1. CMM 概念

CMM 用来确定一个企业的软件过程的成熟程度以及指明如何提高该成熟度的参考模型。包括开发和维护软件及其相关（中间）产品时所涉及的各种活动、方法、实践和改革等，即软件的开发过程。

为了获得利润，软件企业要建立并且必须保障产品的信誉。包括提高产品本身的品质，提高产品满足需求的程度，严格产品的工期要求，降低产品的成本等。因此，产品的高质量与生产过程的高要求是获得利润的关键。

在软件开发过程中，企业的产品本身主要存在不能满足用户的需求、质量难以满足预定要求、bug 过多等问题；过程方面则存在成本和工期不可测、成功的软件开发经验过于依赖于个人而不可重复等问题。归根到底是过程不规范（不成熟）。

因此，美国国防部指定 CMU（卡内基-梅隆大学）的软件工程研究所（Software Engineering Institute，SEI）研究了一套过程规范——CMM。

2. CMM 概述

CMM 为企业的发展规定了过程成熟级别，分为 5 级（version 1.0）。

- 初始级（Initial）：一般企业皆具有；
- 可重复级（Repeatable）：成功经验可以重复；
- 定义级（Defined）：一套完整的企业过程，人员自觉遵守（培训）；
- 管理级（Managed）：过程和产品可度量和控制；
- 优化级（Optimizing）：过程持续改进。

从无序到有序、从特殊到一般、从定性管理到定量管理、最终达到动态优化。

3. CMM 的概念模型

如图 3-1 所示为 CMM 概念模型，CMM 的一个成熟级别指示了这个级别的过程能力，它包含许多关键过程域（KPA）。每个 KPA 代表一组相关的工作（活动），每个 KPA 都有一个确定的目标，完成该目标即认为过程能力的提高。

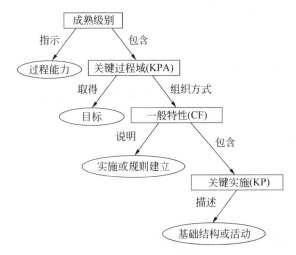

图 3-1　CMM 概念模型

每个 KPA 的工作以组织方式细化为一般特性 CF(Common Features)。每个 CF 都对实施或规则的建立进行说明,它是由若干关键实施(KP)组成,KP 是软件过程的基础结构或活动。

4. CMM 的五个级别

1) 初始级

该级别处于混沌的阶段。此时不具备稳定的环境用于软件开发和维护;缺乏健全的管理惯例,其软件过程能力无法预计;软件过程是一片混沌,总是随着软件开发工作的推进而处于变更和调整之中。

2) 可重复级

软件开发的首要问题不是技术问题而是管理问题,因此,可重复级的焦点集中在软件管理过程上。一个可管理的过程是一个可重复级的过程,一个可重级的过程能逐渐进化和成熟。该级管理过程包括需求管理、项目管理、质量管理、配置管理和子合同管理五个方面。项目管理分为计划过程和跟踪监控过程两个过程,通过实施这些过程,从管理角度可以看到一个按计划执行的且阶段可控的软件开发过程。

3) 定义级

定义级的每个阶段内部活动可见,共有 7 个 KPA,分别是机构过程关注(Organization Process Focus)、机构过程定义(Organization Process Definition)、培训计划(Training Program)、集成软件管理(Integrated Software Management)、软件产品工程(Software Product Engineering)、组间协调(Intergroup Coordination)和对等审查(Peer Reviews)。

将这些标准集成到企业软件开发标准过程中去。所有开发的项目须根据这个标准过程剪裁出该项目的过程,并执行这些过程。

对用于软件开发和维护的标准过程要以文件形式固定下来。针对各个基本过程建立起文件化的"标准软件过程"。

较普遍的看法是，只有当达到了第 3 级能力成熟度时，才表明这个软件组织的软件能力"成熟"了。定义级是标准一致的软件过程。

4）管理级

第四级的管理是量化的管理，设定定量的质量目标。

所有过程都须建立相应的度量方式，所有产品的质量（包括工作产品和提交给用户的产品）须有明确的度量指标。这些度量是详尽的，且可用于理解、控制软件过程和产品，这种量化控制将使软件开发真正变为工业生产活动。

处于这一级的组织已经能够为软件产品和软件过程设定定量的质量目标，并且能对跨项目的重要软件过程活动的效率和质量予以度量。管理级是可度量、可预测的软件过程。

5）优化级

第五级的目标是达到一个持续改善的境界，是持续优化级。

可根据过程执行的反馈信息来改善下一步的执行过程，即优化执行步骤。如果一个企业达到了这一级，则表明该企业能够根据实际的项目性质、技术等因素，不断调整软件生产过程以求达到最佳。优化级是能持续改善的软件过程。

20 世纪 80 年代中期，美国联邦政府提出对软件承包商的软件开发能力进行评估的要求。在 Mitre 公司的帮助下，1987 年 9 月，美国卡内基-梅隆大学软件工程研究所发布了软件过程成熟度框架，并提供了软件过程评估和软件能力评价两种评估方法和软件成熟度提问单。

4 年之后，SEI 将软件过程成熟度框架进化为软件能力成熟度模型（Capability Maturity Model For Software，SW-CMM）。1991 年 8 月，SEI 发布了最早的 SW-CMM v1.0。经过两年的试用，1993 年 SEI 正式发布了 SW-CMM v1.1。自 1995 年，CMM 又进入了另一个修改的高峰期，在美国政府和软件业界大力支持和积极参与下，SEI 先后发表了 CMM 2.0 版的 A 版、B 版和 C 版草案；1997 年，CMM 2.0C 版草案停止推进。SEI 宣布，CMM 1.1 版和 CMM 2.0C 版草案都有效，并且 SEI 及其授权的机构为这两种版本提供相应的服务。自 CMM 1.1 发布起，SEI 相继研制并发布了"人员能力成熟度模型（P-CMM）""软件访问能力成熟度模型（SA-CMM）"和"系统工程能力成熟度模型（SE-CMM）"及其支持文件。

3.1.3　安全工程与其他项目的关系

完整的安全工程包括如下活动：
- 前期概念；
- 开发和定义；
- 证明与证实；
- 工程实施、开发和制造；
- 生产和部署；
- 运行和支持；
- 淘汰。

安全工程活动与许多其他项目息息相关,包括企业工程、系统工程、软件工程、人力因素工程、通信工程、硬件工程、测试工程和系统管理等。

因为运行安全的保证和可接受性是在开发者、集成商、买主、用户、评估机构和其他组织之间建立的,所以安全工程活动必须要与其他外部实体进行协调。也正是因为存在这些与其他部分的接口并贯穿于组织的各个方面,所以安全工程比其他工程更加复杂。

3.2　SSE-CMM 基础

为了将 CMM 模型引入到系统安全工程领域,1994 年,美国国家安全局、美国国防部、加拿大通信安全局以及 60 多家著名公司共同启动了面向系统安全工程的能力成熟度模型(System Security Engineering Capability Maturity,SSE-CMM)。

SSE-CMM 确定了一个评价安全工程实施的综合框架,提供了度量与改善安全工程学科应用情况的方法,也就是说,对合格的安全工程实施者的可信性,是建立在一个工程组的安全实施与过程的成熟性评估之上的。

3.2.1　系统安全工程能力成熟度模型简介

系统安全工程是系统工程的一个子集,而信息系统安全工程是系统安全工程的一个子集,其安全体系和策略必须遵从系统安全工程的一般性原则和规律。

SSE-CMM 是一种衡量系统安全工程实施能力的方法,是一种使用面向工程过程的方法。SSE-CMM 模型抽取了这样一组"好的"工程实施并定义了过程的"能力"。SSE-CMM 主要用于指导系统安全工程的完善和改进,使系统安全工程成为一个清晰定义的、成熟的、可管理的、可控制的、有效的和可度量的学科。

SSE-CMM 模型是系统安全工程实施的度量标准,它覆盖了:

- 整个生命期,包括工程开发、运行、维护和终止;
- 管理、组织和工程活动等的组织;
- 与其他规范如系统、软件、硬件、人的因素、测试工程、系统管理、运行和维护等规范并行的相互作用;
- 与其他组织(包括获取、系统管理、认证、认可和评估组织)的相互作用。

1. SSE-CMM 发展

1994 年 4 月启动的 SSE-CMM 项目力求在原有 CMM 的基础上,通过对安全工作过程进行管理的途径将系统安全工程转变为一个完好定义的、成熟的、可测量的先进学科。1996 年 10 月,模型第一版问世,主管单位随即选择了五家公司对模型进行了长达一年的试用,并依据试用经验,将模型进行了几次更新。1998 年 10 月,SSE-CMM 2.0 版本公布使用,稍后提交国际标准化组织申请作为国际标准。2002 年,国际标准化组织正式公布了系统安全能力成熟度模型的标准,即 ISO/IEC 21827—2002《Information Technology-Systems Security Engineering-Capability Maturity Model(SSE-CMM)》。

SSE-CMM 确定了一个评价安全工程实施的综合框架,提供了度量与改善安全工程学科应用情况的方法。SSE-CMM 项目的目标是将安全工程发展为一整套有定义的、成熟的及可度量的学科。SSE-CMM 模型及其评价方法可达到以下几点目的：

- 将投资主要集中于安全工程工具开发、人员培训、过程定义、管理活动及改善等方面；
- 基于能力的保证，也就是说这种可信性建立在对一个工程组的安全实施与过程成熟性的信任之上；
- 通过比较竞标者的能力水平及相关风险，可有效地选择合格的安全工程实施者。

SSE-CMM 描述的是，为确保实施较好的安全工程，过程必须具备的特征，SSE-CMM 描述的对象不是具体的过程或结果，而是工业中的一般实施。这个模型是安全工程实施的标准，它主要涵盖以下内容：

- 它强调的是分布于整个安全工程生命周期中各个环节的安全工程活动，包括概念定义、需求分析、设计、开发、集成、安装、运行、维护及更新；
- 它应用于安全产品开发者、安全系统开发者及集成者，还包括提供安全服务与安全工程的组织；
- 它适用于各种类型、规模的安全工程组织，如商业、政府及学术界。

尽管 SSE-CMM 模型是一个用以改善和评估安全工程能力的独特的模型，但这并不意味着安全工程将游离于其他工程领域之外进行实施。SSE-CMM 模型强调的是一种集成，它认为安全性问题存在于各种工程领域之中，同时也包含在模型的各个组件之中。

SSE-CMM 适用于开发者、评估者、系统集成者、系统管理者、各类安全专家等。根据目标读者的不同，可选择使用该标准已定义的一组安全工程实施过程。换句话说，SSE-CMM 模型适用于所有从事某种形式安全工程的组织，可以不必考虑产品的生命周期、组织的规模、领域及特殊性。这一模型通常以下述三种方式来应用。

- 过程改进：可以使一个安全工程组织对其安全工程能力的级别有一个认识，于是可设计出改善的安全工程过程，这样就可以提高他们的安全工程能力。
- 能力评估：使一个客户组织可以了解其提供商的安全工程过程能力。
- 保证：通过声明提供一个成熟过程所应具有的各种依据，使得产品、系统、服务更具可信性。

目前，SSE-CMM 已经成为西方发达国家政府、军队和要害部门组织和实施安全工程的通用方法，是系统安全工程领域里成熟的方法体系，在理论研究和实际应用方面具有举足轻重的作用。

中国信息安全产品测评认证中心在对信息系统和信息安全服务资质进行测评认证时，结合我国信息安全服务提供商的总体水平和安全意识，根据 GB/T 18336—2001《信息技术 安全技术 信息技术安全性评估准则》和 ISO/IEC 21827—2002《系统安全工程能力成熟度模型》，制定了《信息系统安全保障通用评估框架》和《信息安全服务评估准则》。

2. SSE-CMM 的用户

安全的趋势是从保护要害部门的保密数据转向涉及更广泛的领域，其中包括金融交易、合同、个人信息和互联网，因此用于维护和保护这些信息的产品、系统和服务开始迅速发展。这些安全产品和系统进入市场一般有两种途径：通过长周期且昂贵的评定后进入市场，或者不加评估就进入市场。对于前者，安全产品无法及时进入市场来满足用户安全需求,当进入市场后,产品所具有的安全功能就解决的威胁而言已经过时。对于后者,购买者和用户只能依赖于产品或系统开发者或操作者的安全说明,这造成市场上的安全工程服务都将基于这种空洞的无法律依据的基础。

这种情况要求组织以一个更成熟的方式来实施安全工程。特别地,在安全系统和安全产品生产和操作过程中要求以下特性。

- 连续性:以前获得的知识将用于将来;
- 重复性:保证项目可成功重复实施的方法;
- 有效性:可帮助开发者和评价者都更有效工作的方法;
- 保证:落实安全需求的信心。

为了达到这些要求,需要有一个机制来指导组织机构去理解和改进其安全工程实施。SSE-CMM 正是出于这个目的,用于改进安全工程实施的现状,以达到提高安全系统、安全产品和安全工程服务的质量和可用性并降低成本的目的。

SSE-CMM 描述了一个组织的系统安全工程过程必须包含的基本特性,这些特性是完善系统安全工程的保证,也是系统安全工程实施的度量标准,同时还是一个易于理解的评估系统安全工程实施的框架。

如前所述,SSE-CMM 标准适用于可信产品或系统整个生命期的安全工程活动,其中包括概念定义、需求分析、设计、开发、集成、安装、运行、维护和终止,也可用于安全产品开发者、安全系统开发者、集成商和提供安全服务、安全工程的组织机构,还可应用于所有类型和大小的安全工程机构,如商务机构、政府机构和学术机构。概括起来,SSE-CMM 主要适用于安全的工程组织(Engineering Organizations)、获取组织(Acquiring Organizations)和评估组织(Evaluation Organizations)。

工程组织包含系统集成商、应用开发商、产品提供商和服务提供商等。工程组织使用 SSE-CMM 对工程能力进行自我评估,从而使组织:

- 通过可重复和可预测的过程和实施来减少返工、提高质量与降低成本;
- 获得真正的工程能力认可;
- 可度量组织的资质(成熟度);
- 非常明确过程和实施中不断的改进方法。

获取组织包含采购系统、产品,以及从外部/内部资源和最终用户处获取服务的组织。

获取组织使用 SSE-CMM 来判别一个供应者组织的系统安全工程能力,识别该组织供应的产品和系统的可信任性,以及完成一个工程的可信任性,从而达到:

- 减少选择不合格投标者的风险(包括性能、成本、工期等风险);
- 有了工业标准的统一评估,减少争议;
- 在产品生产或提供服务过程中,建立起可预测和可重复的可信度;
- 有可重用的标准的提案请求(Request for Proposal,RFP)语言,以便对供应者迅速而准确地提出需求;
- 有可重用的标准的评估方法。

评估组织包含认证组织、系统授权组织、系统和产品评估组织等。

评估组织使用 SSE-CMM 作为工作基础,以建立被评组织整体能力的信任度。这个信任度是系统和产品的安全保证要素。

评估组织使用 SSE-CMM 的目的是：

- 获得独立于系统或产品的可重用的过程评定结果；
- 获得能力表现的可信度，减少评估工作量；
- 建立系统安全工程中的可信任度；
- 建立系统安全工程集成于其他工程中的可信任度。

3. SSE-CMM 的项目组织

SSE-CMM 项目进展得益于安全工程业界、美国国防部办公室和加拿大通信安全机构积极参与和共同的投入，并得到 NSA 的部分赞助和配合。SSE-CMM 项目结构包括一个指导组、评定方法组、模型维护组、生命期支持组，轮廓、保证和度量组，赞助、规划和采用组以及关键人员评审和业界评审。SSE-CMM 项目结构如图 3-2 所示。

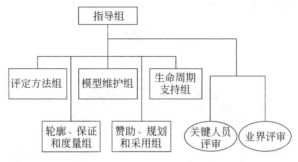

图 3-2　SSE-CMM 项目结构

指导组在促进 SSE-CMM 被广泛接受和采纳的同时，监督指导 SSE-CMM 的工作过程，产品定义和项目进展。

评定方法组负责维护 SSE-CMM 的评定方法：系统安全工程能力成熟度模型评估方法（SSE-CMM Appraisal Method，SSAM），其中包括开发第三方的评定方法。当需要时，评估方法组还负责计划、支持和分析一个实验程序来测试第三方的评定方法。

模型维护组负责维护模型。这包括确保过程区覆盖所有业界内的安全活动，将 SSE-CMM 与其他模型的冲突减少到最少，在模型文档中精确描述 SSE-CMM 与其他模型的关系。

生命期支持组负责开发和建立一个评定者资格和评定组织可比性机制；负责设计和实现一个数据库，用于维护评估数据以及准备和发布如何解释和维护这些数据的指南。

轮廓、保证和度量组的任务是调查和确认轮廓的概念，确定并文档化 SSE-CMM 实施保证的作用，鉴别和验证安全相关于使用 SSE-CMM 的安全和过程的度量方式。

赞助、计划和使用组负责贯彻赞助选择（在需要时，还包括为一个组织进行计划和定义以维护 SSE-CMM）；开发和维护完整的项目时间表，促进和促使各种感兴趣的团体使用和采用 SSE-CMM。

关键人员评审提供正式评审责任承诺并按时提供对 SSE-CMM 项目工作产品的评审意见。业界评审也可以评审工作产品，但无须正式的责任承诺。

成员组织以赞助参与者的方式来支持工作组。SSE-CMM 项目的发起人 NSA，在国防部和通信安全军事组织的支持下,提供技术转移、项目帮助和技术支持的资助。

SSE-CMM 是由一些在开发安全产品、系统和提供安全服务方面有长期成功经验的公司合作开发的。关键评审者是从大量具有安全工程专业背景的专家中选出的,这些专业背景对模型的作者经验是一个补充。

3.2.2 系统安全工程过程

SSE-CMM 将系统安全工程过程划分为风险过程(Risk Process)、工程过程(Engineering Process)和保证过程(Assurance Process)三个基本的过程区(见图 3-3)。它们相互独立,但又有着有机的联系。粗略地说来,风险过程识别出所开发的产品或系统的危险,并对这些危险进行优先级排序。针对危险所面临的安全问题,系统安全工程过程要与其他工程一起来确定和实施解决方案。最后,由安全保证过程建立起解决方案的可信性并向用户转达这种安全可信性。

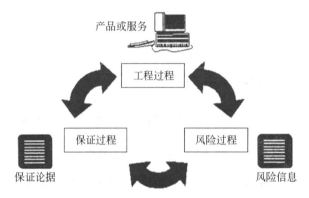

图 3-3   系统安全工程过程的组成部分

总的来说,这三个过程共同实现了系统安全工程过程结果所要达到的安全目标。

1. 风险

系统安全工程的一个主要目标是降低风险。风险就是有害事件发生的可能性及其危害后果。出现不确定因素的可能性取决于各个系统的具体情况,这就意味着这种可能性仅可能在某些限制条件下才可预测。此外,对一种具体风险的影响进行评估,必须要考虑各种不确定因素。因此大多数因素是不能被综合起来准确预报的。在很多情况下,不确定因素的影响是很大的,这就使得对安全的规划和判断变得非常困难。

一个有害事件由威胁、脆弱性和影响三个部分组成。脆弱性包括可被威胁利用的资产性质。如果不存在脆弱性和威胁,则不存在有害事件,也就不存在风险。风险管理是调查和量化风险的过程,并建立组织对风险的承受级别,它是安全管理的一个重要部分。风险管理过程如图 3-4 所示。

安全措施的实施可以减轻风险。安全措施可针对威胁和脆弱性自身。但无论如何,不可能消除所有威胁或根除某个具体威胁,这主要是考虑到消除风险所需的代价,以及与风险相关的各种不确定性,因此,必须接受残留的风险。在存在很大不确定性的情况下,由于风险度量不精确的本质特征,在怎样的程度上接受它才是恰当的,往往会成为很大的

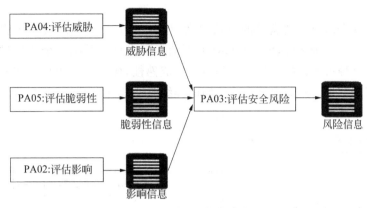

图 3-4　风险管理过程

问题。SSE-CMM 过程区包括实施组织对威胁、脆弱性、影响和相关风险进行分析的活动保证。

2. 工程

系统安全工程与其他工程活动一样,是一个包括概念、设计、实现、测试、部署、运行、维护、退出的完整过程(见图 3-5)。在这个过程中,系统安全工程的实施必须紧密地与其他系统工程组进行合作。SSE-CMM 强调系统安全工程师是一个大项目队伍中的组成部分,需要与其他科目工程师的活动相互协调。这将有助于保证安全成为一个大项目过程中一个部分,而不是一个分离的独立部分。

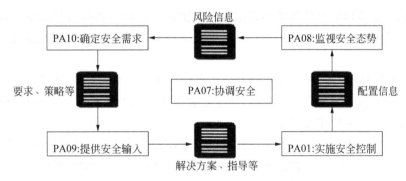

图 3-5　系统安全工程过程

使用上面所描述的风险管理过程的信息和关于系统需求、相关法律、政策的其他信息,系统安全工程师就可以与用户一起来识别安全需求。一旦需求被识别,系统安全工程师就可以识别和跟踪特定的安全需求了。

对于安全问题,创建安全解决方案一般先识别可能选择的方案,然后评估决定哪一种更可能被接受。将这个活动与工程过程的其他活动相结合的困难之处,是解决方案不能只考虑安全问题,还需要考虑其他因素,例如成本、性能、技术风险、使用的简易性等。

在生命期后面的阶段,还要求系统安全工程师适当地配置产品和系统以确保新的风险不会造成系统在不安全的状态下运行。

3. 保证

保证是指安全需求得到满足的可信程度(见图 3-6),它是系统安全工程非常重要的产品。保证的形式多种多样,SSE-CMM 的可信程度来自于系统安全工程过程可重复性的结果质量。这种可信性的基础是工程组织的成熟性,成熟的组织比不成熟的组织更可能产生出重复的结果。不同保证形式之间的详细关系是目前正在研究的课题。

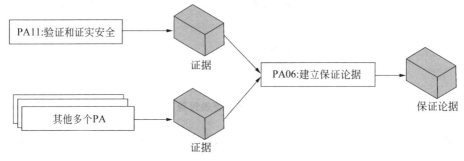

图 3-6　保证过程

安全保证并不能增加任何额外的对安全相关风险的抗拒能力,但它能为减少预期安全风险提供信心。安全保证也可看作是安全措施按照需求运行的信心。这种信心来自于措施及其部署的正确性和有效性。正确性保证了安全措施按设计实现了需求,有效性则保证了提供的安全措施可充分地满足用户的安全需求。安全机制的强度也会发挥作用,但其作用却受到保护级别和安全保证程度的制约。

安全保证通常以安全论据的形式出现。安全论据包括一系列具有系统特性的需求。这些需求都要有证据来支持。证据在系统安全工程活动的正常过程期间获得,并被记录在文档中。

SSE-CMM 活动本身涉及与安全相关证据的产生。例如,过程文件能够表示开发是遵循一个充分定义的成熟度工程过程,这个过程须加以持续改进。安全验证和证实在建立一个可信产品或系统中起到主要作用。

过程区中的许多典型工作产品可作为证据或证据的一部分。现代统计过程控制理论表明,如果注重产品的生产过程,则可用较低的成本重复地生产出较高质量和有安全保证的产品。工程组织实施活动的成熟能力将会对这个过程产生影响和提供帮助。

3.2.3　SSE-CMM 的主要概念

在描述系统安全工程能力成熟度模型体系结构之前,先介绍一些该模型中最主要也是最重要的术语以及它们在该模型中的含义。

1. 组织和项目

组织和项目这两个术语在 SSE-CMM 中使用的目的在于区分组织结构的不同方面。其他结构的术语如"项目组"也存在于商务实体中,但缺乏在所有商务组织共同可接受的术语。之所以选择这两个术语,是由于大多数期望使用 SSE-CMM 的人们都在使用并理解它们。

　　组织就 SSE-CMM 而言,被定义为:公司内部的单位、整个公司或其他实体(如政府机构或服务分支机构)。在组织中存在许多项目并作为一个整体加以管理,组织内的所有项目一般遵循上层管理的公共策略,一个组织机构可能由同一地方分布的或地理上分布的项目与支持基础设施所组成。

　　术语"组织"的使用意味着一个支持共同战略、商务和过程相关功能的基础设施。为了产品的生产、交付、支持及营销活动的有效性,必须存在一个基础设施并对其加以维护。

　　项目是各种实施活动和资源的总和,这些实施活动和资源用于开发或维护一个特定的产品或提供一种服务。产品可能包括硬件、软件及其他部件。一个项目往往有自己的资金、成本账目和交付时间表。为了生产产品或提供服务,一个项目可以组成自己专门的组织,或由组织建立成一个项目组、特别工作组或其他实体。

　　在 SSE-CMM 的域中,过程区划分为工程、项目和组织三类。组织类与项目类的区分是基于典型的所有权。SSE-CMM 的项目是针对一个特定的产品,而组织结构拥有一个或多个项目。

2. 系统

　　在 SSE-CMM 中,系统是指提供某种能力用以满足一种需要或目标的人员、产品、服务和过程的综合。

　　事物或部件的汇集形成了一个复杂或单一整体(即一个用来完成一个特定或一组功能组件的集合)。功能相关的元素相互组合。

　　一个系统可以是一个硬件产品、硬软件组合产品、软件产品或是一种服务。在整个模型中,术语"系统"的使用是指需要提交给顾客或用户产品的总和。当说某个产品是一个系统时,意味着必须以规范化和系统化的方式对待产品的所有组成元素及接口,以便满足商务实体开发产品的成本、进度及性能(包括安全)的整体目标。

3. 工作产品

　　SSE-CMM 中的工作产品(Work Product)是指在执行任何过程中产生出的所有文档、报告、文件、数据等。SSE-CMM 不是为每一个过程区列出各自工作产品,而是按特定的基本实施列出其"典型的工作产品",其目的在于对所需的基本实施范围做进一步定义。列举的工作产品只是说明性的,目的在于反映组织机构和产品的范围。这些典型的工作产品不是"强制"的产品。

4. 顾客

　　顾客是为其提供产品开发或服务的个人或实体组织,顾客也包括使用产品和服务的个人和实体组织。SSE-CMM 涉及的顾客可以是经商议的或未经商议的。经商议是指依据合同来开发基于顾客规格的一个或一组特定的产品;未经商议是指市场驱动的,即市场真正的或潜在的需求。一个顾客代理如面向市场或产品代理也代表一种顾客。

　　为了语法上表述的方便,SSE-CMM 在大多数场合下顾客使用单数。然而,SSE-CMM 并不排除多个顾客的情况。

　　注意在 SSE-CMM 环境中,使用产品或服务的个人或实体也属于顾客的范畴。这是和经商议的顾客相关的,因为获得产品和服务的个人和实体并不总是使用这些产品或服务的个人或实体。SSE-CMM 中术语"顾客"的概念和使用是为了识别安全工程功能的职责,这样需要包括使用者这样的全面顾客概念。

5. 过程

一个过程(Process)是指为了达到某一给定目标而执行的一系列活动,这些活动可以重复、递归和并发地执行。有的活动将输入工作产品转换为输出工作产品提供给其他活动。输入工作产品和资源的可用性以及管理控制制约着允许的活动执行顺序。

从"过程"派生出来的有关术语有"充分定义的过程""已定义过程"和"执行过程"。

充分定义的过程包括对每个活动的定义、每个活动输入的定义和控制活动执行机制的定义。

已定义过程就是被组织正式描述的过程,也是该组织在其安全工程中要使用的过程。这个描述可以包含在文档或过程资产库中。

执行过程是安全工程师们实际在执行中的过程,它指明安全工程师实际在做什么。

6. 过程区

一个过程区(Process Area,PA)是一组相关安全工程过程的性质,当这些性质全部实施后则能够达到过程区定义的目的。

一个过程区由基本实施(Base Practices,BP)组成。这些基本实施是安全工程过程中必须存在的性质,只有当所有这些性质完全实现后,才可说满足了这个过程区规定的目标。

SSE-CMM 包含三类过程区:工程、项目和组织三类。组织类与项目类过程区的差别仅仅是所有权的不同,项目过程区只针对一个特定的产品,而组织过程区则含有一个或多个项目。

7. 角色独立性

SSE-CMM 过程区是实施活动组,当把它们结合在一起时,会达到一个共同目的。但实施组合的概念并不意味着一个过程的所有基本实施必须由一个个体或角色来完成。所有的基本实施均以动-宾格式构造(即没有特定的主语),以便尽可能减少一个特定的基本活动属于一个特定的角色的理解。这种描述方式可支持模型在整个组织环境中广泛地应用。

8. 过程能力

过程能力(Process Capability)是通过跟踪一个过程能达到期望结果的可量化范围。SSE-CMM 评定方法(SSAM)是基于统计过程控制的概念,这个概念定义了过程能力的应用。SSAM 可用于项目或组织内每个过程区能力级别的确定。SSE-CMM 的能力维为域维中安全工程能力的改进提供了指南。

一个组织的过程能力可帮助组织预见项目达到目标的能力。位于低能力级组织的项目在达到预定的成本、进度、功能和质量目标上会有很大的变化,而位于高能力组织的项目则完全相反。

9. 制度化

制度化是建立方法、实施和步骤的基础设施和组织文化。即使最初定义的人已离开,制度化仍会存在。SSE-CMM 的过程能力维通过提供实施活动、量化管理和持续改进的途径支持制度化。按照这种方式,SSE-CMM 声称组织明确地支持过程定义、管理和改进。制度化提供了通过完善的安全工程性质获得最大益处的途径。

10. 过程管理

过程管理是一系列用于预见、评价和控制过程执行的活动和基础设施。过程管理意味着过程已定义好(因为无人能够预见或控制未加定义的东西)。注重过程管理的含义是项目或组织须在计划、执行、评价、监控和校正活动中既考虑产品相关因素,也要考虑过程相关因素。

11. 能力成熟模型

一个像 SSE-CMM 这样的能力成熟模型(CMM),当过程定义、实现和改进时,描述了过程进步的阶段。CMM 模型通过确定当前特定过程的能力和在一个特定域中识别出最关键的质量和过程改进问题,来指导选择过程改进策略。一个 CMM 可以以参考模型的形式来指导开发和改进成熟的和已定义的过程。

一个 CMM 也可用来评定已定义的过程的存在性和制度化,该过程执行了相关实施。一个能力成熟模型覆盖了所有用以执行特定域(如安全工程)任务的过程。一个 CMM 也可用以覆盖确保有效的开发和人力资源使用的过程,以及产品及工具引入适当的技术来加以生产的过程。

3.3　SSE-CMM 的体系结构

SSE-CMM 体系结构的设计可在整个安全工程范围内决定安全工程组织的成熟性。这个体系结构的目标是清晰地从管理和制度化特征中分离出安全工程的基本特征。为了保证这种分离,该模型采用二维设计,其中的一维被称为"域(Domain)",而另一维被称为"能力(Capability)"。

值得指出的是,SSE-CMM 并不意味着在一个组织中的任何项目组或角色必须执行这个模型中所描述的任何过程,也不要求使用最新的和最好的安全工程技术和方法论。然而,这个模型要求一个组织要有一个适当过程,这个过程应包括这个模型中所描述的基本安全实施。组织可以任何方式创建符合他们业务目标的过程以及组织结构。

SSE-CMM 也并不意味着执行通用实施的专门要求。一个组织一般可随意以他们所选择的方式和次序来计划、跟踪、定义、控制和改进其过程。然而,由于一些较高级别的通用实施依赖于较低级别的通用实施,因此组织在试图达到较高级别之前,应首先实现较低级别通用实施。

3.3.1　基本模型

域维或许是两个维中较容易理解的,这一维仅仅是汇集了定义安全工程的所有实施活动,这些实施活动称为"过程区"。

能力维代表组织能力,这一维由过程管理和制度化能力构成。这些实施活动被称作"公共特性",可在广泛的域中应用。执行一个公共特性是一个组织能力的标志。

通过设置这两个相互依赖的维,SSE-CMM 在各个能力级别上覆盖了整个安全活动范围。

　　例如,在图 3-7 中,"评估脆弱性"过程区(PA05)显示在横坐标中,它代表了所有涉及安全脆弱性评估的实施活动。这些实施活动是安全风险过程的一部分。"跟踪执行"公共特性显示在纵坐标上,代表了一组涉及测量的实施活动。这些测量相对于可用计划的过程实施活动。

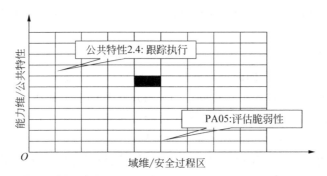

图 3-7　执行每一个过程区的组织能力模型

　　因此安全过程区和公共特性的交叉点表示组织跟踪执行脆弱性评估过程的能力。图中每一个方框表示一个组织执行一些安全工程过程的能力。

　　通过按这个方式收集安全组织的信息,可建立执行安全工程能力的能力轮廓。

3.3.2　域维/安全过程区

　　SSE-CMM 包括 6 个基本实施,这些基本实施被组织成 11 个安全工程过程区,这些过程区覆盖了安全工程所有主要领域。安全过程区的设计是为了满足安全工程组织广泛的需求。划分安全工程过程区的方法有许多种,典型的做法之一就是将实际的安全工程服务模型化,即原型法,以此创建与安全工程服务相一致的过程区。其他的方法可以是识别概念域,它们将识别的这些域形成相应的基本安全工程构件模块。SSE-CMM 当前的过程区集合是这些执行目标竞争比较的折中。

　　每一个过程区包括一组表示组织成功执行过程区的目标。每一个过程区也包括一组集成的基本实施(Base Practice,BP)。基本实施定义了获得过程区目标的必要步骤。一个过程区:

- 汇集一个域中的相关活动,以便于使用;
- 是有关有价值的安全工程服务;
- 可在整个组织生命期中应用;
- 能在多个组织和多个产品范围内实现;
- 能作为一个独立过程进行改进;
- 能够由类似过程兴趣组进行改进;
- 包括所有需要满足过程区目标的 BP。

　　由于一些本质相同的活动有不同的名字,因此识别安全工程的 BP 变得很复杂。一些识别 BP 的活动是在生命期后期进行的,在不同抽象层次或由不同角色的个人来执行。SSE-CMM 忽略这些差别,只是识别基本的、好的安全工程所需的实施集。

因此,如果一个组织仅仅在设计阶段或在单一抽象层上工作,则不执行 BP。

基本实施的特性包括:

- 应用于整个企业生命期;
- 和其他 BP 互相不覆盖;
- 代表安全业界"最好的实施";
- 不是简单地反映当前技术;
- 可在业务环境下以多种方法使用;
- 不指定特定的方法或工具。

1. 安全工程过程

安全工程过程是信息安全服务能力最核心的部分,体现了一个服务提供组织的技术水平和信息安全工程的实力。SSE-CMM 共有 11 个安全工程过程。

(1) 管理安全控制。其目的在于保证集成到系统设计中预期的系统安全性确实由最终系统在运行状态下达到。包括四个方面:明确安全职责、管理安全配置、管理培训教材、管理安全服务及控制机制。

(2) 评估影响。目的在于识别对系统有关的影响,并对发生影响的可能性进行评估。影响可能是有形的,也可能是无形的。应对影响系统的因素进行优先级排序并实时监控影响的变化。

(3) 评估安全风险。识别某一给定环境中涉及对某一系统有依赖关系的安全风险,评估暴露的风险,对风险进行优先级排序并监视风险的变化特征。

(4) 评估威胁。目的是对系统安全的威胁和特征进行识别并标识,评估威胁的影响,并监视威胁的特征变化。

SSE-CMM 将安全工程的公共特征分为五个能力级别,表示依次递增的组织能力。

(5) 评估脆弱性。本过程首先要识别脆弱性,收集相关证据,然后评估各种脆弱性对系统的影响,进而监视脆弱性的特征变化趋势。

(6) 建立保证论据。本过程包括确定保证目标、定义保证策略、提供保证证据、控制保证论据等多个方面。

(7) 协调安全。目的在于保证所有相关方都有参与安全工程的意识。这种协调工作涉及保证所有相关组织之间的开放式交流和沟通。

(8) 监视安全态势。目的在于识别出所有已发生和可能发生的安全违规,监视可能影响系统安全的内、外环境因素。

(9) 提供安全输入。目的在于为系统的策划者、设计者、实施者或用户提供所需的安全信息。这些信息包括安全体系结构、安全设计和安全实施多个方面。

(10) 指定安全要求。目的在于明确地识别出与系统安全相关的要求,包括顾客的要求、法律法规的要求等,并最终达成安全协议。

(11) 验证和证实安全性。目的在于确保解决安全问题的办法已得到验证和证实。应该确定目标、选择方法、收集证据、执行验证并得到结论。

SSE-CMM 还包括 11 个与项目和组织实施有关的过程区,这些过程区是从 SE-CMM

修改过来的。项目和组织管理过程是实现安全工程过程必不可少的保证措施。

2. 项目和组织管理过程

（1）质量保证。它不仅指工作产品的质量，而且也包含系统工程过程的质量。应确保全员参与并及时采取纠正措施和预防措施。

（2）管理配置。目的是维持已确定的配置单元的数据和状况，并对系统及其配置单元的变化进行分析和控制。管理系统配置包括为开发者和客户提供准确的和当前的配置数据和状况。

（3）管理项目风险。管理项目风险的目的是标识、评估、监视和降低风险。此过程要贯穿整个工程生命周期，其范围包括系统工程活动和全部技术项目活动。

（4）监控技术活动。此过程将根据项目策划、承诺和计划的文档来指导、跟踪和复查项目的完成情况、结果和风险，必要时采取适当的修正行为。

（5）规划技术活动。目的是根据项目特点建立项目实施计划，这些计划能为组织开展技术活动提供指导和参考。

（6）定义系统工程过程。目的是创建和管理组织的标准系统工程过程，这些过程允许根据具体系统工程情况做出适当的裁减。

（7）改进系统工程过程。在特定的工程环境下，根据组织对过程的理解确定改进目标并付诸实施。

（8）产品持续改进。目的是通过引进服务、设备和新技术以达到产品、费用、进度和执行的最佳收益。

（9）管理系统工程支持环境。目的是为开发产品和执行过程提供所需的技术环境。该环境可裁减、可维护、可更新、可监视、可改进。

（10）提供不断发展的技能和知识。目的在于确保组织内拥有必要的知识和技能来达到组织的目标。此过程可以通过在组织内进行培训，也可以及时地从外部来源中获得知识实现。

（11）与供应商协调。目的是识别组织的需求，并采取适当的措施评价，选择合格的供应商。供应商可以是销售商、分包商、合伙人等。协调的内容可以是交付件的质量、期限等其他合同要求。

3.3.3 能力维/公共特性

通用实施（Generic Practices，GP）由被称为"公共特性"的逻辑域组成，公共特性分为五个级别，依次表示增强的组织能力。

与域维基本实施不同的是，能力维的通用实施按其成熟性排序，因此高级别的通用实施位于能力维的高端。

公共特性设计的目的是描述在执行工作过程（此处即为安全工程域）中组织特征方式的主要变化。每一个公共特性包括一个或多个通用实施。通用实施可应用到每一个过程区（SSE-CMM 应用范畴），但第一个公共特性"执行基本实施"例外。

其余公共特性中的通用实施可帮助确定项目管理好坏的程度，并可将每一个过程区作为一个整体加以改进。通用实施按执行安全工程的组织特征方式分组，以突出主要点。

下面的公共特性表示了为取得每一个级别需满足的成熟的安全工程特性。

- 执行基本实施；
- 规划执行；
- 规范化执行；
- 确认执行；
- 跟踪执行；
- 定义标准过程；
- 执行定义的过程；
- 协调过程；
- 建立可测量的质量目标；
- 客观地管理执行；
- 改进组织范围能力；
- 改进过程有效性。

3.3.4　能力级别

将通用实施划分为公共特性，将公共特性划分为能力级别有多种方法。下面讨论涉及的这些公共特性。

公共特性的排序得益于对现有其他安全实施的实现和制度化，特别是当实施活动有效建立时尤其如此。在一个组织能够明确地定义、裁剪和有效使用一个过程前，单独执行的项目应该获得一些过程执行方面的管理经验。例如，一个组织应首先尝试对一个项目规模评估过程后，再将其规定为这个组织的过程规范。有时，当把过程的实施和制度化放在一起考虑可以增强能力时，则无须要求严格地进行前后排序。

公共特性和能力级别无论在评估一个组织过程能力还是改进组织过程能力时，都是重要的。当评估一个组织能力时，如果这个组织只执行了一个特定级别的一个特定过程的部分公共特性，则这个组织对这个过程而言，处于这个级别的最底层。例如，在 2 级能力上，如果缺乏跟踪执行公共特性的经验和能力，那么跟踪项目的执行将会很困难。如果高级别的公共特性在一个组织中实施，但其低级别的公共特性未能实施，则这个组织不能获得该级别的所有能力带来的好处。评估组织在评估一个组织个别过程能力时，应对这种情况加以考虑。

当一个组织希望改进某个特定过程能力时，能力级别的实施活动可为实施改进的组织提供一个"能力改进路线图"。基于这一理由，SSE-CMM 的实施按公共特性进行组织，并按级别进行排序。

对每一个过程区能力级别的确定，均须执行一次评估过程。这意味着不同的过程区能够或可能存在不同的能力级别上。组织可利用这个面向过程的信息，作为侧重于这些过程改进的手段。组织改进过程活动的顺序和优先级应在业务目标里加以考虑。

业务目标表明如何使用 SSE-CMM 模型的主要驱动力，但是，对典型的改进活动也存在着基本活动次序和基本的原则。这个活动次序在 SSE-CMM 结构中通过公共特性和能力级别加以定义。

能力识别代表工程组织的成熟度级别如图 3-8 所示,其中,SSE-CMM 包含了 5 个级别。

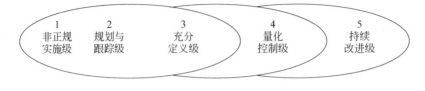

图 3-8   能力级别代表安全工程组织的成熟度级别

1 级:非正规实施级

这个级别着重于一个组织或项目只是执行了包含基本实施的过程。这个级别的能力特点可以描述为:"必须首先做它,然后才能管理它。"

2 级:规划和跟踪级

这个级别着重于项目层面的定义、规划和执行问题。这个级别的能力特点可描述为:"在定义组织层面的过程之前,先要弄清楚与项目相关的事项。"

3 级:充分定义级

这个级别着重于规范化地裁剪组织层面的过程定义。这个级别的能力特点可描述为:"用项目中学到的最好的东西来定义组织层面的过程。"

4 级:量化控制级

这个级别着重于测量。测量是与组织业务目标紧密联系在一起的。尽管在以前的级别上,也把数据收集和采用项目测量作为基本活动,但只有到达高级别时,数据才能在组织层面上被应用。这个级别的能力特点可以描述为:"只有知道它是什么,才能测量它"和"当被测量的对象正确时,基于测量的管理才有意义"。

5 级:持续改进级

这个级别从前面各级的所有管理活动中获得发展的力量,并通过加强组织的文明保持这种力量。这一方法强调文明的转变,这种转变又将使方法更有效。这个级别的特点可以描述为:"持续性改进的文明需要以完备的管理实施、已定义的过程和可测量的目标作为基础。"

3.3.5   体系结构的组成

上节已经简单地介绍了域维和能力维中的实施活动,现在来描述它们怎么组成模型体系结构以及能力轮廓。

体系结构的横坐标为过程区(即域维)、纵坐标为能力级别(即能力维),这是一个平面坐标系,如图 3-9 所示。

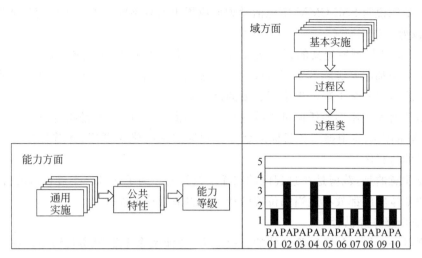

图 3-9　体系结构图

图 3-9 右下角小图为某个组织的能力轮廓。这个小图中纵坐标体现了能力的 5 个级别,横坐标中包含了 10 个过程区。这个能力轮廓说明了这个组织的能力并不成熟,它有 4 个过程区只有 1 级,PA03 过程区根本没有实施,过程区中执行较好的只有 PA02、PA04 和 PA08,为能力级别 3。

3.4　SSE-CMM 应用

3.4.1　SSE-CMM 应用方式

SSE-CMM 提供了一套业界范围内(包括政府及工业)的标准度量体系,其目的在于建立和促进安全工程成为一种成熟的、可度量的科目。SSE-CMM 模型及评定方法确保了安全是处理硬件、软件、系统和组织安全问题的工程实施活动后得到的一个完整结果。该模型定义了一个安全工程过程应有的特征。这个安全工程对于任何工程活动均是清晰定义的、可管理的、可测量的、可控制的并且有效的。

1. SSE-CMM 适用范围

有各类组织从事安全工程的人员,其中包括产品开发者的人员,服务提供者的人员,系统集成者的人员,系统管理者,直至安全专家。其中部分组织处理高层问题(如与处理运行使用或系统体系结构有关的问题),部分组织处理底层问题(如机制选择和设计),还有一部分组织涉及这两个层面。某些组织可能专长于某些特殊技术或某些特殊环境(如在海上)。

SSE-CMM 的设计可用于所有这些组织。采用 SSE-CMM 并不意味着侧重其中某一个方面,也不意味着 SSE-CMM 所有方面都需采用。组织的商务侧重点不必由于使用 SSE-CMM 而发生偏离。

根据组织关注的焦点,可采用部分而不是全部的已定义安全工程实施过程。此外,组织可能会需要了解不同实施的关系来确定实施过程的适用性。

下面举例说明 SSE-CMM 实施活动如何应用于具有不同业务焦点的组织或团体。

1）裁剪 SSE-CMM

SSE-CMM 模型所定义的元素均被认为是安全工程实施的本质要素。但是，并非所有项目或组织都需要实施 SSE-CMM 的所有过程区。因此，对于特定项目应该使用裁剪过程以去除组织安全工程过程中不必要的过程区。

使用任何参考模型的任何过程改进均应支持商务目标，而不是指导商务目标。使用 SSE-CMM 的组织应根据商务目标来划分过程区实施的优先顺序，并首先致力于改进最高优先级的过程区。

需要注意的是，裁剪是在过程区的层面上执行的。为了达到一个过程区的目标，使用把所有的基本实施都放在适当的位置的指导思想来撰写工程区。

2）安全服务提供者

为测量一个组织从事风险评估的过程能力，会涉及多个组织参与活动。在系统开发或集成期间，需要评估该组织决定与分析安全脆弱性的能力，并且评估运行的影响。在这种运行情况下，评估组织对系统安全态势监控的能力，识别并分析安全脆弱性，并评估运行的影响。

3）防范措施开发者

在一个组织以开发防范措施为主的情况下，组织的过程能力使用 SSE-CMM 的实施组合来特征化。该模型包含的实施活动有决定和分析安全脆弱性、评估操作影响和为其他组织（如软件组织）提供输入和指南。提供开发防范措施的服务组织需要理解上述实施间的关系。

4）产品开发者

SSE-CMM 包括致力于获得顾客安全要求的了解的实施。这些安全要求须通过与用户的交互来确定。当产品的开发独立于特定顾客时（顾客是泛指的），如果需要，产品的市场部或其他部门可以作为假设的顾客。安全工程的实施者认识到产品开发的环境和方法如同产品本身一样是可变化的。然而，已知一些关于产品和项目环境的问题会影响到产品的构想、生产、交付和维护。

5）特殊的工业部门

每个工业都有自身特殊的文化、术语和交流模式，为减少角色相关性和组织结构的影响，SSE-CMM 期望能容易地将其概念转化为所有工业部门自身的语言和文化。

2. 使用 SSE-CMM 进行评定

SSE-CMM 支持范围广泛的改进活动，包括自身管理评定，或由从内部、外部组织的专家进行的更强要求的内部评定。虽然 SSE-CMM 主要用于内部过程改进，但也可用于评价潜在销售商从事安全工程过程的能力。

1）SSE-CMM 评定大纲

SSE-CMM 的开发是基于如下考虑的，即安全性通常在系统工程相关环境（如大的系统集成者）中实施，也认识到安全工程服务提供者可以将安全工程作为独立的活动来实施，该活动与一个独立的系统或软件（或其他）工程活动协调，因此可识别出下述评定大纲：

- 系统工程能力评定后,SSE-CMM 评定可集中于组织的安全工程过程;
- 通过与系统工程能力评定的结合,SSE-CMM 评定可被裁剪以与 SE-CMM 集成;
- 当执行独立的系统工程能力评定时,SSE-CMM 的评定应从高于安全性的角度考虑是否存在支持安全工程的过程项目和组织基础。

2) SSE-CMM 评定方法(SSAM)

在 SSE-CMM 评定中,并不要求使用任何特殊的评定方法。然而为了在评定过程中最大限度地发挥 SSE-CMM 模型的功效,SSE-CMM 项目设计了一个评定方法。SSE-CMM 评定方法(SSAM)和进行评定的一些支持材料在"SSE-CMM 评定方法描述"文件中有全面的描述。这份文档列举了评定方法的基本前提,以提供有关如何将该模型用于评定的背景范围。

SSAM 是组织层面或项目层面的评定方法。该方法的特征是采用多重数据收集方法,从选择组织机构或选择作为评定的项目中获取过程实施方面的信息。SSAM 第一个发布版本中的确定目的为:

- 收集组织或项目内与安全工程相关实际实施的基线或基准;
- 创建或支持组织结构的多层次改进动力。

SSAM 可被剪裁以适用于组织或项目需要。SSAM 描述文档中提供了一些剪裁方面的指南。

数据收集由三方面组成:①直接反映模型的内容问卷;②一系列有组织或随机的与涉及过程实施的关键人员的会谈;③审阅生成的安全工程的证据。涉及人员无须正式任命为"安全工程师",SSE-CMM 并不要求此角色。SSE-CMM 应用于具有安全工程活动执行责任的人员。

多重反馈会议由评定参与者召开,最终是向所有参与者和发起人通报情况。简报包括被评定的不同过程区的能力级别,也包括以强弱划分优先级的集合,以支持基于组织评定目标的过程改进。

3) 决定实施安全工程过程的能力

图 3-10 中说明过程区(基本实施)和公共特征(基本实施)如何用于决定安全工程过程的过程能力。对每个过程区,可确定能力级别 0~5。

4) 为评定定义安全工程相关性

评估一个组织机构的第一步是决定该组织安全工程实施环境。安全工程可在任何工程环境下实施,尤其是系统、软件和通信工程等环境。SSE-CMM 期望适用于所有环境。环境的确定是为了决定:①哪个过程区适用于这个组织;②怎样解释过程区(如开发相对于运行环境);③哪个人员需要参与评定。

注意,SSE-CMM 不意味独立安全工程组织的存在,其目的在于针对组织中负责执行安全工程任务的人。

5) 在评定中使用结构的两个方面

建立一个组织从事安全工程过程轮廓的第一步是通过他们的执行过程,确定在组织内是否实现了基本安全工程过程(所有基本实施)。第二步是按照通用实施,考察基本实施,以评估所实现过程的管理和制度化(基本实践)情况。通过考虑基本实施和通用实施,

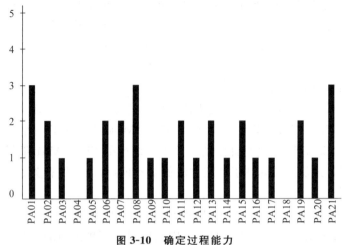

图 3-10 确定过程能力

可产生过程能力轮廓,它能够帮助组织决定适用于其商务目的最有效的过程改进活动。

一般而言,评定由针对通用实施的每一个过程区评价组织,基本实施应被视为提出主题基本方面的指南,相关的通用实施将基本实施应用于项目,牢记对每个过程区通用实施的应用将产生对主体过程区的唯一解释。

6)序列

在项目生命期执行组织过程时,许多过程区将多次被使用。当需要把一个过程区的目的结合到项目或组织的过程中时,就实施而言过程区应视为一个源。在评定中,总是记住 SSE-CMM 不意味着一个序列,序列应根据组织或项目所选择的生命期和其他商务参数决定。

SSE-CMM 模型和使用的方法(即评定方法)建议如下:

- 作为工程组织的工具,用于评价安全工程实施活动,并定义它们的改进。
- 作为顾客评价一个供应商的安全工程能力的标准机制。
- 作为安全工程评价机构(如系统认证机构、产品评定机构等)的工作基础,用于建立基于整体组织能力的信任度(这个信任度可作为系统或产品的一个安全保证要素)。

如果这个模型及其评定方法的使用者能够完全理解模型的适用范围和它固有的局限性,那么这个评定技术就可以适用于自我改进和选择供应商。

3.4.2 用 SSE-CMM 改进过程

1. 改进过程

首先是分析组织环境,组织在第一次定义过程时经常忽视许多内部的过程或产品中间的过程或产品。不过,对于一个组织在第一次定义安全工程过程时并不需要考虑所有的可能性。一个组织应通过适当的精确性来将当前的过程状态确定为基线。基线建立的过程最好在六个月到一年之间,随着时间该过程可以得到改进。

组织必须有一个稳定的基线用以决定未来的变化是否包括过程的改进,对于不实际实现的过程改进是没有意义的。在基线过程中包含当前的"延迟"和"队列"是有用的,在随后的过程改进中,这些是缩短周期的良好开端。

安全工程组织可以由工程师职责作为着眼点来定义过程。这可能包括与系统工程、软件工程、硬件工程及其他科目的接口。

设计符合组织商务要求过程的第一步,是理解当过程实现时须考虑的商务、产品和组织环境。在使用 SSE-CMM 设计过程以前,需要回答的问题是:安全工程如何在组织中实施?使用什么样的生命期作为过程框架?如何设立组织中的机构来支持项目?如何控制支持功能(如由项目或由组织)?组织中谁是管理者,谁是实施者?过程对组织的成功起着怎样的关键性作用?

显然,理解 SSE-CMM 被应用的文化和商务环境,是成功进行过程设计的关键。

然后是增加角色和结构信息,图 3-11 说明了设计一个可实行和可支持的过程,需要对 SSE-CMM 过程区和公共属性的添加因素。为了创建完善的、将来可合理改进的组织层面过程,需要考虑组织机构的环境因素。这些因素包括角色定义、组织结构、安全工程工作产品以及在 SSE-CMM 通用实施和基本实施指南下定义的生命期。

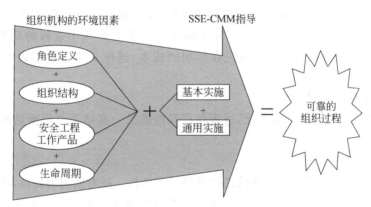

图 3-11 成功的过程设计因素

过程是为了一个指定的目标而执行的一个步骤序列。它是任务、支持工具、涉及产品和某些最终结果(如产品、系统)更新的有关人员组成的系统。由于认识到过程是产品成本、进度和质量的决定性因素之一(其他决定因素为人员和技术),因此各种各样的工程组织开始关注改进它们生产产品过程的途径。

(1)过程能力涉及一个组织的潜在能力。它是一个组织能达到的能力范围。过程性能是项目实际结果的测量,但对于一个特定的项目测量结果,有可能落入或不落入到这个范围内。以下是摘自 W. Edwards Deming《走出危机》一书的例子,这个例子说明了这些论点:"在一个制造工厂,一个经理观察到一个产品生产线的问题。他知道生产线上的人员制造了大量有缺陷的零件。他的第一个做法可以是请求工人更快更努力地工作,但他的另一个选择是收集数据并绘制次品比例图。图表显示每天的次品数量及变化是可预知的。"这个例子表明一个系统是处于统计过程的控制中。也就是说,一个特定的范围定义了能力,而且变化的限度是可预知的,存在一种稳定生产有缺陷产品的系统。这个例子表明一个处于统计过程控制的系统并不意味着次品的消失,然而,它意味着以差不多同样的方式重复工作会产生差不多同样的结果。一个重要观点是,需要建立一个过程的统计控制以确定在哪方面可以进行对缺陷的改进。许多组织已经使用各种 CMM 作为帮助他们实现统计过程控制的指南。

(2)过程成熟性表明一个特定过程被清晰定义、管理、测量、控制的程度及有效性。过程成熟性意味着能力增长潜力,并表明一个组织过程的丰富以及在整个组织应用的一致性。在《刻画软件过程:一个成熟性框架》一书中,Watts Humphrey 描述了一个软件过程成熟性框架,此框架解释了如何将 Deming 的工作成果应用到软件开发过程中。Humphrey 认为:"虽然有一些重要差异,这些适用于汽车、照相机、手表及钢铁业的概念也同样适用于软件。一个在统计控制下的软件开发过程将在预期成本、进度及质量范围内,产生期望的结果。"Humphrey 把统计过程控制的概念应用到软件过程,他描绘了过程成熟性的级别,这些级别指导组织以小的、渐增的步骤来改进他们的过程能力。这些级别构成了对 SEI(软件工程研究所)CMM 的基础。CMM 是一个框架,它用于将一个工程组织从一个特定的、组织不善、效率不高的状态,进化成高度结构化且高效的状态。使用这样一种模型是一个组织将他们的活动制约于统计过程控制下的手段,其目的在于提高他们的过程能力。通过使用软件的 CMM,许多软件组织都在成本、生产力、进度以及质量上显示了良好的结果。SSE-CMM 的开发也是基于这样的期望,即在安全工程中使用统计过程控制概念以促进在预期的成本、进度及质量范围内开发出安全系统和可信产品。

2. 期望结果

基于对软件与其他行业的对比,过程和产品改进的一些结果是可预见的。具体分析如下:

1)改进可预见性

随着组织的成熟,第一个可期待的改进是可预见性。随着能力的提高,项目目标与实际结果之间的差异将会减少。例如,处于 1 级的组织通常会很大程度地延误他们项目原始计划的交付日期,而当组织处于较高能力级别时,它应能够以较高的精确度预见项目成本和进度的结果。

2)改进可控制性

随着组织的成熟,第二个可期待的改进是可控制性。随着过程能力的提高,增加的结果将被用于建立更准确的修订目标。对不同的修正活动的评估可基于当前过程经验和其他项目过程结果,以便选择最好的控制测量应用。因此,具有高能力级别的组织将在可接受的范围内,更有效地控制性能。

3)改进过程有效性

随着组织的成熟,第三个可期待的改进是过程有效性。目标结果随着组织成熟性的提高而改进。随着组织逐渐成熟,产品开发成本降低,开发时间缩短,生产率和质量提高。低级组织由于有大量为纠正错误而重做的工作,因此开发时间会变长。相反,较高成熟级别的组织通过增加过程的有效性和减少昂贵的重复工作,可缩短整个开发时间。

3. 常见误解

下面列举一些常见的使用 CMM 模型的错误观点。

1) CMM 定义了工程过程

一个通常的错误概念是 CMM 只定义了一个特殊的过程。而实际上 CMM 对于组织机构而言是一个如何定义的过程,是如何随着时间不断改进所定义的过程的指南。无论执行什么特殊的过程都可使用这个指南。对于过程定义、过程管理监控及组织机构的过程改进,CMM 给出了什么活动是必须执行的,而不是精确地指定这些特定的活动应如何执行。

面向特定科目 CMM(如 SSE-CMM)要求执行某些基本的过程活动。这些基本的过程活动是科目中一个部分,但这些模型并不精确地指定这些工程活动应如何执行。

CMM 内在基本哲学思想是让工程组织开发、改进对他们最有效的工程过程。这基于一种能力,即在整个组织内定义、文档化、管理和标准化这些工程过程。这个哲学思想并不注重任何特定的开发生命期、组织结构或工程技术。

2) CMM 是手册或培训指南

CMM 目的在于为组织机构改进他们所执行的特定过程能力(如安全工程)提供一个指南,而不是用来帮助个人改进他们特定的工程技巧的手册或培训指南。CMM 的目标是通过采纳 CMM 中描述的思想和使用 CMM 中定义的技术指南,来达到组织机构对工程过程的定义和改进。

3) SSE-CMM 是产品评价的替代

用 CMM 来评价组织级别来代替产品的评估或系统认证是不太可能的。但是,CMM 模型无疑能够采取由第三方对 CMM 评价认为脆弱的方面进行分析。在统计过程控制下的过程并不意味着没有缺陷,而是缺陷是可预见的。因此,抽取一些产品作为样本进行分析仍是必要的。

任何期望通过使用 SSE-CMM 而获益,都是基于使用软件 SEE-CMM 经验的理解。为了能使得 SSE-CMM 起到评价与认证的作用,安全工程业界需要就安全工程中成熟性的含义达成共识。如同软件的 SEI CMM,当 SSE-CMM 在业界继续使用时,评价与认证须不断地研究。

4) 需要太多的文档

当阅读一种 CMM 时,很容易被过多的隐含过程及计划所淹没。CMM 模型包括要求对过程和步骤的文档化并要求保证执行文档化的过程和步骤。CMM 模型要求一些过程、计划以及其他类型的文档,但它并没有明确要求文档的数量或文档的类型。一个简单的安全计划可能适合许多过程区的需要。CMM 模型仅仅指明必须文档化的信息类型。

4. 获得安全保证

SSE-CMM 设计用于衡量和帮助提高一个安全工程组织的能力,但是否可用于提高该组织所开发的系统或产品的安全保证呢?

1) SSE-CMM 项目保证目标

SSE-CMM 项目中的三个目标相对于顾客要求而言特别重要:

- 为将顾客安全要求转化为安全工程提供可测量并可改进的方法,以有效地生产出满足顾客要求的产品;
- 为不需要正式安全保证的顾客提供了一个可选择的方法。正式安全保证一般通

过全面的评价、认证和认可活动来实现;

- 为顾客获得其安全要求被充分满足的信心提供一个标准。

对顾客的安全功能和安全保证要求的精确记录、理解并转化为系统的安全和安全保证需求至关重要。一旦生产出最终产品,用户必须能够检验其是否反映和满足了他们的要求。SSE-CMM 特别包括实现这些目标的过程。

　　2) 过程证据的角色

不成熟的组织可能会生产出高安全保证的产品,一个非常成熟的组织可能由于市场不支持高成本的高安全保证产品而决定生产低安全保证的产品。

无法依据广泛多样的关于产品或系统满足顾客的安全要求的声明和证据而为安全工程提供保证。组织的 SSE-CMM 表示产品或系统的生命期遵循特定的过程,这种"过程证据"可被用于证明产品的可信度。

某些类型的证据较另一些证据可更清晰地建立它们支持的声明。与其他类型的证据相比较时,过程证据常常作为支持性的和间接的角色。但是,过程证据可作为广泛和多样论据,因而其重要性不可低估。进一步说,一些传统形式的证据和这些证据支持的声明之间的关系也并非如其所说的那样有力,关键在于为产品和系统建立一个综合的论据体系,以确信为什么这些产品和系统是充分可信的。

至少,成熟组织更可能在同等时间和资金的条件下,生产出适当安全保证程度的产品。成熟组织也更可能更早地识别安全问题,避免在发现问题后的实际解决方案不切实际时,牺牲安全保证要求,将安全需求同其他需求一样看待,可使作为组织过程整体部分来执行的可能性大大增加。

3.4.3　使用 SSE-CMM 的一般步骤

任何一个过程改进的启动都需要一个系统的方法以理解组织内这些过程的角色。SSE-CMM 模型提供了一个框架,通过该框架可以理解安全的重要性和不断改进安全相关的过程。下面的几个步骤是作为 SSE-CMM 的"用户指南"来设计的,它提供一个结构化的方法给感兴趣的任何组织的组成部分或实施安全工程的某些方面。这几个步骤概述如下:

过程自身的改进和过程改进的本身是一个持续的生命期策略,这个生命期由五个主要的阶段构成。这五个阶段包括:识别、承诺、分析、待补充、实现和再评价。此外,支持性管理成分贯穿于所有各个阶段。

1. 启动

任何过程改进活动的第一步是明白为什么要这样做。在安全工程情况下,促进因素可能是来自于潜在客户对安全过程能力的具体级别的要求,可能是顾客需要安全产品能够反映和满足他们要求的保证,也可能仅仅是安全工程师厌恶在最后时刻要求其将安全引入已存在的产品而不是将这项工作作为整个开发生命期的一个整体部分,或者还有大量的其他原因。无论哪种情况,按照安全要求正确地理解检查过程的目的,对任何开发或改进都是至关重要的。

实施启动的商务环境越复杂,要求过程作为一个整体的承诺越强烈。如果商务目标或利益能与安全过程的开发或改进会相结合,则管理层对改进会有更大的支持。正如以前所述,管理在过程的检查和实施中将起到核心的作用。特别在这个模型中,管理在启动阶段的支持将为整个过程改进活动确定基调。

在第一阶段活动安排和管理安排确立后,组织必须配置一个机构来管理应用 SSE-CMM 模型的复杂问题。该机制的规模、结构和状况的特殊性将依特定组织的需求不同而不同,但这个机构要负责文档化工作并负责明确改进所期待的目标。

第一阶段是开发/改进生命期后面阶段的基础。如果不执行这个阶段,则很可能忽略一些重要问题从而导致该模型无效或不当的使用。

2. 诊断

过程改进(包括从没有过程到创建过程)基于组织当前状况和对所期望的结果的理解。为了进行改进活动,需要对当前状况做某种形式的分析。通过系统安全工程可感觉到应用 SSE-CMM 模型或者评定是获得 SSE-CMM 项目的最佳方法。虽然没有为 SSE-CMM 的评定规定特殊方法,但 SSAM 是一种由"项目"开发出的最有效的模型(SSE-CMM)设计出来的评定方法,是可用的。无论采用哪种方法论,所有参与者都应该熟悉用于获得组织当前状态的过程。

理解组织所处的安全过程后,须提出如何改进的建议。一般情况下,这将由一个小组来完成,这个小组成员具备关于安全工程、安全分析和实现相关的专业技能、知识和经验。这些专家的建议和忠告通常对管理者继续改进的决策起很大的作用,因而对人员选择应该非常小心并且考虑对 SSE-CMM 知识的掌握和熟悉程度。

3. 评价

分析阶段在本质上是组织的安全过程的基准,在此阶段之后,必须对所推荐的改进提出接收和实现的计划。这些计划必须包括设定优先级、开发实现方法以及过程改进实现的实际计划。

设定优先级时必须考虑资源限制(项目费用)、各种提议改进之间的内部依赖性(产品开发初期集成安全功能可能导致初始版本的延误),以及组织整体商务策略的关系(顾客愿意为附加的安全保证费用)。设定优先级与开发步骤或实现策略也是相互关联的。

4. 应用

在一定条件认可后,应提出详细的实现计划。此计划包括组织要求的所有成分、资源、任务、里程碑等。

该阶段适当的管理对第二部分生命期是关键的,尤其在优先级设定和方法确定方面。管理在裁决竞争目标和组织内部门处于最好的位置。同样,由于管理层掌握组织总体情况,因此可对商务方向不同的变化有更好的把握(例如试图完成更高的整体级别与巩固配置管理)。在计划阶段,过程改进生命期还包括分配完成计划所需要的资源。

在实际实现阶段,改进组织须将前三个阶段确立的改进投入实施,这是十分耗费时间和资源的,没有良好的计划和有力的管理支持是不可能完成的。

在这个阶段点,特定的过程改进和从建议到实际转换开始实施。这是新旧知识、技能、工具和信息的结合。需要再次指出的是,与管理的协调以确保计划的解决方案与整体商务目标结合是至关重要的,包括具有 SSE-CMM 知识的专家也被证明是关键的。

5. 学习

解决方案确定后,必须加以测试。当新的或不同的过程产生广泛的影响时,缓慢地以有组织的方式逐步实施方案是重要的。组织机构应意识到解决方案可能有未预料到的影响,第一轮的方案/过程理论上可以解决问题,但可能在实际中实现时不能够完成预想的目标,因而需要调整。记住没有"完美"的方案,但有可接受的方案。仅当调整的过程真正可接受后才可应用于到整个组织,总之,所使用的方法论不仅依赖于过程的性质而且也依赖于组织自身的性质。

在新的过程实现之后或旧的过程改进之后,组织应该将改进的过程作为整体考察,并且分析是否达到了最初的目标,代价如何,教训也应该被收集、分析和归档,以备将来的过程改进实践使用。这也是 SSE-CMM 一个必需的步骤。

必须强调安全工程是一个独特的科目,需要独特的知识、技能和过程来创建一个专用于安全工程的 CMM。这与安全工程将在系统工程方式下进行并不冲突。事实上,有明确定义和易于接受的活动可以使安全工程能够在各种情况下更有效地加以实施。

现代统计过程控制理论表明,通过强调生产过程的高质量和在过程中组织实施的成熟性可以低成本地生产出高质量产品。对于安全系统和可信产品的开发,如果增加所需的成本和时间,就可保证更有效的过程。安全系统的运行与维护也依赖于联系相关人员和技术的过程。通过强调所使用过程的质量和蕴涵在这些过程中的组织实施的成熟性,可以更低成本地管理这些相互依赖性。

3.5 系统安全工程能力评估

在 SSE-CMM 模型描述中,提供了相关原理、体系结构的全面描述,模型的高层综述,适当运用此模型的建议,包括在模型中的实施以及模型的属性描述,还包括了开发该模型的需求。SSE-CMM 评定方法部分描述了针对 SSE-CMM 来评价一个组织的安全工程能力的过程和工具。

本节讨论系统安全工程能力成熟度模型评估方法(SSE-CMM Appraisal Method,SSAM),介绍指导评估所需要的基本知识。SSAM 包括指导评估按照 SSE-CMM 定义组织机构的系统安全工程过程能力成熟程度所需要的信息和说明。

3.5.1 系统安全工程能力评估

1. 阶段划分

安全评估可分为规划(Planning)、准备(Preparation)、现场(On-site)和报告(Reporting)4 个阶段。每个阶段由多个步骤组成,而且必须在下一阶段开始之前实行,包括目的、主要参与者、持续时间、可裁剪的参数及工作结束准则。图 3-12 列出了安全评估的 4 个阶段以及每个阶段包含的主要步骤。评估过程的各个阶段如表 3-1 所示。

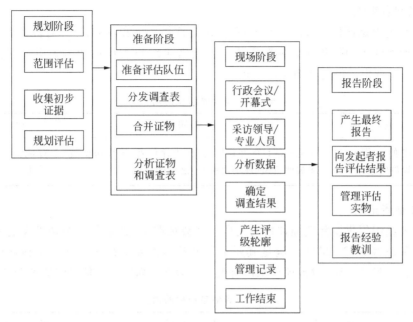

图 3-12　安全评估的 4 个阶段

表 3-1　评估过程的各个阶段

阶　段	说　　明
规划	为评估实施建立框架及为现场阶段做后勤准备
准备	为现场活动准备各评估小组及通过调查表实施数据的初步采集和分析
现场	探索初步数据分析结果,为被评实体的专业人员提供参考数据采集和证实过程的机会
报告	对在此前三个阶段中采集到的所有数据进行最终分析,并将调查结果呈送发起者

2. 安全评估的结果

安全评估的主要工作成果是调查结果简报和评估报告。调查结果简报包括评分轮廓和调查结果列表。评分轮廓表明机构每一个 PA 的能力等级;调查结果说明被评机构的强项和弱项,通常它是为发起者而开发的,但是在发起者的要求下,也可交给被评估的组织机构。评估报告只给发起者,其中包括有关每个调查结果的附加细节,以及发起者所需的调查结果暗示的问题。此外,应按照发起者的要求分发最终报告。

3. 评估参与者的角色和说明

与评估工作有关的组织为评估参与者(Participant),可以根据所起的作用分为发起者(Sponsor)、评估者(Appraiser)和被评者(Appraised)三种类型。每一个组织在确保满足评估目标中都将担任重要角色。下面列出了主要参与者、他们的资格和在评估中典型的职责。注意一个组织内的每个个体都可以履行多种职能。

对于自我评估,所有评估参与者很可能是同一实体的成员,但是为了评估的目的,他们要像来自三个独立的评估组织机构那样履行职能。当然,对实施自评感兴趣的那些组织机构也可雇用外部承办人来帮助他们。

1）发起者组织

发起者组织是评估过程的发起人,负责确定评估范围和目的、选择对被评者适用的项目以及裁剪 SSE-CMM 以满足实际需求。发起者组织也为评估者组织实施评估提供资金。表 3-2 中列出了发起者组织的角色。

表 3-2   发起者组织的角色

名　　称	说　　明	主　要　职　责	资　　格
发起者	初始化评估过程的需求	确定评估目的和目标,并作为评估者(工作协调员)和被评组织(现场协调员)之间的渠道	有能力支持评估活动

2）评估者组织

评估者组织提供实际实施评估的人员。多数情况下,评估者组织帮助发起者选择合适的项目和裁剪 SSE-CMM 以满足其要求。最基本的要求是被挑选来实施评估的人员在整个过程中保持客观、对被评组织没有偏见。表 3-3 列出了评估者组织的角色。

表 3-3   评估者组织的角色

名　　称	说　　明	主　要　职　责	资　　格
评估小组	参与评估工作的所有评估者组织的成员	分发调查表;实施采访;分析数据和证据;产生结果和评分报告	具有 SSE-CMM 知识;具有安全评估工作经验
协理	兼任评估小组的领导工作;评估小组的无表决权成员	确保评估正确地进行;与发起者组织(发起者)协调各项活动;制定评估进度表和保证评估进度	具有 SSE-CMM 专业技能;具有多年安全评估工作经验
证据保管人	保持对一系列证据的监管	确定、请求、收集、保护及处理由被评组织提供的证据	具有很强的配置管理技巧
表决成员	评估小组的决策人	鉴别和分析数据和事件;产生调查(finding)和评级(rating)报告	具有 SSE-CMM 专业技能;具有多年安全评估工作经验
观察员	评估小组的无表决权的成员	协助表决成员和协理;获得使用 SSAM 的经验	具有 SSE-CMM 知识;具有 SSAM 知识

3）被评组织

被评组织就是接受评估的实体。它可以是一个大组织机构中的一个单位,也可以是整个组织机构本身。究竟是哪一种,通常在宣布评估要求时由发起者决定,或由对有关提议进行投标的组织机构决定。表 3-4 列出了被评组织的角色。

4）人力需求

表 3-5 为一次评估的人力要求,它给出了一个完整评估(即用于三个项目的全部 SSE-CMM 过程区)对人力资源的典型需求。

表 3-4　被评组织的角色

名　称	说　明	主要职责	资　格
现场人员	被评组织中与评估工作有关的所有成员	参加简要报告会；回答采访中提问	被评组织的雇员
现场协调员	联系人	在评估过程中协调被评组织的活动；联系评估者组织（工作协调员）与发起者组织（发起者）	具有被评组织结构、功能、政策及程序方面的知识；可能的话，是作出与评估成果密切相关决定的权威
领导层	在被评组织中有高度权威的人	表示对评估的支持	有能力迫使雇员参与评估
领导层发言人	做领导层的发言人	在开幕会上向现场人员致辞	被评组织的领导层
工程主管	负责项目活动和人员	完成安全；评估调查表；回答采访中的提问	对一个已批准项目的安全工程方面的疏漏负有责任的人
专业人员	项目队伍的成员	回答采访中的提问	直接或间接；支持相关项目

表 3-5　一次评估的人力要求

评估角色	要求的人数/人	每人的小时数	角色总小时数
发起者*	1	80	80
协理	2	160	320
表决组成员	4	80	320
观测员	1	80	80
现场协调员	1	100	100
工程主管	每项目 1 人	10	30
专业人员	每项目 6 人	4	72
总　　计	30	N/A	1002

＊发起者的人力要求应视其在规划和准备评估阶段的参与程度而定。

4. 评估类型

1）为获取而评估

SSAM 的制定是为了促进由第三方实施的评估，但也包含解释自评方法的指南。具体的评估目的将随评估提出人或发起者的需求而变化，这些目的将影响被评项目的选择和评估工作成果所表达出的信息，取决于实施第三方评估的理由，包括：合同考虑的资格；有资格的卖方的独立比较分析；为监视目的对现有卖方进行评价；保证客户的需要得到理解和满足；通过了解供应商的薄弱环节，对项目风险实行管理。

2）为自身改善而评估

为自身改善而实施 SSE-CMM 评估，使组织能够洞察自身实施安全工程的能力。一般来说,为自身改善实施评估的目标包括:获得有关域问题的理解;了解新的组织实施的部署;确定组织的总体能力;确定过程改善活动的进程。

虽然评估要求对资源有实质性承诺,并承担给不可避免地被评组织带来的一定程度的干扰,但是,建立一个好的基本评估理论可以帮助发起者得到必要的合作来源和资源保证,这种基本理论也可以通过划定适当范围和规划来形成有效率的和有价值的评估成果的基础。

SSE-CMM 过程区和能力等级的选择、评估最终期限、报告结果的方式和评估中将包含的项目都会受到由发起者建立的目标影响。例如,如果一次评估的初步目标是要改善他们提供保证的能力,评估也许会把重点放在质量和证物的完备性上,而不是放在整个过程改善的实施上。

总之,无论是顾客还是供应商,都对改进安全产品、系统和服务的开发感兴趣。安全工程领域已有一些被充分接受的原则,但目前仍缺少一个易于理解的评估安全工程实施的框架。SSE-CMM 正是这样一个框架,它为安全工程原则的应用提供了一条衡量和改进的途径。

3.5.2 SSE-CMM 实施中的几个问题

1. 评估安全风险

评估安全风险的目的在于识别出一给定环境中涉及的对某一系统有依赖关系的安全风险。这一过程区着重于确定一些风险,这些风险基于对运行能力和可用资源在抗威胁方面脆弱程度的已有理解上。这一工作特别涉及对出现暴露的可能性进行识别和评估。"暴露"一词指的是可能对系统造成重大伤害的威胁、脆弱性和影响的组合。在系统生命期的任何时候都可进行这一系列活动,以便支持在一已知环境中开发、维护和运行该系统有关的决策。也就是:

- 获得对在一给定环境中运行该系统相关的安全风险的理解;
- 按照给定的方法论优先考虑风险问题。

安全风险多为将会出现不希望事件的影响的可能性,当论及与费用和进度有关的项目风险时,安全风险特别涉及对一系统的资产和能力的影响。

风险总是包括一种依赖于某一特定情况而变化的不确定因素,这就意味着安全风险只能在某一限度内被预测。此外,对某一特定风险进行的评估也会具有相关的不确定性,例如,不希望事件并不一定出现。因此,很多因素都具有不确定性,例如对与风险有关的预测的准确性就不确定,在许多情况下,这些不确定性可以很大,这就使得安全的规划和调整非常困难。

可以降低与特定情况相关的不确定性的任何措施都具有相当重要性,鉴于此,保证是重要的,因为它间接地降低了该系统的风险。

由本过程区产生的风险信息取决于来自 PA01 的威胁信息、来自 PA02 的脆弱性信息和来自 PA03 的影响信息。当涉及收集威胁、脆弱性和影响信息的活动分别组合成单独的 PA 时,它们是互相依存的。其目标在于寻找认为是足够危险的威胁、脆弱性和影响的组合,从而证明相应行动的合理性。这一信息形成了在 PA01 中定义安全需要的基础以及由 PA02 提供的安全输入。

由于风险环境要经历变化,因此必须对其进行定期监视,以保证由本过程区生成的风险理解始终得以维持。

实施清单包括:

- BP.03.01 选择用于分析、评估和比较给定环境中系统安全风险所依据的方法、技术和准则;
- BP.03.02 识别威胁/脆弱性/影响三组合(暴露);
- BP.03.03 评估与出现暴露相关的风险;
- BP.03.04 评估与该暴露风险相关的总体不确定性;
- BP.03.05 排列风险的优先顺序;
- BP.03.06 监视风险频谱及其特征的不断变化。

2. 评估威胁

评估威胁过程区的目的在于识别安全威胁及其性质和特征,也就是对系统安全的威胁进行标识和特征化。

许多方法和方法论可用于进行威胁评估,确定使用哪一种方法论的重要考虑因素是该方法论如何与被选定的风险评估过程中其他部分所使用的方法论进行衔接和工作。

本过程区产生的威胁信息与脆弱性信息和影响信息一起使用。当这些涉及收集威胁、脆弱性和影响信息的工作已组合成单独的 PA 时,它们是相互依存的,其目的在于寻找被认为是足够危险的威胁、脆弱性和影响的组合,从而证明相应行动的合理性。因此,搜索威胁就根据现有的相应脆弱性和影响进行某些延伸。

由于威胁可能发生变化,因此必须定期地对其进行监视,以保证由本过程区所产生的安全理解始终得到维持。

基本实施清单包括:

- 识别由自然因素所引起的适当威胁;
- 识别由人为因素所引起的适当威胁,偶然的或故意的;
- 识别在一特定环境中合适的测量块和适用范围;
- 评估由人为因素引起的威胁影响的能力和动机;
- 评估威胁事件出现的可能性;
- 监视威胁频谱的变化以及威胁特征的变化。

3. 评估影响

评估影响的目的在于识别对该系统有关系的影响,并对发生影响的可能性进行评估,影响可能是有形的,例如税收或财政罚款的丢失,也可能是无形的,例如声誉和信誉的损失,也就是对该系统风险的安全影响进行标识和特征化。

影响是意外事件的后果,对系统资产产生的影响,可由故意行为或偶然原因引起。这一后果可能毁灭某些资产,危及该系统,丧失机密性、完整性、可用性、可记录性、可鉴别性或可靠性。间接后果可以包括财政损失、市场份额或公司形象的损失。对影响是被允许在意外事件的结果与防止这些意外事件所需安全措施费用之间达成平衡。必须对发生意外事件的频率予以考虑,特别重要的是,即使每一次影响引起的损失并不大,但长期积累的众多意外事件的影响总和则可能造成严重损失。影响的评估是评估风险和选择安全措施的要素。

当涉及与收集威胁、脆弱性和影响信息有关的活动被综合成单个PA后,它们是相互依存的。目的在于寻找认为是有足够风险的威胁、脆弱性和影响的组合,以证明新采取的措施是合理的。因此,对影响的搜索应通过现有相应的威胁和脆弱性进行一定延伸。

由于影响要经历变化,因此必须定期进行监视,以保证由本过程区产生的理解始终得到维持。

基本实施清单包括:

- BP.02.01 对系统操纵的运行、商务或任务的影响进行识别、分析和优先级排列;
- BP.02.02 对支持系统的关键性运行能力或安全目标的系统资产进行识别和特征化;
- BP.02.03 选择用于评估的影响度量标准;
- BP.02.04 对选择的用于评估的度量标准及其转换因子(如有要求)之间的关系进行标识;
- BP.02.05 标识和特征化影响;
- BP.02.06 监视所有影响中的不断变化。

4. 管理安全控制

管理安全控制的目的在于保证集成到系统设计中已计划的系统安全确实由最终系统在运行状态下达到。其目标是恰当地配置和使用安全控制。

本过程区描述了管理和维护开发环境和运行系统的安全控制机制所需的那些活动,这个过程区有助于进一步保证在整个时间内不降低安全级别,一个新设备的控制管理应该集成到现有设备的控制中去。

基本实施清单包括:

- BP.01.01 建立安全控制的职责和责任并通知到组织中的每一个人;
- BP.01.02 管理系统控制的配置;
- BP.01.03 管理所有的用户和管理员的安全意识、培训和教育大纲;
- BP.01.04 管理安全服务及控制机制的定期维护和管理。

本 章 小 结

随着社会对信息依赖程度的增长,信息的保护变得越来越重要。安全的关注点已从维护保密的政府数据发展到更广泛的应用,如金融交易、合同协议、个人信息和因特网信息,而信息或数据的机密性、完整性、可用性、可记录性、私有性直至系统安全的保障都必须要考虑和确定。因此,系统安全工程应运而生。系统安全工程原理适用于系统和应用的开发、集成、运行、管理、维护和演变,以及产品的开发、交付和演变。国际上通常采用能力成熟度模型(Capability Maturity Model,CMM)来评估一个组织的工程能力,而SSE-CMM确定了一个评价安全工程实施的综合框架,提供了度量与改善安全工程学科应用情况的方法,也就是说,对合格的安全工程实施者的可信性,是建立在一个工程组的安全实施与过程的成熟性评估之上的。本章从 SSE-CMM 的基础出发,给出其关键概念、体系结构,分析了 SSE-CMM 的应用和系统安全工程评估方法。

习　　题

1. 什么是系统安全工程?
2. 什么是系统安全能力成熟度模型?
3. 简述系统安全的三个过程。
4. 简述 SSE-CMM 的体系结构。
5. 系统安全能力评估分哪几个阶段? 有哪些类型?
6. 什么是过程改进? 如何使用 SSE-CMM 改进过程?
7. 收集国内外有关 SSE-CMM 的最新动态。

第 4 章

信息安全工程实施

学习目标

- 了解信息安全工程对安全特性的贡献；
- 熟悉信息安全工程生命周期；
- 熟悉信息安全工程小组职责；
- 掌握信息安全工程对应的环节。

本章的目的是介绍与信息安全工程工作相关联的基本概念和各种典型活动，这些活动是一般系统工程中特殊的线程或子进程。这里概括性地描述每项活动，并不打算把它们描述到一个完整的系统工程或信息系统安全指南的深度。每一项重要功能都包含一系列高深的技术性和特殊的活动。这些活动必须由拥有足够经验和专门技能的系统工程人员和安全专业人员来指导和完成。

4.1 概　　述

信息安全工程涉及一个综合的系统工程环境中与信息系统安全工程实践有关的各个方面。

1. 信息安全工程重要性

（1）信息系统大量用于政府、国防、民用部门和个人。

（2）信息系统存在弱点和漏洞，使用者存在偶然或故意的违规操作行为，使得信息系统资源随着访问的增加而增加了被非法访问或使用的可能性。因此必须对政府、国防、民用部门和私人的信息与信息系统进行保护。处理、传输和存储信息的系统的复杂性和网络化，要求信息系统安全的方法和措施要有革命性的变化。

（3）技术的发展使得信息系统的获取方式正逐渐从专用系统向集成商用现货设备（Commercial-off-the-Shelf，COTS）和政府现货设备（Government-off-the-Shelf，GOTS）的新方向转移。在这种方式下，系统的开发、集成、部署要预先考虑费用、时间、技术诸多因素，信息系统安全专业工作者与客户、开发人员、系统集成人员密切合作就变得越来越重要。

2. 信息安全工程与系统工程关系

为了使信息系统安全具有可实现性并有效力，必须把信息系统安全集成在系统生命周期的安全工程实施过程中，并与业务需求、环境需求、项目计划、成本效益、国家和地方政策、标准、指令保持一致性。这种集成过程将产生一个信息安全工程过程,这一过程能够确认、评估、消除(或控制)已知的或假定的安全威胁可能引起的系统风险,最终得到一个可以接受的安全风险等级。在系统设计、开发和运行时,应该运用科学的和工程的原理来确认和减少系统对攻击的脆弱度或敏感性。信息安全工程并不是一个独立的过程,它依赖并支持系统工程和获取过程,而且是后者不可分割的一部分。信息安全工程过程的目标是提供一个框架,每个工程项目都可以对这个框架进行裁剪,以符合自己特定的需求。信息安全工程表现为直接与系统工程功能和事件相对应的一系列信息系统安全工程行为。

信息安全工程是系统安全工程(Systems Security Engineering,SSE)、系统工程(System Engineering,SE)和系统获取(System Acquisition,SA)在信息系统安全方面的具体体现,如图 4-1 所示。

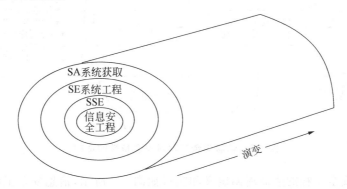

图 4-1 信息安全工程与系统获取和系统工程的集成与同步演变示意图

信息安全工程过程的目的是使信息系统安全成为系统工程和系统获取过程整体的必要部分,从而有力地保证用户目标的实现,提供有效的安全措施以满足客户的需求,将信息系统安全的安全选项集成到系统工程中,以获得最优的信息系统安全解决方案。

信息安全工程是对系统工程的一种约束,它需要逐步获得发展,并对集成的、生命期均衡的、满足客户信息系统安全需求的一系列系统产品和过程进行验证的解决方案。信息安全工程列出系统的安全风险,并使这些风险减至最少或得到控制。

下列事项说明了信息安全工程的定义和相关的信息安全工程过程:

- 业务所必需的安全需求;
- 满足客户、认可者和最终用户可接受的风险等级需求;
- 对信息安全工程进行精心的裁剪以满足客户的需求;
- 在实施时尽早把安全结合到系统工程过程中;
- 在对诸如费用、进度、适用性和有效性等的综合考虑中,平衡考虑安全风险管理和其他的信息安全工程;
- 将信息系统安全的有关选项和能力需求与其他各种限制条件同时考虑并进行折中;
- 与客户的系统工程和获取过程进行集成;
- 使用标准的系统工程和获取文档;

- 应用产品和过程的两种解决方案；
- 在现场部署之后，继续进行安全生命期的支持。

3. 信息安全工程的贡献

信息安全工程对安全特性的贡献如图 4-2 所示，信息安全工程小组参与下列活动：系统总体规划、分析和控制、要求分析、设计、开发/集成、验证、运行和对为有安全需求的系统提供生命期支持。

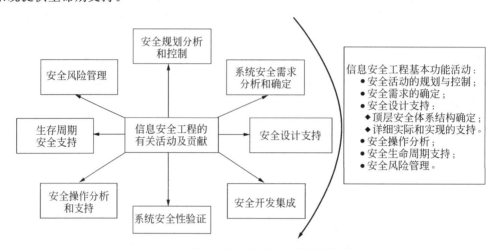

图 4-2　信息安全工程对安全特性的贡献

基本信息安全工程的生命周期定义和执行如图 4-3 所示，信息安全工程小组的活动在系统整个生命周期的每个阶段并行和反复进行。每项活动所需要的技术项目等级在不同阶段各不相同。当活动的实质涉及证明和开发出作为活动成果的信息或概念时，除生命期运行和支持活动外，多数活动在这个阶段的开始就要求付出极大的努力和巨大的资源开销。早在过程的中期阶段，信息被提炼和更新，并变换为可以实现的系统方案；过程中期阶段的前期，信息或概念得到实现、验证并证实有效之后即投入长久的运行使用；在过程中期阶段的后期，信息或概念被使用、支持，并在必要时得到修改，最后进行部署。虽然安全运行和生命周期支持活动始于过程早期和中期阶段的预期工程和获取程序级（Acquisition program-level）的工程（即对获取程序本身安全需求的支持），但是运行和生命周期支持功能的大量工作项目一般出现在后期阶段。该阶段需要进行运行部署、使用、监控、支持和为了提供合适的系统安全特性而进行有效的测试修改。

信息安全工程过程包括一系列与系统工程的各个阶段和事件相对应的安全工程功能。各种功能间的相互协调是反复运用图 4-3 的基本过程来实现的。图 4-3 中的每一竖格代表生命周期的一个阶段，每一横格代表了一个基本的信息安全工程功能。该图中两者的纵横交叉表明在系统的任一阶段，信息安全工程的任何一个功能都应考虑到。

虽然不同项目中的每一个阶段所花时间和精力可能不同，但一般统计情况是系统生命期中 85% 的时间和精力开销是在系统开发前 5% 的时间内确定的，也就是说大量的精力花在生命期开发之后，花在系统的运行和支持阶段，花在大大小小的修改当中。这些统计数字说明了系统的各种有关人员应尽早一起讨论分析贯穿系统生命期的有关问题。系

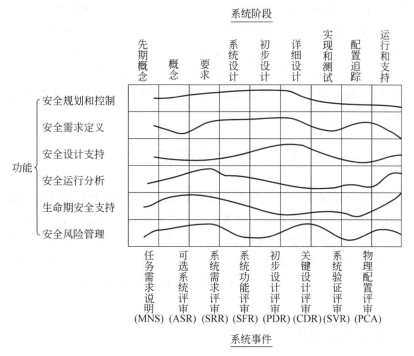

图 4-3 基本信息安全工程的生命周期定义和执行

统工程流程和信息安全工程过程的目的就是找到解决问题的工程办法。

图 4-3 的信息安全基本功能的活动包括：

- 对安全活动进行规划和控制；
- 安全需求定义；
- 安全设计支持(包括顶层体系定义和对详细设计实现的支持)；
- 安全运行分析；
- 生命期安全支持；
- 安全风险管理。

在系统获取和系统工程生命期的每一个阶段和事件中,以上活动都是并行的,同时各个活动之间是互相影响的。在系统开发的不同阶段,涉及信息安全工程过程各功能的程度也是不一样的。每个信息安全工程功能至少有以下三种模式：为功能实现作准备；实现功能；当系统发生变动时或有新情况出现时,对功能做出相应的改动。例如,图 4-3 中的安全设计支持功能,在早期阶段包括为实现系统最终目标而制订计划、制造原型机或模型、进行模拟仿真、设计可行性研究等。对安全设计支持功能而言,在早期作业以后,紧接着出现了一个作业高峰。此时大量信息安全工程过程活动是实质性的设计工作,即完成系统功能和体系的定义,包括其中的安全措施和属性。当作业高峰过去后,系统设计也就完成了,并且体现在一系列的详细实现设计当中。当系统设计成熟并进行配置后,安全设计支持功能并未停止,还要对系统进行修改更新,以使设计不断完善。图 4-3 中的安全风险管理功能有几个"峰"：如一个"峰"在系统被激活之前,与系统的安全认可有关；一个

"峰"出现在系统概念定义阶段,与规定一个各方都能接受的安全风险有关。

这些信息安全工程功能活动的输出是一些将要融入系统级文档的有关安全方面的信息,如工程管理计划、需求文件、技术评审报告、决策评审报告、设计规范、试验计划和程序等。在不断重复的安全风险评估报告中,也需要用到信息安全工程的各种功能,这样才能对过程中任何时刻的安全风险做出正确的判断。下面将对信息安全工程关键活动进行描述。

4.2　安全需求的定义

系统特有的安全需求定义一般在两个级别上给出:从用户角度给出高级操作运行需求定义和从系统开发者或集成者的工程观点提出更正式的需求规范定义。安全目标也可以在业务域定义或在商业企业/环境级别上定义,而忽略域中所包含的各个独立的子系统。本节首先评述用于一般需求定义的系统工程过程和方法,然后讨论一般的安全性特有的课题,以及与安全需求定义相关的信息安全工程活动和整个系统生命期内务活动的阶段划分问题。

4.2.1　系统需求定义概述

1. 系统级运行需求定义

在一个项目生命期的先期概念阶段,将定义和文档化与新系统能力相关联的业务(或任务)需求。一个任务是一项特殊定义的作业,它需要利用某个系统并以此支持一个或多个组织的职责。相应地,业务能力需求定义可认为是描述机构的运行作业或问题,而且这些问题通过现有能力或完全使用非技术性手段在目前是无法解决的。对于这种能力上的缺陷,MNS(Management Network System)认为最好是建立新系统并作为解决业务能力缺陷的方案。一般说来,MNS文件将由客户机构写出,而且应当在非常高的级别上用系统用户的语言来表达。一旦拟就草案,就必须由官方来正式确认MNS的有效性,而且获得资金支持,才能开始进一步的开发工作。信息安全工程小组应当知道,各个MNS在可用资源方面存在争议,并非所有的MNS都可得到批准和采用。

业务需求引导可选择系统评审(Alternate System Review,ASR)过程中开发的一些可选择系统概念。这些需求将进一步分解为正在审核中的可选择系统概念的高级系统需求。这些系统需求一般在用作选定系统的初始运行需求文件(Initial Operational Requirements Document,IORD)中用文档加以确认。在这个级别上,需求文档主要是有关功能和性能的文档,它们应该包含尽可能少的设计限制,而且应当避免将设计规范和实现规范作为一部分引入正式的运行需求集合中。

2. 系统级需求分析和规范

系统级需求分析和规范是为了确定系统每个主要功能的安全需求和其他需求,并用无歧义的可试验术语说明这些需求。这些术语能表征所需能力、操作适用性必须达到的性能级别以及必须满足的任何限制。需求分析也包括评审全套需求,以保证其完全性、识别相互依赖性和解决任何冲突,保持所获得的特殊系统规范的恰当平衡。过度规范的需求一般可导致降低灵活性、对潜在可行解决方案的排斥性、增加复杂性、较高的开发和支持费用、较低的可靠性，以及较多的定制需求和产生其他不希望有的影响。不规范的需求则可能使系统对其预期应用不可认证，或难以按合同对开发进行管理，缺少某些必要能力（规范中未具体指定或存在不希望有的属性）而导致使用受到约束和限制。

需求分析的结果将通过运行需求文档（Operational Requirements Document，ORD）进行文档化，并应该在"系统规范"中以更详细的方式文档化。"系统规范"必须以用户和广大技术专家可以理解的术语清楚、准确地阐述对系统的技术和业务需求，将需求分配给重要的功能领域，用文件形式确认设计限制，定义功能领域之间或之中（系统内部的和外部的）的接口。"系统规范"常常附有一个工作说明书（Statement of Work，SOW）文档，它是通过合同采购所获得的系统法律性强制执行的技术需求文件。

多数的需求定义活动一旦通过适当的阶段评审，经必要的折中决策和风险分析并得到有关决策者的批准后，便被认为已经完成。在某些情况下，连续的需求分析可能需要对先前产生的顶级需求文件进行一些修正。这些修正的示例可能包括一些新需求，它们可以是由于环境变化、由于正式批准的折中决策，或由于通过系统工程过程获得的对高层运行需求的更好评估而产生的。系统工程决策数据库应当保存这些变化以及它们的基本原则，同时还应对改进的需求做仔细研究，以确定它们是否导致项目进度、费用、风险或其他参数的提高（或降低），是否引入冲突或同其他系统需求产生别的相互依赖性，应当避免随意变更。在所建议的需求变化被批准纳入系统"现行"需求集合之前，这些问题必须全部得到解决。

当需求集合是完整的并被批准后，"功能基线"也就确定了。"功能基线"由最初批准的文档组成。它描述系统的功能、性能、互操作性、接口需求，以及为了说明这些具体需求的作用所需的验证。在开发工作的后期，也要为"配置项目"（Configuration Item，CI）定义"功能基线"。

3. 系统需求定义和可跟踪性

"需求分析"被定义为对系统特有特性的确定。这种确定基于对客户需求、要求和目标、业务、人、产品和过程的预期使用环境、限制和效率等的分析。这种活动的输出应当是一组恰当的需求陈述，对用户是可理解并得到用户同意的；这组需求的陈述对广泛的阅读群是完整的、清晰的和准确的，而且是可以通过试验、论证、检查或分析（包括仿真模拟）进行验证的。需求可以是正面的，也可以是负面的，即它们不仅可以阐述用户期望系统要做的事，而且可以阐述用户期望系统不应显示的或不想要的行为或特性。恰当的选择和使用自动化工具，常常有助于分析者在整个系统工程过程中发现、确定、分解、管理和验证系统需求。

应当在需求验证可跟踪模板（Requirements Verification Traceability Matrix，RVTM）内保持整体层次性需求陈述的可跟踪性。对于大型需求集合，自动化工具用于跟踪数据的维护和验证；对于简单工程项目，人工维护 RVTM 就可满足要求。当需求被充分分解时，它们将被分配给功能和物理系统组件，包括正式控制的配置项和其他组件，同时也被分配给测试和评估规划，以建立工程的一致性。可跟踪分析必须保证每个原始的需求（或是对其"父系"需求进行了详细规范的"子系"需求集）被覆盖在系统验证（即测试、论证、检查、分析)的适当阶段和适当类型之中。满足了所有系统需求的系统,才被认为是有效的系统。需求的可跟踪性,尤其是对功能性和物理性设计的验证、测试程序和物理配置中的后期应用的需求可跟踪性,应当由与负责系统开发者/集成者无关的人员来认真地完成或至少是由他们进行审计。对较大型和较关键的项目,选择一个有经验的独立的系统验证和证实小组进行需求跟踪是必要的。

应当用一份完整的系统需求文件来考虑和定义几种类型的需求。一般说来,这些需求包括功能和性能需求、接口和互操作性需求、设计限制以及导出的需求。

1)功能需求

功能需求表示必须完成的业务、行动或活动。

2)性能需求

性能需求表示必须运行的业务或功能的程度,通常用质量(高低)、数量(多少)、覆盖范围(距离、范围)、及时性(怎样响应、响应的频度)或实现情况(可用性、平均无故障间隔时间)来度量。性能需求最初是利用用户需求、目标和/或需求陈述,通过需求分析和折中研究来定义的。性能需求要针对每个已识别客户(用户和供给商)的业务和每一项基本(系统工程)功能进行定义。

3)接口需求

接口需求表示功能的、性能的、电气的、环境的、人员和物理的需求与限制,它们存在于两种或多种功能、系统元素、CI或系统之间的共同边界上。

4)互操作性需求

互操作性需求表示规定系统、单元或人员所需要的能力,他们用这种能力向别的系统、单元或人员提供服务,或从别的系统、单元或人员处接受服务,以及用这些服务进行交流以达到有效协调运行。

5)导出的需求

导出的需求一般是在初级产品或过程方案合成期间和相关折中研究与验证期间被定义的典型特征。所谓导出,是将一些典型的要素变成一些成熟的系统概念,这些概念被反复地研究、定义和评估,因此常常不可能立即通过管理网络系统(Management Network System,MNS)或运行需求文档(Operational Requirements Document,ORD)对其源需求进行直接跟踪。但是,它们却是系统实现其预定功能所必不可少的。因此,一旦确定,就必须在系统的总体需求层次内用文档进行识别。

6)设计限制

设计限制是开发者/集成者在分配性能需求和/或合成系统元素时必须遵守的边界条件。这些设计限制作为先前决策的结果,可以是外部强加的(如安全、环境),也可能是内部强加的。这些先前的决策限制了后继的设计选择。这种限制的示例包括形式、装配、功能、接口、技术工艺、材料、标准化、费用和时间。

4.2.2　安全需求分析的一般课题

本小节考察在安全目标、需求和要求的分析和定义中所涉及的一般性课题。

1. 安全规则和政策解释

首次信息系统安全需求分析活动应当包括全面审查和考虑一切适用的、与有关安全标准或目标体系结构相符合的规则和政策性指令。在这一步骤里，需要对由国家、国际机构、地方和企业发布的保护涉密的和敏感的非涉密信息的强制性和指导性的法律体、规则、机构政策与指南等进行分析和解释。政府通过国家主管部门的指令、国家标准和行业标准以及由政府授权的代理机构的规划和指导，提供保证信息系统的综合安全指南。为业务域定义的安全目标，以及为系统获取项目所开发的具体项目的需求和要求，必须保证系统所提交的强制性需求是足够的，并保证遵守适当的指南和方法论，这些强制性规定的解释同用户和指定审批机构(DAA)自己的参考和解释框架(包括DAA许可的任何机构)是一致的。从安全规则和政策评审中提取出的某些需求和表达的客户的操作运行安全需求是难以区别的，然而，在其他情况下，政策条款却可以给某些特定系统强加系统安全需求，因为这些特定系统不能按逻辑立即从其运行业务需求中产生出系统安全需求，这些政策性需求将是系统开发或运行的设计限制。

在根据较高层次政策和规则提取系统安全需求时，应当把这种关系保留下来作为工程决策数据库和需求验证可跟踪模板的一部分。

信息安全工程过程并不要求产生系统特有的"策略"或指令，而是把这些指令视为对业务环境和用户机构更合适的较高层次的管理功能。由于业务环境包含许多各不相同但可能相互连接的系统，所以管理意义上的策略最好是采用一致性的一次性(而不是分离式的)系统配置模式，以避免冲突、相互依赖和混乱。如上所述，任何定义的业务域策略都要按符合系统工程工作项目的目标和设计限制来运行。

然而，有关安全的接口控制/设计规范(有时叫作"策略")以及系统安全运行程序、限制和控制，都应当作为系统产品和过程方案通过整个开发周期的信息安全工程活动过程产生出来。除了要仔细研究接口对正在获得的或改进的系统的影响之外，还应分析对与之连接的外部系统的影响。建立外部接口，往往要求每一个适用的外部系统与负责的系统管理人员和/或配置控制委员会充分协调，他们应当认真地审查新接口的系统功能、性能、运行和支持模式，以及安全风险可能产生的不利影响。

2. 安全威胁评估

安全威胁被定义为：敌对方经过深思熟虑，利用那些可能对信息或系统造成损害的条件、(行为或事件的)能力、意图和方法。必须全面仔细地考虑在系统开发和系统运行期间，以及在实际或预计时间范围内可能发生的外部人员和内部人员蓄意的安全威胁。有时，也可以认为威胁包含授权用户不经意所犯下的错误、纯粹误操作或偶尔的误用，但这些因素具有偶然性和可控性的特征。

信息安全工程小组应当同用户一道工作，以帮助他们在"系统威胁评估报告"(System Threat Assessment Report，STAR)内准确全面地描述有关对信息系统安全的威胁。STAR报告描述了规划的未来运行威胁环境、系统特有的威胁、可能影响项目决策的实际威胁，以及项目管理人员在评估针对威胁的程序时所得到的交互式分析成果。威胁评估必须提前进行，使其在系统"初始运行能力"(Initial Operational Capability，IOC)的开始阶段及延伸到其预期运行寿命结束的时间范围内都有意义。STAR报告应当包含针对用户信息和信息系统的安全威胁,以及其他各种类型的威胁(例如源自敌方的物理威胁或者军事破坏)。

应当针对特定业务和系统环境以及预期的运行时间框架,严密地裁剪信息系统安全的威胁信息。信息系统安全威胁信息应当包括已得到论证的威胁和可支持的设定的威胁。威胁信息的形成涉及潜在敌对方的手段、时机和动机。信息系统安全威胁信息应当以某种形式和在某个分类级别上提供给客户,以使用户和信息安全工程小组之间能够进行联系和相互理解。威胁信息将用来在系统运行需求文件,以及获取和工程管理计划中驱动相应的需求。

开发期间的相关威胁以及针对这些威胁要采取的安全对策,常常需要包括在"项目保护计划"中。"项目保护计划"涉及在试验中心、区域内、试验室、承包商设备以及部署现场中与程序相关联的活动,并按需求为获取程序提供全方位的保护措施。"项目保护计划"在"概念阶段"制定,并且应在后继的阶段加以更新。

3. 任务(业务)安全目标

为业务或商业领域定义的安全目标代表安全定义的最高等级。这些安全目标最好以绝对术语(即没有那种通常与系统特定需求说明紧密联系的相关性能或"保证"准则)进行广泛陈述。虽然随着时间阶段的推移,安全目标并非完全静止不动,但却应当以一种大范围、长时期使用的观点提出安全目标——从而可以作为许多不同系统的安全风险分析及产品和过程规划的稳定平台。这些系统可能出现在有效时间跨度内的特定业务或工作环境中。一般说来,安全目标最好由系统用户陈述,但信息安全工程小组应当理解安全目标的细节,并且在用户需要时提供帮助。当用户没有陈述出安全目标时,信息安全工程小组应当能够通过回溯追踪需求的层次结构,抽取出与指定获取建议最为相关的绝大部分(安全)目标,以发现客户的基本安全理由和最终安全目标。

安全目标可以适用于业务的多方面或某个部分。一个具体安全目标的理由说明,应当对那些得到安全目标支持的业务进行文档化描述。同样,当业务功能被分配到业务环境内的单个系统时,安全目标可以不同程度地适用于使用中或在任一特定时间点获取线上该系统的多个(或只有一个独立)的子系统甚至该系统本身。依据给定的系统获取项目的前后情况,某些安全目标可以分配给尚未计划的未来工作项目;分配给整个过程解决方案;分配给接口需求和限制,这些需求和限制与正获取系统将要工作的环境中的基础设施或其他系统相关;或分配给更间接的环境假设条件。作为今后系统能力需求和要求定义的一部分,对表述的安全目标和基本理由陈述应该建立有效的可跟踪性。

安全目标如图4-4所示,它显示了在开发安全目标和基本理由说明过程中业务信息、通用性威胁指南和综合安全指南之间的关系,并图解说明其基本理论,包含基于安全目标进行推理阐述和解释的信息(图4-4中所示跨系统的业务安全目标的前后文中的许多原则,也可按迭代方式应用于以后更为具体的系统的需求分析)。理由说明应当提供对需要某些安全保护的理解,并抓住安全目标与如下各项之间的关系:受到安全目标支持的业务目标、激发安全目标与业务相关的威胁、不实现安全目标的后果,以及驱动或支持适用于安全目标的综合安全指南。

在以后的体系结构开发、系统设计、系统实现和安全风险管理活动期间,可以参考上

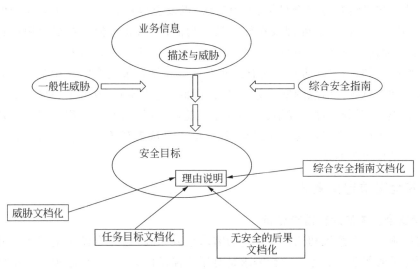

图4-4 安全目标

述这些理由说明和关系,指导有关的安全性分析。

4. 安全服务分类

安全服务应当考虑与业务需求和威胁密切相关,其中威胁是在系统阐述安全目标和安全需求过程中的根据。对安全服务是进行单独考虑还是进行综合考虑,取决于业务需求、威胁和安全的综合指南。以下提供了可作参考的安全服务,这些安全服务的意义和配置使用应在适当时候参考信息安全工程小组或客户小组机构所习惯或指定的有关标准。

机密性(Confidentiality):提供对未授权泄露的保护服务。

访问控制(Access Control):为防止未经授权使用资源提供保护(例如使用通信资源,读出、写入或删除信息资源和操作运行中的资源等)。

完整性(Integrity):对抗主动威胁,确保信息准确而且无任何变化地被传送。

数据完整性(Data Integrity):提供对不经意地篡改或销毁数据、恶意地销毁或篡改数据的保护。

系统完整性(System Integrity):保护信息系统资源不受篡改或误用的危害。

鉴别(Authentication):对用户、用户设备和其他实体进行有效性验证和真实性证实,或对被存储或被传输信息的完整性提供保证。

可用性(Availability):保证信息能按用户所需的地点、时间和形式被提供。

不可抵赖性(Non-Repudiation):向信息接收方提供源发证明以防止发送方否认发送过信息或其内容,同时也可向信息发送方提供递交证明以防止接收方否认收到过信息或其内容。

安全管理(Security Management):这项服务关注对业务的安全方面进行支持和控制所需的操作。

5. 信息流向及功能和价值

了解系统及其所处理信息的安全临界状态也是非常重要的。应该重视由于系统资源或系统所处理信息的丧失、泄露或被修改而对业务、人的生命和开销(金钱和时间)所产生的影响。为了定义恰当的安全目标、能力需求,以及有效地表达用户所需安全的系统需求,必须识别和分析由系统处理或存储信息的功能、流向和价值。系统使用信息的途径(功能)、信息如何通过和进/出系统元素(流向)、信息对于系统运行和业务在一般情况下的机密(敏感)性和重要性(价值),所有这些在反复开发系统安全需求中都是极其重要的因素。在近期未对业务信息的安全分类进行仔细研究的地方,或者未明确对业务信息的安全进行分类,或者分类过分详细、分类过分粗糙,这时信息安全工程小组宁可使用用户目前的分类等级评估来支持客户和终端用户,也不要从头开始,对其他类似的重要性、敏感性分类评估也照此办理。

4.2.3　安全需求定义概述

1. 同安全有关的运行需求分析

用文档确认一个系统初始的安全能力需求极其重要,这样有助于负责系统开发的人了解必须完成的作业。业务和运行需求是对用户需求的说明,并且必须用来指导项目办事机构和工程小组进行后续开发工作。信息安全工程应当尝试帮助用户在适当的时候生成安全能力需求和运行需求说明,但应当善于理解用户用他们自己的名词术语和优先权所表达的需求愿望。最重要的问题是,所有涉及的人或机构(例如用户、获取机构、CA 代表、信息安全工程小组)要意识到这些都是用户自己的需求,而非项目办事机构或工程人员的需求。所陈述的安全能力需求集,应当包含针对系统的最高级别的安全需求。它们应当是从相关安全目标和指令、特定业务问题,以及把业务资源置于风险之下的安全威胁分析的最高级别的信息中推导出来的。安全能力需求将影响到在未来系统内如何管理、保护和分发信息,影响到信息如何同其他系统接口。安全能力需求应当以与实现无关的方式,以不含专业化信息系统安全术语的方式,在适当的高等级抽象层上予以表述。

为了对来自广泛业务能力需求中与安全相关的系统运行需求进行更为充分的定义,信息安全工程小组应当对业务能力需求,国家的、本地的和商业企业的适用安全政策,业务目标/安全目标以及业务威胁进行评审。通过对业务的了解,信息安全工程小组应当注意识别在其运行环境内对系统的安全威胁。信息安全工程小组要利用为"系统威胁评估报告"所准备的威胁信息以及其他资源(例如信息系统安全威胁专家把威胁运用到系统上时的信息),确定安全能力或防御这些威胁所必需的对抗措施。

一般说来,支持信息安全工程小组分析所必需的信息可在各种系统文件内找到,只是各有不同的详细程度、精确度、用户支持度以及作为获取进程的成熟度而已。对于 MNS,信息安全工程小组希望这些信息和对这些信息的任何分析信息,是稍微口语化并且被高度抽象的。在概念和需求阶段,开发工作将转入需求的进一步分解、文件编制,并以运行需求说明形式中的需求为最终需求基线和系统需求规范。随着需求的成熟和修改,提高精度、详细度和分析的密度,规范的形式以及配置控制的维护将变得十分清楚。在确定系统的安全需求时,对可用信息的评审和分析、对政策和规则进行评审的结果,都是十分有价值的。

为了给一个系统概念定义恰当的运行安全需求,对信息安全工程小组同样重要的是理解其他适用的(非安全)能力目标,以及为满足总体能力需求而制定的获取范围(成本、进度、风险、组队方式）。为了取得成功，所有这些都必须处于平衡状态。在开始正式的工程需求分析之前，安全能力需求必须转换为一组运行功能需求和性能需求与约束。

2. 信息安全工程需求活动

在帮助客户确定安全能力需求之后，信息安全工程小组作为总体系统工程小组的一部分，继续进行更加正式的需求分析。信息安全工程小组的需求分析活动应该从评审和更新先前的分析（业务、威胁等）开始，提炼出业务和环境定义，从而支持对每一项功能建立起安全需求。信息安全工程还应当理解在其他功能领域所进行的分析，例如那些与运行和支持工程功能相关的领域，以及由其他专家（例如安全工程师、软件工程师和业务应用专家等）所进行的分析。

随着安全需求从顶层需求向更精确的具体需求转化，必须对它们作出最充分的定义，以使系统概念和体系结构的可选择方案能够得到开发，并能在集成的并发工作过程内进行比较。由于对可选择概念已进行了研究，所以将在恰当的时候完成对每个不同概念的需求分析。从安全目标、国家政策和整个设计过程的其他输入中反复地导出系统、后继地配置项目（CI）和组件安全需求的过程，如图 4-5 所示。

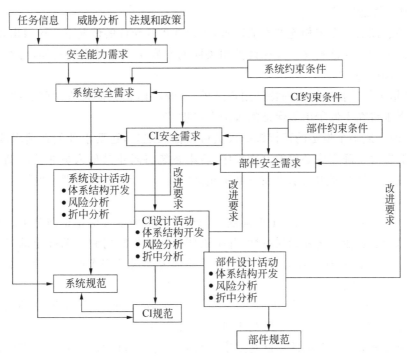

图 4-5 安全需求的开发

信息安全工程必须协同客户分析安全需求，从而确定这些需求是否确实是有效的需求。除了仔细研究各个需求说明外，还必须仔细地研究整个安全需求的完整性、不一致性和相互依赖性。有效的需求说明，即是对有关系统功能、性能需求的或者设计限制的简单的、非歧义的和可验证的陈述。安全需求还必须说明使需求有效的条件。除了必须确定限制外，安全需求的陈述不须说明如何实现系统产品和过程方案。正确的需求陈述对系统的验证和证实是极其重要的,它们提供了判断系统的简明而精确的尺度。安全需求是设计、实现、验证和证实的基础。对任何需要提请审批的、对安全需求和其他相互关联需求的修改,都应当仔细地研究这些修改可能对设计系统安全风险的影响。

向系统中的各种设备提供密钥的需求,即是一例经过推导所得到的安全需求:这一需求的存在是隐含的,直到为支持特定系统安全需求提供机密性服务而做出选取加密方法的决策时,这一需求才明显地被提出来。这个决策改变了系统的前后环境关系,产生了一个新的界面、一个新的数据敏感度类型(即密钥)和相关需求(例如密钥管理)。

随着系统体系结构的改进,必须不断地评审和提炼安全需求,借以确保继续有效地以安全需求的规范形式提交系统的安全需求,推动系统设计。随着系统安全需求的提炼和形式化过程的不断深入,以及系统设计的雏形出现,各个配置项目的详细安全需求也从形式化的系统级需求和规范中被提炼出来。

3. 安全性能和保障需求

信息安全工程小组还必须识别同安全功能性需求目标相关联的性能需求,这通常应当采用若干种需求表达形式。

1)功能/性能需求

对与功能性安全需求相连的性能需求,可以在条件允许的情况下直接写出,或者参照初步设计过程中的与已定义安全保证类相关联的开发条款来确定。例如,合约规范中的一个需求可陈述为

"除了指定的监督小组内的特许用户之外,系统将阻止其他人改动职员的工资记录;这一能力需求将在不低于中等保证的级别上提供。"

"除了两个或多个指定的特权维护人员可以修改之外,还要求他们在请求改动之前,每一位都要即时正确完成必要的鉴别程序,否则系统将阻止其他人员非法改动核反应堆的安全警戒线。这个能力需求将在不低于超高(Super-high)保证级别上提供。"

2)设计需求

随着系统功能被分解,在安全保证规划中形成的负面事件清单也被分解。信息安全工程审视每个子功能的潜在错误特性,并把这些负面事件映射到先前确定的安全保证级别上。当分解完成时,便可以对每个最低层子功能分配设计需求所需的信任级别。软件设计需求的一个示例是:

"AUDIT2.1安全审计子功能软件将被实现为 IAW 安全保证级别 PRETTY-GOOD,正如在'TRUS-ME 软件开发计划'中所定义的。"

一个与需求规范相关的活动就是从安全角度进行的"可测试",并对适当验证这些需求规范进行识别——不仅包括所选择的手段,也包括所需验证的严密程度和强度。

4.2.4 先期概念阶段和概念阶段——信息安全工程的需求活动

在这些阶段,信息安全工程小组要在如前所述总体业务能力需求和运行需求定义的范围内,支持面向用户的运行安全需求的定义,包括必要的安全约束。这些早期阶段的着重点是:使用用户语言准确地抓住用户的顶层安全需求和约束;识别和解决信息系统安全需求和其他系统需求之间的相互依赖性和折中方案,包括接口/环境驱动的需求;并同

其他系统工程小组成员一道,确定在可接受资源约束和技术可行性范围内,能对总体业务需求定义相应的最恰当的系统概念。在正常情况下至少要对正在系统地阐述和分析的每一个系统概念开发出一组粗略的预期需求。对于已采用的概念,这种早期的需求集合将被变换为经过批准的运行需求文件,用于说明功能和性能需求。关键目标是保证所定义的系统安全需求集合是必不可少的和充分的(在保证系统获取和用户/发起人组织之间的相互理解和认同的级别上)。

信息安全工程小组也应当开始和交叉学科系统工程小组的其他成员协同工作,以确定和了解所有系统需求中那些将以信息安全工程小组为主导的需求子集,信息安全工程小组将要与系统工程师或与一个(或多个)非信息系统安全专家(如其他的安全、保护、人员因素或可靠性专家)分担信息安全工程合作责任的需求子集,并分担那些与信息安全工程小组的活动没有直接关系的责任。

到概念阶段完结的时候,项目的技术范围、成本范围和进度范围、粗略的系统运行概念和体系结构、ORD 运行需求文档、获取和工程管理计划、顶层验证计划(Test and Evaluation Master Plan,TEMP)以及后勤支持计划等,其初级形式应当全部被确定下来。

4.2.5 需求阶段——信息安全工程的需求活动

在这个阶段,系统工程师通过完成初步的正规化分析和规范来确定系统需求的基线,在"系统需求评审)"中,这些需求将获得批准,并制定出系统规范草案。该需求将定义系统必须完成的功能和受到的约束。系统规范反映这些系统需求在一系列功能领域的配置,例如数据管理、安全、可靠性和可维护性、用户接口等。系统规范也可以包含这些需求在建议的子系统或组件配置项初始的顶层功能性配置。系统工程师将设置一个过程,以提供系统需求规范和早期系统运行需求及能力需求说明之间的可跟踪性。

在这个阶段期间,信息安全工程小组将为批准基线而设法准备好安全需求,并向系统规范草案提供信息系统安全相关的输入。信息安全工程小组应当评审和提炼包含在ORD 中的安全需求,保证它们同其他的系统需求相一致和兼容。如果必要的话,信息安全工程小组应当能够审查和修正先前的分析(业务、威胁等)。完成这些活动是为安全需求评审作准备。

在开发给系统规范的安全输入中,信息安全工程小组应当把安全需求分配给最初的系统体系结构,并为由系统体系结构确定的内部和外部的接口及协议建立安全需求。信息安全工程小组应当审查这些安全需求,并包括适当场合可用的安全需求集、与技术参考模型相关的设计限制,以及与正在开发的系统有关或有利的标准轮廓。标准轮廓包括文本指南(准则)以及规定数据交换格式、联网协议和类似事情的各种技术标准。在多数情况下,为了互操作性或别的原因,各种正式的或事实上的单个系统标准、一个或多个完整的标准轮廓,将由客户组织强制执行。

信息安全工程小组应当保证安全需求有效地反映客户的安全需求,并且可直接地跟踪到先前的需求层次体系(即 MNS 和 ORD)。至此,信息安全工程小组还应当识别出需要开发的新技术,开始监控新技术的开发进程,确保它们符合预期的目标,满足预期的安全需求。

4.2.6   系统设计阶段——信息安全工程的需求活动

系统工程师将在这个阶段完成系统的基本设计。这是通过把需求分配给体系结构中标识的 CI 集合来完成的。这种分配在系统规范中用文档予以确认,在系统功能评审中被确认为基准并加以批准。此外,CI 规范草案也是在这个阶段产生的。

信息安全工程小组应当保证系统规范、充分地表达出安全需求,这一点通过回溯规范直到规范获得批准的安全需求评审阶段即可得到保证。信息安全工程小组还应当完成系统规范并在确认为基线之前,审查信息系统安全相关的验证和证实需求。这些活动都是在系统功能评审的支持下完成的。这些已被确定为基线的需求及它们的配置在 ORD2 文档中被确认。验证和证实需求在适当文档中被确认,诸如 TEMP(Test and Evaluation Master Plan)、ORD2(Operational Requirements Document)、系统规范或者 SOW 等文档。

信息安全工程小组应当领导和审查对 CI 的信息系统安全需求和服务的配置,并在 CI 规范草案中对这些配置进行归档。信息安全工程小组还应当审查已完成的技术开发工作项目成果,以保证它们符合目标,满足预期的系统安全需求。

4.2.7   从初步设计到配置审计阶段——信息安全工程的需求活动

通过初步设计评审,应当全面定义 CI 和接口,提交 CI 和接口的安全需求以及相关联的验证条款,这是系统配置基线的一部分。信息安全工程小组应当仔细地研究 CI 规范和接口规范,保证整体系统在被集成进子系统和系统配置中时符合总的系统安全需求,并且协调纠纷和相互之间的依赖关系。其中的部分活动是对 CI 和接口规范中的安全需求回溯到系统级的需求。信息安全工程小组应当保证系统中的接口和协议满足它们的安全需求。信息安全工程小组在这些阶段中通过 CI 和组件设计过程跟踪这些需求,参与或密切地监控验证活动(例如设计论证和试验),以保证系统在总体上符合它的安全需求。在最后阶段(配置审计),信息安全工程小组应当把实现后的系统设计与系统文档进行比较,保证开发过程是成功的。

为了评估系统组件的恰当性,必须证明分配给这些功能组件和物理组件的安全需求都被满足。通过人工维护的需求验证可跟踪性模板或使用自动化的需求处理工具,信息安全工程小组应能够确定分配给每个系统组件的安全需求,并仔细地研究决策线索,以帮助判断在这些阶段中可能提出或需要的需求变动。这些阶段以公告系统及其 CI 的“产品基线”而宣告结束,公告应当包含每个 CI 在其被建设、试验和审计时对它的初始功能、性能和物理的需求。也可以认为“产品基线”包含基准的设计需求,即按照对产品的要求进行“建设”“编码”和“购买”,以及“如何实施”对过程的需求。

4.3   安全设计支持

通过安全设计支持功能和更广泛的总体系统设计的前后关联,一个被选择的系统体系结构可被公式化,并转换为稳定的、可生产的和有好的经济效益的系统设计。对信息系统而言,这种转换通常包括软件开发和软件设计,还可能包括信息数据库或知识库的设计。

"安全体系结构"只是从安全的角度对整个系统体系结构的一个简单视图。它提供了对那些能满足系统需求的安全服务、安全机制和安全特性的深刻理解,以及在整个系统结构的上下文关联中,安全机制应该配置的地点建议。系统体系结构的安全视图将集中在系统安全服务和高级安全机制上,分配与安全有关的功能到系统配置项、接口和较低级的组件,确认与安全有关的组件、服务和机制之间的相互依赖性,解决它们之间的冲突。安全视图仅仅是许多信息系统体系结构视图中的一种,诸如数据管理视图、物理连接视图或网络拓展视图。

4.3.1 系统设计

1. 系统功能的目标实现

构成系统开发(不管是做还是买)的两条主线,是确定系统必须实现什么样的功能,以及确定系统怎样实现这些功能。尽管这两条线贯穿于并发工程模型的整个生命周期。但是在生命周期的不同阶段,总有一条线占支配地位。理想地说,系统工程生命周期的"先期概念""概念"和"需求"阶段基本上主要解决"什么"的问题(即"需求"),而从"初步设计阶段"到"实现阶段"再到"测试阶段"则主要回答"怎样"的问题(即"实现")。这两条线的关键性联系是在第四阶段,即"系统设计"阶段,该阶段中,设计了系统级解决方案以达到所需要的业务能力。

在现实世界中,任何事情并不如此简明和清晰,实施决策有时受需求的制约,而到实施的最后一步才清楚需要一些新的需求或对设计进行修正。设计的过程是迭代和周期性的过程,它可扩展到系统整个生命周期中的诸多阶段。过程也是可变的和可调整的,设计者可用的知识越多,过程设计就越有效,即需要更少的步骤,更少的回溯。在许多情况下,一个项目虽不从最初的画线开始,但是,将对现有系统中限制设计的部分进行重大的修改。在另外一些情况下,一个工程项目建设的仅仅是第一批许多系统的增值项,并将定义可能约束支持未来设计的一个基础体系结构。

2. 系统功能的工具实现

可以使用自动工具使设计过程更加精细,这些自动工具还允许设计师将顶层体系结构分解和提炼成更详细的设计。其中的某些工具提供对限制、模型和测试候选体系结构及设计的辨别,帮助进行折中分析。最近的研究把注意力集中在应用正规方法的原理和技术上,特别是应用于需要高等级保证的系统上,例如"可信软件开发方法学(Trusted Software Development Methodology,TSDM)"。

作为项目阶段的一个功能,系统设计活动将进行反复研究和阐明。

1)系统和 CI 级功能体系结构

它是一种功能的体系安排,包括对它们的内部和外部功能接口、外部的物理接口、它们分别的功能和性能的需求以及它们的设计限制的分层安排。

2)系统和 CI 级物理体系结构

它是一种关于产品和过程解决方案,包括对它们的功能和性能需求、它们的内部和外部功能、物理的接口及要求、形成设计需求的基础性物理限制的分层安排。物理体系将一个或多个物理设计形成文档,以完成有效性分析、风险分析和技术过渡计划;确立物理上实现功能体系结构的可行性,识别制造、验证、支持和培训需求;编制原型配置的文档和其他测试文件;逐渐详细地定义认为是必需的解决方案。

"功能"划分可通过构造化的、面向对象的或其他方法来实现。

4.3.2 信息安全工程系统设计支持活动

在开发功能和物理体系结构期间,信息安全工程小组通过提供安全分析和建议来支持客户。这种开发在系统的整个生命期内涉及若干阶段和事件,并且通常是反复进行的过程。信息安全工程要识别"怎样"反映用客户语言表达出的系统需求。在使设计支持项目增值的任何技术阶段或问题领域,信息安全工程小组都应考虑使用仿真、建模或快速原型法迅速开发技术。

对许多设计类型的分析,将系统和 CI 安全需求看作与各类安全服务相关联是有益的,然后再把这些服务映射为相关的安全机制。这样做,对另外一些项目可能有帮助也可能没有帮助。例如,有些项目要求集中开发新的应用中独有的软件或硬件,而为它们选择的"可重用性"标准的安全协议和机制就很少会用到。当信息安全工程小组期待实现安全服务时,可以考虑将目标安全体系结构(Goal Security Architecture,GSA)的原理作为对系统体系结构的安全解决方案配置的指南。下面是 GSA 中可用的项目主题:

- GSA 安全需求——策略、需求,导出的需求;
- 安全角度和概念;
- 端系统和中继系统;
- 安全管理关系和概念;
- 传输系统主题;
- 安全学说——提供安全服务的安全机制学说;
- 商业现货考虑。

信息安全工程小组将根据正在结合使用的解决方案所存在的安全风险,加上以前的经验和教训,对体系结构进行研究。信息安全工程小组活动的重点是识别正在开发的体系结构的脆弱性,并建议对抗措施和可选择方案。系统可用不同的保护措施(即机制的类型和特殊的实现方法,不管是"制造"还是"购买")来满足安全需求。如果两个或更多个系统需要相互作用,那么必须建立接口协议和规则以允许其相互作用。当个别的系统具有不同的安全策略、安全需求或在本地社区受到运行限制,或者当新的连接可能引起某些附加安全风险、与现有系统或基础设施有冲突时,特别需要建立接口协议和规则。在这些情况下,需要一些折中分析和协商以支持相互作用。

在系统开发之后再添加没有预先规划的保护措施或对抗措施时,实现起来一般非常昂贵和困难,而且可能并不是最有效的方法。这是因为这些改变一般不能很理想地结合到系统中(除非通过一个计划中的递增策略)。不过,人们很难超前掌握和预料所有恰当的需求,或者在快速改变的信息系统和信息技术领域很难瞄准恰当的技术。通常,比较恰当的方法是建立一个强健的基础体系结构,在此基础上开发已计划的和动态出现的修改需求。早期的原型法或仿真可能就是有用的。

用文档化形式定义安全设计,是说明其满足需求等合理性的理由,因为这些理由不总是明明白白或理所当然的。

尽管在安全和风险评估的前后,应该进行各自独立的分析,但是对系统设计小组(包括信息安全工程的参与者)来说,系统地阐述系统安全状态的合理性是很重要的。这些信息可以伴随着系统设计文档以书面分析的形式出现或出现在适当的设计评审中。

1. 关键技术的识别

在任何给定时间点对安全需求的理解中,信息安全工程小组应当考虑是否有必要开发或使用任何新技术以满足那些需求。对于任何关键的和使"最有希望"的系统概念增值的信息系统安全新技术,信息安全工程小组都必须进行调查,以确保能有把握地将它们集成到系统设计中。该活动可包括原型法的应用、测试,以及早期的运行评估,以降低安全风险等级和与使用新出现的信息系统安全技术有关的预期风险。

信息安全工程小组在系统开发周期的早期考虑这些问题时,可能仅仅注意到需要什么技术。但是,事先识别出需要开发的基本关键技术却是十分重要的,能够在系统生命期的设计、实现直到后续的生产和修改阶段需要它们之前,预先将这些技术建立起来。如果满足特殊安全需求所需的技术还没得到,那么就要确认有足够的时间来完成技术研究或其他工作项目,而不与客户要求的进度发生冲突。信息安全工程小组也要保证,由于采用新技术而产生的利益要大于由于依赖它而增加的计划和技术风险。典型情况是,对新技术或未检验的产品的依赖将使整个计划引入额外的技术、费用和进度的风险。进一步说,必须仔细地和经常地监控这些新技术或产品。信息安全工程小组应该确保在将新技术包括在系统计划之前,使客户完全了解其带来的所有风险和潜在的利益;信息安全工程还应该事先准备好后备产品或过程解决方案,以处理由于未曾预料的延迟或技术问题而带来的新技术不能使用的偶然事故。

使用新技术需求的一个例子是使用新的密码算法。算法的研究开发以及在系统内实现之前的安全性评估都需要时间和资金,这就会影响成本和进度。另一个例子是需要满足系统安全需求的一个完整的终端项目,这就会影响成本和与其他子系统的关系。这与密码算法的例子不同,密码算法或许仅仅是一个配置项目的一部分。

2. 设计的约束

信息安全工程小组要明确对影响和限制所需安全服务实现的系统设计的约束。许多因素都可决定对系统如何满足其安全需求进行约束或对系统设计过程进行约束。系统运行的环境、运行模式(专用的、系统高层的、系统分级的等),以及其业务功能的敏感性和临界点,每一个都可能是影响设计决策的约束。接口和互操作性问题也可能产生对设计的约束,例如,为了符合一个特殊的标准轮廓或特殊环境的安全政策,援引一个特殊的个别的标准需求,或排除某些解决方案选项以适应与外国政府或国际机构的互操作(或者已知需求或未来有特殊定义的可能性)的需求。

某些支持性的需求也可能约束系统设计和运行的安全状况。这些需求当然包括但不限于后勤支持需求、可移植性需求、生存性需求,个人和培训的限制,命令、控制、通信和情报接口需求,标准化和互操作需求等。

随着设计活动的开发,信息安全工程小组也要注意因设计的选择引申出来的需求。例如,选择高度机密保护的解决方案可能要求保护数据抗篡改的附加需求。这些需求将被反馈给需求定义函数,并在决策数据库与可追踪性体系中被准确定位。

3. 非技术的安全设计措施

正被获取的系统及其设计规划将在整个系统工程周期内通过运行、支持、培训和其他系统工程功能的并发应用中被开发。信息安全工程小组将为正在进行的活动做出贡献,并从中进行学习,以改善任何系统安全解决方案的适用性和有效性。

信息安全工程小组应该从技术和非技术两方面满足安全需求。例如,为某一特殊信息提供机密性需求,可用诸如加密技术解决方案来满足,也可使用非技术的(如隐藏或其他的物理手段)的解决方案来满足。其他的非技术解决方案将包括过程控制,如适当的操作程序、人事的和运行的安全控制、隐瞒采购和用户身份,以及可信软件开发方法论的非技术要素等。

4.3.3 先期概念和概念阶段安全设计支持

安全设计支持在先期概念阶段很少用,但是在为可选择系统评审进行准备时,系统工程和信息安全工程小组应该开发若干可供选择的概念级的系统设计。这些可选择方案是由产品和过程解决方案进行适当混合后组成的。每个可选择方案都要与在 MNS 业务需求说明中表达的高级业务能力相对应。

在可选择系统评审(ASR)时,为了进一步进行开发,要选择最好的系统方法。系统工程必须保证,对每个概念的可选择方案的体系结构进行充分的提炼和分析,以支持在ASR 时的决策,以及为选择系统概念的可选择方案准备一组可行的系统运行需求。概念级系统策略包括早期的通常不成熟的功能和物理的结构体系草案。由于项目所特有的环境不同,概念级设计可以是很不正规的,也可能是非常完善的。不管哪种情况,这一阶段承担的设计等级都要比以后的工程设计阶段(系统设计到详细设计)低得多,那时将提交一个等待正式批准和配置控制的设计文件。

在开发每个体系结构的可选择方案并反复进行相互比较的过程中,系统工程师将完成折中分析。信息安全工程小组必须保证体系结构已做到足够的精细,以使体系结构的安全风险可被充分地进行评估,支持 ASR。

信息安全工程小组应当分解系统功能(或对象分类,取决于所选的方法),并把它们分配到较低级别的配置上,直到支持正在进行的分析和需要立即做出决策的程度。如果选择和使用得当,自动化工具是有帮助的。信息安全工程小组将首先考虑遵循客户的方法论和工具的选择原则;如果不行,信息安全工程小组应考虑上级机构的方法论和工具。

4.3.4 需求和系统设计阶段的安全设计支持

在这些阶段期间,系统小组完成系统的高层设计并按技术规范形成文档。这些活动随系统功能评审而告终,此时系统设计的基线已完成并被批准。应该审核可选择的与提炼的概念级策略相一致的体系方案。例如,如果概念阶段在评估后选择了广域网策略,那么,在其后续的工程设计阶段将涉及多个 WAN 技术的选择和体系结构的取舍。

前段所描述的活动在这些阶段还要继续下去。物理和功能的体系结构将继续被分解。信息安全工程小组需要保证安全服务强度，不能因为支持这些安全服务的功能被配置而受到削弱。功能分解将一直继续到每个重要的组成单元，以便做出"制造"还是"购买"的决定。

系统集成在过程的早期已经（至少在纸面上）开始。当需求的功能配置给 CI 时，就要引申出接口控制规范。信息安全工程小组应保证并且在规范下指出通过这些接口如何实现安全服务，包括扩展到更宽范围的基础设施或业务环境的安全服务。例如，指定必要的标签体系结构、定义协议的标准等。如果系统与网络基础设施相连接，那么这些选择可以完全被确定下来，或者至少部分被该网络环境中所用的体系结构所约束。通过指定内部和外部接口的安全需求，使得整个系统和互联的各系统之间在实现上保持一致，从而使集成业务变得更加容易。信息安全工程小组还要对系统组件进行验证，这些组件是根据它与安全相关接口的约束条件进行集成和使用的（例如，约束条件是保留可信产品的"密封"，或在与基础设施有关的标准描述的环境假设条件下使用某一种产品、产品安全轮廓和/或供应商的文献等）。

通常，关于配置项目是制造还是购买的系统级决策要基于可推荐产品的层次体系，其范围从优先推荐使用商业销售和得到支持的硬件、软件和固件产品起，不断降低为使用政府指定的现货项目、修改的项目直到定制开发的项目。但很少有工程项目可以不做任何针对应用的开发。

制造/购买的决策需要进行折中分析。信息安全工程小组必须保证总体分析中包括了所有的安全因素，保证基于运行功能和特性、费用、进度表和风险之间平衡的最全面的体系结构。例如，陈述的功能保证等级是由不成熟的 CI 所提供的，那么就应该考虑购买而不是定制开发。要考虑的因素可能包括制造环境和装运过程，以保证不降低预期的保证等级，或者根据正被开发的 CI 的敏感性能，保证制造者是经过审查的。

在这些阶段期间，将产生制造/购买的建议。但是，最终决定通常在过程之后做出。如果可能，信息安全工程小组将提供解决方案（或对策），以解决在折中分析期间未包含的负面因素。例如，如果折中分析倾向于买商用软件，但其消极的因素是可能包含潜在的病毒，信息安全工程小组可建议在软件被购进后进行病毒扫描和清除，这样将减少由购买产生的某些安全风险。

为了支持做出制造/购买的折中分析的决定，信息安全工程小组将调查现有产品目录，以确定产品是否满足 CI 或组件的需求。只要可能，都应该指明一组潜在可行的选择方案而不仅仅是一个候选方案。调查的对象包括可信产品评估目录、信息系统安全产品目录、信息系统安全知识库、供应商产品目录等。在适当的时候，信息安全工程小组也要考虑由工业界或政府先期开发的新技术和新产品，条件是它们的时间表和技术风险是系统开发可接受的。

对产品安全勾画出轮廓，是工程师做出制造/购买决策所必需的。对某些产品，安全评估报告描述了产品的功能、正确使用产品的信息以及产品已知的脆弱点。对现有产品的了解，是形成准确的信息安全工程制造/购买决策必不可少的。对某些产品，有关部门的安全评估报告可以帮助做出决策。在不能得到当前的或现代技术现货设备的安全评估时,由系统项目办事机构(SPO)将新设备或软件与估计的安全特性和风险相关值进行权衡比较后,做出是购买还是定制的决策。

4.3.5 初步设计阶段到配置审计阶段的安全设计支持

系统工程师必须通过初步设计审查来做最终的制造/购买决定,并反复研究 CI 和 CI 之间的接口策略在一定范围的可选择方案(为了使购买成为满足能力需求的最好选择,系统工程小组在满足最终需求的前提下,要对次要的需求规范问题进行商讨,以便取得折中方案的优势)。以前的活动集中于 CI 的设计或选择,以及建立完整的 CI 级的配置基线集上,以后的活动则集中到获取或建立 CI(如果需要的话)集成和测试系统。这些阶段以成功地实现系统验证评审和配置审计、为建立一组 CI 产品基线准备就绪而告结束,接着而来的就是认可活动。

信息安全工程小组应当审查由于 CI 开发和/或集成与测试时出现的对系统设计的任何修改。如果 CI 引起对系统的附加需求的话,那么信息安全工程小组应该评估这些修改对 CI 的安全影响,并且确定附加的安全需求是否被保证。例如,为系统选择的其他有优势的现货(COTS),可能存在某些从安全角度看来很脆弱的行为和特性,并引起对其他系统/CI 产品或过程的解决方案需求进行相应的修改,如对该 CI 的接口进行新的限制等。信息安全工程小组将注意对系统项目办事机构(SPO)支持的有关 CI 技术的审查,并实现对那些 CI 的任何适当的信息系统安全的分析,以保证当其集成为整体系统时,CI 将满足安全需求。

4.3.6 运行和支持阶段的安全设计支持

如有必要,在系统的运行周期内,将反复进行安全设计支持,以便提出适合于次要和主要系统修改的设计方案以及预先规划的改进。系统修改的问题将进一步进行讨论。

4.4 安全运行分析

安全运行分析将影响产品,特别是过程、系统安全需求的解决方案。通过反复进行安全运行分析,并结合安全设计支持功能,将定义出"过程"的安全解决方案。安全运行概念的分析和定义是系统工程和信息安全工程过程整体的一个组成部分,是导入安全 C&A 的关键条件。

如果客户正在使用这一分析工具,那么将安全运行分析文档包括在客户的运行概念(Concept of Operations,CO)文档中是合适的。如果客户没有一个系统的 CO,那么,本节描述的运行分析、信息和活动仍然非常重要,仍然需要针对整个系统运行上下文关系中的安全问题(即并不是严格意义上地围绕安全问题)执行运行分析。例如,大量的项目文档可能使用运行概念信息、成本和运行效能分析(Cost and Operational Effectiveness Analysis,COEA)。有时候除了使用已编写好的 CO 文档外,在整个工程项目生命期,运行分析也可按下列形式形成文档并提交评审:设计评审说明、培训材料和文件、人类接口需求、系统环境假设规范、条款式的"程序和策略"文档。

系统运行用户是确定安全运行信息的优选资源,用户代表实际上就是一个初级分析员。信息安全工程小组将帮助用户代表考虑安全运行、支持和管理概念,以及正在开发的系统所出现的问题。

安全运行概念、理论和过程解决方案的开发,起始于概念阶段,并作为可选择系统概念开发和折中研究的一部分;这一开发持续到配置审计阶段,验证该系统的理论与前面几个阶段开发、提炼并形成基线概念的一致性;在系统进入其运行期后,这一开发仍将继续并进一步演变,理论分析最终就变成了实际的运行模式。

在系统生命期内反复进行的安全运行分析应集中在:

(1) 定义人、自动化连接和其他与该系统进行交互的环境元素——交互是直接进行的,还是经过整个系统与业务环境内部的远程/外部接口进行的。

(2) 用户扮演的角色(例如人的角色可能包括系统用户、系统维护人员、系统管理者和主管以及假定的威胁者)上。而自动化的角色可能是数据源、数据集散点、远程应用功能的操作员或网络服务命令的发出者等。

(3) 确定在其业务环境中用户与运行系统交互的方式和模式。

通常,运行分析将不包括任何与系统行为和结构有关的内容,也不包括人类直接不可见的现象或外部自动化接口。计算机存储器和磁盘空间的精确配置通常与运行分析无关。运行分析与定义和审核系统运行梗概有关。自动仿真和建模的工具通常在定义、分析和提交运行梗概时很有帮助。

需要考虑的典型运行情况包括:

- 在正常和不正常条件下,系统启动和关机;
- 系统、人和对错误条件的环境反应或安全事件;
- 系统/组成单元失灵时,在一个或多个预先计划的备用方式下维持运行;
- 在和平时期和战争时期/其他敌对模式下维持运行;
- 安全事件或自然灾祸的响应/恢复模式(例如,与病毒事件有关的系统冲突以及响应/恢复);
- 系统对关键性和常见的外部和内部事件的反应;
- 若配置多个系统,那么对每个系统唯一的环境/场所梗概;
- 在整个正常业务应用期间,系统行为、环境与人的相互影响以及与外部自动化的接口。

上述运行梗概,通常可采用叙述的形式——说明系统原理和正常、非正常运行活动的流程——加以说明。提炼的运行案例和程序可以包括在培训教材和系统手册或者其他形式中,也可包括在出版的标准操作程序或对现场和商业企业的本地政策以及信息/基础设施域中。

为了实施关键性的安全分析,包括所有运行概念在内的因素都应考虑到。这些因素至少应包括:

- 希望系统处理数据的敏感等级;
- 在每个等级上大约有多大的数据处理量;
- 在任何适用的主要角色(即首席操作员、业务监督员和网络系统官员等)级别上,与系统用户相关的许可证等级(包括对分区、特殊访问程序或其他须知的常规授权)、功能性权力和与系统用户有关的特权(人工的和自动的);

- 系统用户的身份;
- 与其他系统接口有关的敏感性等级和业务重要性程度;
- 技术的和非技术的("产品"和"过程")安全执行机制的相互作用,来自信息系统安全和任何其他被施加的科目(如物理安全和人事安全)联合承担日常安全的系统运行责任。

4.5　生命周期安全支持

系统项目办事机构(System Project Organization,SPO)将监督系统整个生命期各阶段的计划,包括开发、生产、现场运行、维护、培训和报废处置。在运行和维护期间,要持续运行在设计的性能水平上,只有对生命周期的"支持"进行详细、准确的规划和实施才能达到。

4.5.1　安全的生命期支持的开发方法

信息安全工程小组和生命期信息安全工程师(Life-Cycle INFOSEC Engineer,LCIE)将和客户一起作业,为系统整个生命期定义一个可理解的安全方案;在多个系统配置的情况下,对个别站点或站点类可能要开发特定方案。由于某些系统的安全需求可采用非技术的过程而不是技术产品解决方案,在获取和开发期间以及稍后的运行阶段要与负责系统安全的各种机构建立密切关系,这些机构可能有助于场地勘测、物理和管理安全分析及对策分析。

在这一活动中产生的信息将被并入到相应的系统文件中。与预先激活的安全支持有关的信息安全工程的作用,可能需要并入到系统工程管理计划、项目保护计划和/或合同采购文件中。在系统部署开始之后,安全支持的文档多半是系统集成后勤支持计划的一部分,或者是安全管理计划的一部分。这些安全生命期支持问题对 C&A 团队来说很有意义,并且可能并行出现在系统 C&A 计划中。

信息安全工程应准备就系统开发和生产期间所适用的安全支持问题和方法,向客户提出建议。例如安全许可证等级,在开发者/集成者、操作者和系统维护者之间通常是可变的。开发者/集成者的人事和设备的许可证需求可在 SOW 中,而操作者和维护者的这种需求则可能在系统理论原则和后勤支持计划中。

在某些子系统或组件中,会隐藏系统开发者或拥有者身份的"隐蔽采购"行为。另一个例子是,安全方案中可能包括需要保护敏感信息以免泄露的若干步骤,也可能是需要监控系统生产和分配过程的各方面来保证合适的安全需求得到满足。

生命期的安全方案至少涉及下列领域:监控系统安全、系统安全评估、配置管理、培训、后勤和维护、次要和主要的系统修改以及报废处置。早在开发期间就应该开始这些活动的规划,以使系统在整个生命期内可以考虑这些领域的完整集成。主要修改通常将引起正式的再度请求系统工程和采集过程提出广泛的和价格昂贵的修改方案,并在重新设计现有系统还是代替现有系统之间进行利益平衡。

信息安全工程小组和生命期信息安全工程师（Life-Cycle INFOSEC Engineering，LCIE）将与客户、C&A 小组共同作业，准备系统生命期的安全支持计划。信息安全工程小组应确保提供系统生命期支持的客户解决途径，使系统的安全风险不致恶化，并考虑提高安全性来对付敌对势力的能力或系统脆弱性的增加。C&A 小组在系统启动之后，要注意确定重新认证重新认可的策略：合适的阈值由谁判定（通常是 DAA），以及在系统启动后这些策略怎样实现。信息安全工程小组考虑的领域包括：

- 在开发、测试和运行使用期间，有必要对系统进行监控，以持续地与安全需求保持一致，而不增加可接受范围之外的安全风险；
- 保证针对系统的培训要包括安全特性和限制，以使可能导致安全风险增加的类似操作和维护错误受到控制并可接受；
- 对那些与可用规则和规章相一致的、与安全有关的组件的处理指令进行跟踪，而不增加安全风险；
- 保证配置管理过程是适当的，以避免出现未经适当批准和引起安全风险上升的修改事件；
- 定义必要的安全性应急计划，该计划与运行的应急计划相匹配，例如战时或敌对状态下的应急计划，此时可能需要接受更大（更小）的安全风险；
- 对系统进行安全评估，找出系统中的薄弱环节，并妥善处理这些薄弱环节；
- 保证后勤和维护支持系统中与安全有关的组成单元的需求，而不引起安全风险的增加。

生命期支持的安全方面包括可控制的（或可信的）分配和"隐蔽采购"技术。其主要意图是避免在系统整个生命期期间非授权地了解或访问系统，并重视保证硬件、软件和数据（包括密码、密钥材料）的持续完整性。

在开发过程早期，就要开始计划并随着系统的开发变得更详细。最初的方案在 ASR 之前的先期概念和概念阶段就要做准备，这样，它就可以作为用于确定在系统开发中所使用的可选择系统概念信息的一部分。这种方案在系统设计阶段完成并且在 SFR 结束。也可要求在整个初始和详细设计以及后续阶段中追加更新的和/或附加的信息。这种信息将被放置在合适的系统文档中，通常是支持文件或系统理论原理文档。在系统开发期间，通过信息安全工程小组的支持来确定解决途径。

生命期对安全支持的主要目的，是确保系统的保护手段在运行和支持阶段依然适合其安全目标。任何引起不可接受安全风险的已知缺陷必须被明确提出来，并采取或大或小的修改措施弥补这些不足或缺陷。除了经常性地反复进行安全风险评估外，如果存在安全违规，或者安全检查、审计中揭示出安全缺陷，或现行的授权到期，都可以引发修改措施。

在对某些系统、中间环境或者更广泛的环境改变中，可能影响系统安全状态和安全解决方案实用性的，包括：

- 由于业务驱动或保护政策驱动改变信息的安全临界值和/或敏感性，这种改变会引起安全需求或要求的对抗措施的改变；
- 威胁的改变（即威胁动机的改变，或潜在的攻击者新的威胁能力的改变），可使系统的安全风险增加或减少；
- 业务应用上的改变,这种改变要求不同的安全运行模式；
- 发现新的安全攻击手段；
- 安全缺陷、系统的完整性缺陷或异常事件、突发事件；
- 安全审计、检查和外部评审的结果；
- 系统、子系统或组件配置的改变或更新(例如,使用新的操作系统版本、数据管理应用程序的修改、安装新的商用软件包、硬件的升级或拔除、新的安全产品、对可能违反其安全假设的"可信"组件的接口特性的改变)；
- 对 CI 的删除或降级；
- 对系统过程对抗性措施(即人类接口需求或整个安全解决方案的其他原理/程序组件)的删除或降级；
- 与任何新的外部接口的连接；
- 运行环境的改变(例如重新部署其他设备、改变提供保护的基础设施和环境、改变外部操作程序)；
- 能改善安全态势或降低运行费用的新对抗技术的可用性；
- 系统安全可信期满。

4.5.2　对部署的系统进行安全监控

理想情况下,系统安全功能在系统运行期间应被连续监控,有关的监控特性应该通过对生命期支持问题的并发分析提前设计到系统中。例如,在系统启动后,安全的监控可能涉及支持安全审计追踪的自动化分析；或者使用一个联网工作的工作站分析正在通过网络的数据包,以保证它们不以明文出现；或者可进行安全现场评估,一个系统的传输(数据)可被记录下来并进行分析,以确定是否检测出任何安全异常情况。信息安全工程小组将参与商业研究,以确定什么样的监控手段具有最好的成本-效益比,同时可提供最为可信的措施,确保系统的一致性,以使可接受的安全风险遵从其安全需求。信息安全工程小组应建议有利于实现这一目标的合理措施。在开发这些建议时,指定给信息安全工程小组的安全指导代表将非常有用。如果合理的监控是在系统设计期间集成进去,而非在系统完成之后才"粘上去"的话,那么这种成本通常是非常低的。信息安全工程小组将确保在开发期间妥善解决这些问题。

4.5.3　系统安全评估

信息安全工程小组应提出系统是否应该进行安全评估的建议,但是最终做出是否评估的决定却取决于系统拥有者和认可者,以及实际完成安全评估的评估者。在制定该建议时,要考虑许多因素,其中包括系统是否已用了被证明过的手段来满足其安全需求。如果是这样,安全评估在成本-效益上可能不划算；但是,如果用的是"新"的或可疑的手段来满足安全需求,那么安全评估就是必需的了。另一个需要考虑的因素可能是系统在其环境中要面临的威胁。如果威胁很大,安全评估可能是适当的；但是如果威胁不大,那么评估可能就不合算了。系统文档、适当的终端项目或系统本身的其他部分(如无线电设备、工作站)应该提供给安全评估人员。安全评估人员则研究系统文档和任何提供的用于测试的组件,并从敌对势力的角度试图进行"攻击"。安全评估人员应恰当报告任何脆弱性(如给系统用户和 LCIE),并决定需要采取的行动。改变物理系统本身或相应的系统理论程序可能是正确的,或者进一步计划使系统升级。信息安全工程小组的安全指导代表应该将小组的意见综合起来,以判断安全评估是否是合适并可行的。在某些情况下,可能需要就是否通过长期的、深层次的安全评估来支持系统数量和类型做出折中分析判断。

在安全的生命期支持中,某些场合下的系统安全轮廓研究也是很有用的。

4.5.4 配置管理

配置管理是一个对系统(包括软件、硬件、固件、文档、支持/测试设备、开发/维护设备)所有变化进行控制的过程。系统项目的管理者应该建立一个配置控制委员会(Configuration Control Board,CCB),用来审查或批准系统的任何修改。

在整个生命期内,实行配置管理有许多理由,其中包括:

- 在生命期内的某一给定点上维持一个基线;
- 系统在不断变化中不可能保持静止;
- 对灾难等突发事件(自然的、人为的)进行规划;
- 保持对所有 C&A 证据的追踪;
- 对系统有限资源集合的利用在整个系统生命期内将增加;
- 配置项的识别;
- 配置控制;
- 配置会计学;
- 配置审计。

最强的配置控制过程将包括对实际系统在其运行环境下周期性的、物理上和功能上的审计。通常出现的改变不是已知的,也不是文件已经提供的,这些只能通过检查系统硬件、软件和常驻数据发现。

信息安全工程小组将保证管理系统配置的过程在系统生命期内都保持工作状态,并且配置管理过程将信息系统安全问题作为关键目的。信息安全工程小组、LCIE、C&A 或其他有相关知识的信息系统安全代表必须参与配置控制过程,最好作为完全的 CCB 成员参与,并找到和评估任何可能有安全影响的改变。

信息安全工程小组或 LCIE 在适当的时候将提供一种信息,该信息包括请求的改变及其对用户安全的影响,将由配置委员会来决定是否批准所请求的改变。这种安全影响信息可以指明增加或降低安全风险的系统评估等级,或提出一个在已评估的安全风险的可接受范围内进行修改的建议。应予注意的是,对系统安全态势有正面影响的变化也要明确指出,并进行必要描述,因为这一信息对配置控制委员会也有用。

4.5.5 培训

并发系统工程方案内的培训功能旨在提交所要求的任务、活动和系统单元,以便达到和维持相关人员所需的知识和技能水平,使之有能力和有效地实施系统的运行和支持。

　　如果必要,信息安全工程小组和 LCIE 应将与安全相关的培训集成到系统生命期的培训项目中去。信息安全工程小组鼓励客户参与对系统正确配置、维护和安全特性使用的有关培训活动。这种培训可以针对端用户、系统管理员、系统维护人员、军队指挥员或机构执行官、安全官员、系统或组件开发者、安全认证者或评估者等,培训是整个系统生命期内所必需的。要对每个培训课程进行审核,以便确定培训课程是否包含有与安全相关的培训材料。LCIE 需要跟踪与安全有关的培训需求,并保证对任何修改和/或新的安全特性都要进行培训。培训用户如何使用系统的练习,要引入(允许条件下的)现场演练方法,包括适当安全功能的应用和有关威胁尝试的模拟(例如,敌方信号情报的收集、电子战、识别病毒或黑客等)。

4.5.6　后勤和维护

　　并发系统工程方案中的支持功能旨在提交任务、活动和系统单元,以便提供运行、维护、后勤(包括培训)和材料管理支持。为了保证正确提供、存储和维护系统的最终项目,必须对任务、装备、技能、人员、设施、材料、服务、供应品和过程进行定义。

　　集成的后勤支持是管理和技术活动经过训练的、统一和反复应用的方案,这些管理和技术活动是下列活动所必需的:将后勤支持集成到系统和装备的设计中;开发一些支持需求,这些支持需求始终都是与备用项目、设计和相互之间有关的;获取必要的支持;以最小的代价在运行阶段期间提供必要的支持。集成的后勤支持(ILS)将被集成到设计过程中,以保证正在设计的系统一旦在现场进行装备时可得到充分的支持。如果没有一良好定义的过程,并持续使用合适的工程和系统分析技术,系统的质量和可靠性在运行和维护过程中可能恶化,导致维护和运行费用的增加。

　　信息安全工程小组应该保证后勤支持需求是在考虑了系统的安全需求后进行开发的。例如,如果 CI 或组件需要对密钥或特权管理令牌进行物理递交,则信息安全工程小组应该保证这些安全需求在系统的后勤计划中被提出来。

　　在系统的整个生命周期内,影响系统安全态势的问题报告将由 LCIE 进行分析(如果合适,可由信息安全工程牵头进行)。LCIE 应该检查带趋势性的问题报告,这些问题报告指出系统应用中不充分的培训,或揭示出引起安全风险增加或不符合系统安全需求的系统设计错误。

4.5.7　系统的修改

1. 重大修改

　　有时可能需要对一个系统进行一处或多处修改,甚至完全替换一个系统。这种需求最通常是在重新请求全系统获取和工程过程时才被提出来。当需要大量新的资源、特殊或大规模采购或大规模工程人力资源,需要改变系统的大部分或特别关键的部分时,可认为这些就是主要的或重大的修改。通常,主要修改的提议必须经适当的机构进行论证,并且要在可能引起可用资源竞争的其他系统获取的活动之前优先实施。重新计划的产品改进方案也有同样的属性。

2. 一般修改

信息安全工程小组或 LCIE 在计划和开发一般性修改时，必须和客户紧密合作。一般性修改往往是那些特别规划给该系统运行和维护基金内可以处理的小修改，或者得到机构运行资金支持的小修改。它们通常是由端用户提出或其设计支持中心提出的，此类修改不必通知获取项目办事机构或系统工程小组。

对于一般性修改，信息安全工程过程仍然是可用的和有益的。由于修改的开发活动远比系统开发规模小，所以这种修改降低了复杂性，简化了手续，缩小了范围。LCIE 应该保证，所有需求包含任何合适的安全需求，设计满足安全需求，实现也考虑到设计。通常，为了适应一般性修改，许多系统文件只要求少量的改变。信息安全工程小组将参与到这些改变中，以保证当时判定为可接受安全风险等级的系统安全状况不能因修改而降低。对于被提议的系统修改是否应该进行深层次的安全风险评估或者重新进行正规的安全风险审核，信息安全工程小组应该基于需求的修改特性做出判断。

4.5.8 报废处置

处置包括一些必须执行的任务、行为和活动以及系统元素，保证对那些退役的、被破坏的或不可修复的系统最终项目进行报废处置，以与分类项目的应用策略以及环境规则和指示相一致。此外，系统的报废处置，要考虑到短期和长期可能破坏环境和伤及人与动物健康的影响。系统工程处置功能还包括再生、材料恢复、废物利用，以及对开发和生产过程中副产品的处置。

信息安全工程小组应该保证为系统所做的处置计划充分地考虑到该系统生命期有关安全方面的问题。例如，当开发完成后，如何处理用来开发保密软件的计算机、系统的副产品和消耗品（即备用材料、计算机外部设备输出和打印机附件等），以及驻留在现场系统中已被淘汰或撤销的保密软件。LCIE 将保证处置与安全生命周期的支持计划相一致，使报废处置不会增加系统的安全风险。

本 章 小 结

本章介绍了与信息安全工程相关的概念和各种典型活动，所有这些活动必须在信息安全工程小组或信息系统安全工程师的指导下完成。概括性地描述了安全规划与控制、安全需求、安全设计支持、安全运行、生命周期安全等每项活动。安全规划与控制属于系统和安全项目的管理与规划活动，开始于一个机构从业务角度决定承担该工程的时候，它们是信息安全工程过程的基本部分；安全需求是为了确定系统每个主要功能，并用无歧义的可试验术语说明这些需求；安全设计支持提供了对那些能满足系统需求的安全服务、安全机制和安全特性的深刻理解，以及在整个系统结构的上下文关联中的建议；生命周期的规划和实施达到了安全持续运行在设计的性能水平上。

习　题

1. 简述信息安全工程的生命周期。
2. 分别简述信息安全工程小组和 LCIE 的职责。
3. 为什么要实行配置管理？
4. 一个科学的高质量的信息安全工程应包括哪些环节？

第5章

信息安全风险管理与评估

学习目标

- 了解风险评估的概念、特点和内涵；
- 知道风险评估的过程及应注意的问题；
- 了解如何选择恰当的风险评估方法；
- 知道典型的风险评估方法；
- 了解风险评估实施准备。

5.1 信息安全风险管理

信息安全风险管理是指对信息安全项目从识别到分析乃至采取应对措施等一系列过程，它包括将积极因素所产生信息安全风险管理流程的影响最大化和使消极因素产生的影响最小化两方面内容。

5.1.1 定义与基本性质

信息安全风险管理是指通过风险识别、风险分析和风险评价去认识信息安全项目的风险，以此为基础合理地使用各种风险应对措施、管理方法技术和手段，对信息安全项目的风险实行有效的控制，妥善地处理风险事件造成的不利后果，以最少的成本保证信息安全总体目标实现的管理工作。

通过界定信息安全范围，可以明确信息安全项目的范围，将信息安全项目的任务细分为更具体、更便于管理的部分，避免遗漏而产生风险。在信息安全项目进行过程中，各种变更是不可避免的，变更会带来某些新的不确定性，风险管理可以通过对风险的识别、分析来评价这些不确定性，从而向信息安全项目的管理提出任务。

信息安全风险管理基本性质表现为风险的客观性和风险的不确定性。风险的客观性，首先表现在它的存在是不以个人的意志为转移的。从根本上说，这是因为决定风险的各种因素对风险主体是独立存在的，不管风险主体是否意识到风险的存在，在一定条件下仍有可能变为现实。其次，还表现在它是无时不有、无所不在的，它存在于人类社会的发展过程中，潜藏于人类从事的各种活动之中。风险的不确定性是指风险的发生是不确定的，即风险的程度有多大、风险何时何地有可能转变为现实均是不确定的。这是由于人们对客观世界的认识受到各种条件的限制，不可能准确预测风险的发生。

风险一旦产生，就会使风险主体产生挫折、失败、甚至损失，这对风险主体是极为不利的。风险的不利性要求我们在承认风险、认识风险的基础上做好决策,尽可能地避免风险,将风险的不利性降至最低。风险的可变性是指在一定条件下风险可以转化。

5.1.2　分类

按风险后果分类可分为纯粹风险和投机风险。纯粹风险是指风险导致的结果只有两种,即没有损失或有损失(不会带来利益)。投机风险是指风险导致的结果有三种,即没有损失、有损失或获得利益。纯粹风险一般可重复出现,因而可以预测其发生的概率,从而相对容易采取防范措施。投机风险重复出现的概率小,因而预测的准确性相对较差。纯粹风险和投机风险常常同时存在。

按风险来源划分自然风险和人为风险。自然风险是指由于自然力的不规则变化导致财产毁损或人员伤亡,如风暴、地震等。人为风险是指由于人类活动导致的风险。人为风险又可细分为行为风险、政治风险、经济风险、技术风险和组织风险等。

按风险的形态分静态风险和动态风险。静态风险是由于自然力的不规则变化或由于人的行为失误导致的风险。从发生的后果来看,静态风险多属于纯粹风险。动态风险是由于人类需求的改变、制度的改进和政治、经济、社会、科技等环境的变迁导致的风险。从发生的后果来看,动态风险既可属于纯粹风险,又可属于投机风险。

按风险可否管理分可管理风险和不可管理风险。可管理风险是指用人的智慧、知识等可以预测、可以控制的风险。不可管理风险是指用人的智慧、知识等无法预测和无法控制的风险。

按风险的影响范围分类可分为局部风险和总体风险。局部风险是指由于某个特定因素导致的风险,其损失的影响范围较小。总体风险影响范围大,其风险因素往往无法加以控制,如经济、政治等因素。

按风险后果的承担者分类可分为政府风险、投资方风险、业主风险、承包商风险、供应商风险、担保方风险等。

按照信息安全目标系统的结构进行划分可分为工期风险、费用风险、质量风险、市场风险、信誉风险、人身伤亡安全健康以及工程或设备的损坏、法律责任。

5.1.3　信息安全风险控制与管理方案

风险识别包含两方面内容:识别哪些风险可能影响信息安全进展,及记录具体风险的各方面特征,风险识别不是一次性行为,而应有规律地贯穿整个信息安全中;风险识别包括识别内在风险及外在风险。内在风险指信息安全工作组能加以控制和影响的风险,如人事任免和成本估计等。外在风险指超出信息安全工作组等控力和影响力之外的风险,如市场转向或政府行为等。

严格来说,风险仅仅指遭受创伤和损失的可能性,但对信息安全而言,风险识别还牵涉机会选择(积极成本)和不利因素威胁(消极结果)。信息安全风险识别应凭借对"因"和"果"(将会发生什么导致什么)的认定来实现,或通过对"果"和"因"(什么样的结果需要予以避免或促使其发生,以及怎样发生)的认定来完成。

1．对风险识别的输入

在所识别的风险中,信息安全产品的特性起主要的决定作用。所有的产品都是这样,生产技术已经成熟完善的产品要比尚待革新和发明的产品风险低得多。与信息安全相关的风险常常以"产品成本"和"预期影响"来描述。工作分析结构——非传统形式的结构细分往往能提供给我们高一层次分支图所不能看出来的选择机会。成本估计和活动时间估计——不合理的估计及仅凭有限信息做出的估计会产生更多风险。人事方案——确定团队成员有独特的工作技能使之难以替代,或有其他职责使成员分工细化。必需品采购管理方案——类似发展缓慢的地方经济这样的市场条件往往可能提供降低合同成本的选择。

2．风险输出

风险因素是指一系列可能影响信息安全向好或坏的方向发展的风险事件的总和,这些因素是复杂的,也就是说,它们应包括所有已识别的条目,而不论频率、发生之可能性、盈利或损失的数量等。潜在的风险事件是指如自然灾害或团队特殊人员出走等能影响信息安全的不连续事件。在发生这种事件或重大损失的可能相对巨大时("相对巨大"应根据具体信息安全而定),除风险因素外还应将潜在风险事件考虑在内。风险征兆有时也被称为触发引擎,是一种实际风险事件的间接显示。例如:丧失士气可能是计划被搁置的警告信号;而运作早期即产生成本超支可能又是评估粗糙的表现。风险认定过程应在另一个相关领域中确定一个要求,以便进行进一步运作。

3．风险量化

风险量化涉及对风险和风险之间相互作用的评估,用这个评估分析信息安全可能的输出。这首先需要决定哪些风险值得反应。如对风险量化的输入,投资者对风险的容忍度。不同的组织和个人往往对风险有着不同的容忍限度。不同工具和方法对风险量化存在一定的偏差。统计数字加总是将每个具体工作课题的估计成本加总以计算出整个信息安全的成本的变化范围。模拟法运用假定值或系统模型来分析系统行为或系统表现。较普通的模拟法模式是运用信息安全模型作为信息安全框架来制作信息安全日程表。决策树是一种便于决策者理解的、来说明不同决策之间和相关偶发事件之间的相互作用的图表。

4．对策研究

风险对策研究包括对机会的跟踪进度和对危机的对策的定义。对威胁的对策大体分以下三点:避免——排除特定威胁往往靠排除威胁起源,信息安全管理队伍绝不可能排除所有风险,但特定的风险事件往往是可以排除的;减缓——减少风险事件的预期资金投入来减低风险发生的概率(如为避免信息安全产出的产品报废而使用专利技术),以及减少风险事件的风险系数,或两者双管齐下;吸纳——接受一切后果。这种接受可以是积极的(如制定预防性计划来防备风险事件的发生),也可以是消极的(如某些工程运营超支则接受低于预期的利润)。如对风险对策研究的输入须跟踪的机会,须反应的威胁和被忽略的机会,被吸纳的威胁。

5．实施控制

风险对策实施控制包括实施风险管理方案以便在信息安全过程中对风险事件做出回

应。当变故发生时,需要重复进行风险识别、风险量化以及风险对策研究,制定一整套基本措施、风险管理方案和实际风险事件;有些已识别了的风险事件会发生,有些则不会。发生了的风险事件是实际风险事件或者说是风险的起源,而信息安全管理人员应总结已发生的风险事件以便进行进一步的对策研究。附加风险识别;当信息安全进程受到评价和总结时,事先未被识别的潜在风险事件或风险的起源将会浮出水面。

6. 管理方案

在全面分析评估风险因素的基础上,制定有效的管理方案是风险管理工作的成败之关键,它直接决定管理的效率和效果。因此,翔实、全面、有效成为方案的基本要求,其内容应包括:风险管理方案的制定原则和框架、风险管理的措施、风险管理的工作程序等。

7. 制定原则

(1) 可行、适用、有效性原则。管理方案首先应针对已识别的风险源,制定具有可操作的管理措施,适用有效的管理措施能大大提高管理的效率和效果。

(2) 经济、合理、先进性原则。管理方案涉及的多项工作和措施应力求管理成本节约,管理信息流畅、方式简捷、手段先进才能显示出高超的风险管理水平。

(3) 主动、及时、全过程原则。信息安全的全过程建设期分为前期准备阶段(可行性研究阶段、勘察设计阶段、招标投标阶段)、施工及保修阶段、生产运营期。对于风险管理,仍应遵循主动控制、事先控制的管理思想,根据不断发展变化的环境条件和不断出现的新情况、新问题,及时采取应对措施,调整管理方案,并将这一原则贯彻信息安全全过程,才能充分体现风险管理的特点和优势。

(4) 综合、系统、全方位原则。风险管理是一项系统性、综合性极强的工作,不仅其产生的原因复杂,而且后果影响面广,所需处理措施综合性强,例如信息安全的多目标特征(投资、进度、质量、安全、合同变更和索赔、生产成本、利税等目标)。因此,要全面彻底地降低乃至消除风险因素的影响,必须采取综合治理原则,动员各方力量,科学分配风险责任,建立风险利益的共同体和信息安全全方位风险管理体系,才能将风险管理的工作落到实处。

(5) 风险管理方案计划书内容框架。计划书一般应包括:①信息安全概况;②风险识别(分类、风险源、预计发生时间点、发生地、涉及面等);③风险分析与评估(定性和定量的结论、后果预测、重要性排序等);④风险管理的工作组织(设立决策机构、管理流程设计、职责分工、工作标准拟订、建立协调机制等);⑤风险管理工作的检查评估。

8. 控制措施

(1) 经济性措施:主要措施有合同方案设计(风险分配方案、合同结构设计、合同条款设计),保险方案设计(引入保险机制、保险清单分析、保险合同谈判),管理成本核算。

(2) 技术性措施:技术性措施应体现可行、适用、有效性原则,主要有预测技术措施(模型选择、误差分析、可靠性评估),决策技术措施(模型比选、决策程序和决策准则制定、决策可靠性预评估和效果后评估),技术可靠性分析(建设技术、生产工艺方案、维护保障技术)。

(3) 组织管理性措施:主要是贯彻综合、系统、全方位原则和经济、合理、先进性原则,包括管理流程设计、确定组织结构、管理制度和标准制定、人员选配、岗位职责分工,落实风险管理的责任等。还应提倡推广使用风险管理信息系统等现代管理手段和方法。

5.2　信息安全风险评估基础

5.2.1　与风险评估相关的概念

资产(Asset)：任何对组织有价值的事物。威胁(Threat)：是指可能对资产或组织造成损害的事故的潜在原因。例如,组织的网络系统可能受到来自计算机病毒和黑客攻击的威胁。脆弱点(Vulnerability)：是指资产或资产组中能被威胁利用的弱点。如员工缺乏信息安全意识、使用简短易被猜测的口令、操作系统本身有安全漏洞等。威胁是利用脆弱点而对资产或组织造成损害的,资产、威胁和脆弱点对应关系如图 5-1所示。

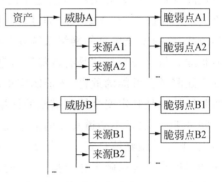

图 5-1　资产、威胁和脆弱点对应关系

风险(Risk)：特定的威胁利用资产的一种或一组薄弱点,导致资产的丢失或损害的潜在可能性,即特定威胁事件发生的可能性与后果的结合。风险评估(Risk Assessment)：对信息和信息处理设施的威胁、影响(Impact)和脆弱点及三者发生的可能性的评估。风险评估也称为风险分析,就是确认安全风险及其大小的过程,即利用适当的风险评估工具,包括定性和定量的方法,确定资产风险等级和优先控制顺序。

5.2.2　风险评估的基本特点

信息安全风险评估具有以下基本特点：

(1) 决策支持性：所有的安全风险评估都旨在为安全管理提供支持和服务,无论它发生在系统生命周期的哪个阶段,所不同的只在于其支持的管理决策阶段和内容。

(2) 比较分析性：对信息安全管理和运营的各种安全方案进行比较,对各种情况下的技术、经济投入和结果进行分析、权衡。

(3) 前提假设性：在风险评估中所使用的各种评估数据有两种,一是系统既定事实的描述数据；二是根据系统各种假设前提条件确定的预测数据。不管发生在系统生命周期的哪个阶段,在评估时,人们都必须对尚未确定的各种情况做出必要的假设,然后确定相应的预测数据,并据此做出系统风险评估。没有哪个风险评估不需要给定假设前提条件,因此信息安全风险评估具有前提假设性这一基本特性。

(4) 时效性：必须及时使用信息安全风险评估的结果,过期则可能出现失效而无法使用的情况,失去风险评估的作用和意义。

(5) 主观与客观集成性：信息安全风险评估是主观假设和判断与客观情况和数据的结合。

（6）目的性：信息安全风险评估的最终目的是为信息安全管理决策和控制措施的实施提供支持。

5.2.3　风险评估的内涵

风险评估是信息安全建设和管理的科学方法。风险评估是信息安全等级保护管理的基础工作，是系统安全风险管理的重要环节。风险评估是信息安全保障工作的重要方法，是风险管理理论和方法在信息化中的运用，是正确确定信息资产、合理分析信息安全风险、科学管理风险和控制风险的过程。信息安全旨在保护信息资产免受威胁。考虑到各类威胁，绝对安全可靠的网络系统并不存在，只能通过一定的措施把风险降低到可以接受的程度。信息安全评估是有效保证信息安全的前提条件。只有准确了解系统安全需求、安全漏洞及其可能的危害，才能制定正确的安全策略，制定并实施信息安全对策。另外，风险评估也是制定安全管理措施的依据之一。还有，客户单位业务主管并不是不重视信息安全工作，而是不知道具体的信息安全风险是什么，不知道信息安全风险来自何方、有多大，不知道做好信息安全工作要投入多少人力、财力、物力，不知道应采取什么样的措施来加强信息安全保障工作，对已采取的信息安全措施也不知道是否有效。所以我们说信息安全风险评估应该成为各个单位信息化建设的一种内在要求，各主管和应用单位应该负责好自己系统的信息安全风险评估工作。

风险评估是分析确定风险的过程。风险评估是依据国家标准规范，对信息系统的完整性、保密性、可用性等安全保障性能进行科学、公正地综合评估的活动。它是确认安全风险及其大小的过程，即利用适当的风险评估工具，包括定性和定量的方法，确认信息资产自身的风险等级和风险控制的优先顺序。风险评估是识别系统安全风险并确定风险出现的概率、结果的影响以及提出补充的安全措施以缓和风险影响的过程。风险评估是信息安全建设的起点和基础。风险评估是信息安全建设的起点和基础，科学地分析理解信息和信息系统在保密性、完整性、可用性等方面所面临的风险，并在风险的预防、风险的减少、风险的转移、风险的补偿、风险的分散等之间做出决策。风险评估是在倡导一种适度安全。随着信息技术在国家各个领域的广泛应用，传统的安全管理方法已不适应信息技术带来的变化，不能科学全面地分析、判断网络和信息系统的安全状态，在网络和信息系统建设、运行过程中，出现了不能采取适当的安全措施、投入适当的安全经费，以达到适当的安全目标的偏差。

信息安全风险评估就是从风险管理的角度，运用科学的方法和手段，系统地分析网络与信息系统所面临的威胁及存在的脆弱性，评估安全事件一旦发生可能造成的危害程度，提出针对性抵御的防护对策和整改措施，并为防范和化解信息安全风险或者将风险控制在可接受的水平，最大限度地保障网络和信息安全提供科学依据。

风险评估在信息安全保障体系建设中具有不可替代的地位和重要作用，它是实施等级保护的前提，又是检查、衡量系统安全状况的基础工作。风险评估是分析确定风险的过程。分析确定系统风险及其大小，进而决定采取什么措施去减少、转移、避免和对抗风险，确定把风险控制在可以容忍的范围内，这就是风险评估的主要流程。

5.2.4　风险评估的两种方式

信息安全风险评估是提高我国信息安全保障水平的一项重要举措,应当贯穿于网络与信息系统建设运行的全过程。根据评估发起者的不同,风险评估可分为自评估、检查评估两种方式。自评估是信息安全风险评估的主要形式,是指信息系统拥有、运营或使用单位发起的对本单位信息系统进行的风险评估,以发现信息系统现有弱点。实施安全管理为目的的检查评估是指信息系统上级管理部门或信息安全职能部门组织的信息安全风险评估。检查评估是通过行政手段加强信息安全的重要措施。

风险评估应以自评估为主,检查评估在自评估过程记录与评估结果的基础上,验证和确认系统存在的技术、管理和运行风险,以及用户实施自评估后采取风险控制措施取得的效果。自评估和检查评估应相互结合、互为补充。自评估和检查评估都可依托自身技术力量进行,也可委托具有相应资质的第三方机构提供技术支持。

美国等发达国家,自评估工作已经运行多年,逐步形成了标准和规范,大体进入了制度化阶段。在此基础上,他们开始强调联邦一级的认证认可,即检查评估。我国开展信息安全风险评估工作滞后于发达国家。因此,现阶段应该把自评估工作尽快开展、规范起来,打好风险评估工作的基础。

1. 自评估

自评估是风险评估的基础。要落实"谁主管谁负责,谁运营谁负责"的原则,信息系统资产的拥有者、主管者、运行者首先应通过自评估的方式对自己负责,这样才能随时掌握安全状况,不断调整安全措施,有效进行安全控制。

自评估是信息系统拥有者依靠自身力量,依据国家风险评估的管理规范和技术标准,对自有的信息系统进行风险评估的活动。信息系统的风险不仅仅来自信息系统技术平台的共性,还来自于特定的应用服务。由于具体单位的信息系统各具特性,这些个性化的过程和要求往往是敏感的,没有长期接触该单位所属行业和部门的人难以在短期内熟悉和掌握。而且只有拥有者对威胁及其后果的体会最深切。目前的信息技术企业,通过技术平台的脆弱性分析,难以真正掌握和了解具体行业或部门的资产、威胁和风险。这些企业不但需要深入研究信息技术平台的共性化风险,还需要推动不同行业部门的个性化风险的专门研究,否则风险评估将会出现关注面的缺失。

自评估方式的优缺点非常明显,主要包括以下两点。

优点:有利于保密;有利于发挥行业和部门内的人员的业务特长;有利于降低风险评估的费用;有利于提升本单位的风险评估能力与信息安全知识。

缺点:如果没有统一的规范和要求,在缺乏信息系统安全风险评估专业人才的情况下,自评估的结果可能不深入、不规范、不到位;自评估中,也可能会存在某些不利的干预,从而影响风险评估结果的客观性,降低评估结果的置信度;某些时候,即使自评估的结果比较客观,也必须与管理层进行沟通。

为了扬长避短,在自评估中可以采用如下改进办法:发挥专家的指导作用或委托专业评估组织参与部分工作;委托具有相应资质的第三方机构提供技术支持;由国家建立的测评认证机构或安全企业实施评估活动。它既有自评估的特点(由单位自身发起,且本单位对风险评估过程的影响可以很大),也有第三方评估的特点(由独立于本单位的另外一方实施评估)。

委托第三方机构组织或参与自评估活动的好处在于:在委托评估中,接受委托的评估机构一般拥有风险评估的专业人才;风险评估的经验比较丰富;对信息技术风险的共性了解得比较深入;评估过程较为规范,评估结果的客观性比较好,置信度比较高。

但在委托第三方机构组织或参与自评估活动时也要考虑以下三个问题:①评估费用可能会较高;②可能会难以深入了解行业应用服务中的安全风险;③由于风险评估中必然会接触到被评估单位的敏感情况,且评估结果本身也属于敏感信息,因此委托评估中容易发生评估风险。

2. 检查评估

检查评估是由信息安全主管部门或业务主管部门发起的一种评估活动,旨在依据已经颁布的法规或标准,检查被评估单位是否满足了这些法规或标准。信息安全检查是通过行政手段加强信息安全的重要措施,形式有安全保密检查、生产安全检查、专项检查等。被查单位应配合评估工作的开展。

检查评估的实施可以多样化,既可以依据国家法规或标准的要求,实施完整的风险评估过程,也可以在对自评估的实施过程、风险计算方法、评估结果等重要环节的科学合理性进行分析的基础上,对关键环节或重点内容实施抽样评估。

检查评估应覆盖但不限于以下内容:自评估方法的检查;自评估过程记录检查;自评估结果跟踪检查;现有安全措施的检查;系统输入/输出控制的检查;软硬件维护制度及实施状况的检查;突发事件应对措施的检查;数据完整性保护措施的检查;审计追踪的检查。

检查评估一般由主管机关发起,通常都是定期的、抽样进行的评估模式,旨在检查关键领域或关键点的信息安全风险是否在可接受的范围内。鉴于检查评估的性质,在检查评估实施之前,一般应确定适用于整个评估工作的评估要求或规范,以适用于所有被评估单位。

由于检查评估是由被评估方的主管机关实施的,因此,其评估结果最具权威性,因为被检查单位自身不能对评估过程进行干预。

但是,检查评估也有如下限制:间隔时间较长,如一年一次,有时还是抽样进行;不能贯穿一个部门信息系统生命周期的全过程,很难对信息系统的整体风险状况做出完整的评价。

检查评估也可以委托风险评估服务技术支持方实施,但评估结果仅对检查评估的发起单位负责。由于检查评估代表了主管机关,涉及评估对象也往往较多,因此,要对实施检查评估机构的资质进行严格管理。

5.3　风险评估的过程

5.3.1　风险评估基本步骤

风险评估方法具有多样、灵活的特点。此外,对风险评估方法的选择又可依据组织的特点进行,因此又具有一定的自主性。但无论如何,信息安全风险评估过程应包括以下基本操作步骤:第一步,风险评估准备,包括确定评估范围、组织评估小组;第二步,风险因素识别;第三步,风险确定;第四步,风险评价;第五步,风险控制。信息安全风险评估过程如图 5-2 所示。

为使风险评估更加有效,这一过程应该作为组织业务过程的一部分来看待。风险管理人员希望风险分析和评估过程能够对组织的业务目标起到积极的支持作用。需要强调的是,风险评估过程成功与否关键在其能否被组织所接受。一个有效的风险评估过程将发现组织的需求,并与组织的管理人员积极合作,共同达成组织目标。

为使风险评估能够成功进行,评估人员需要了解客户/企业管理者真正需要什么,并努力满足其需求。对一个信息安全从业人员来说,风险评估过程主要关注的是信息资源的机密性、可用性和完整性。

风险评估过程应根据组织机构的业务运作情况随时进行调整,许多时候企业的管理者都被告知需要增加一些安全控制措施,并且这些安全控制措施是审计的需要或者是安全的需要,而不是商业方面的要求。风险评估工作就是要在风险分析的基础上,帮助用户找到对业务运行有利的安全控制措施和对策。

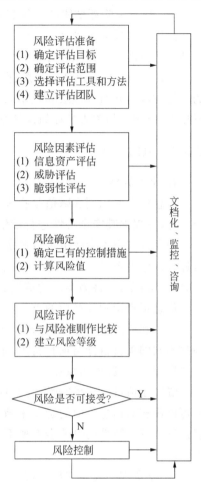

图 5-2　信息安全风险评估过程

5.3.2　风险评估准备

良好的风险评估准备工作是使整个风险评估过程高效完成的保证。计划实施风险评估是组织的一种战略性考虑,其结果将受到组织业务战略、业务流程、安全需求、系统规模和组成结构等方面的影响。因此,在实施风险评估之前,应做到以下几点。

(1) 确定风险评估的目标。在风险评估准备阶段应明确风险评估的目标,为风险评估的过程提供导向。信息系统是企业的重要资产,其机密性、完整性和可用性对维持企业的竞争优势、获利能力、法规要求和企业形象等具有十分重要的意义。企业要面对日益增长的、来自内部和外部的安全威胁。风险评估目标须满足企业持续发展在安全方面的要求,满足相关方的要求,满足法律法规的要求等。

(2) 风险评估的范围。基于风险评估目标确定风险评估范围是完成风险评估的又一个前提。风险评估范围可能是企业全部的信息以及与信息处理相关的各类资产、管理机构,也可能是某个独立的系统、关键业务流程、与客户知识产权相关的系统或部门等。

(3) 选择与组织机构相适应的具体风险判断方法。在选择具体的风险判断方法时,应考虑到评估的目的、范围、时间、效果、人员素质等诸多因素,使之能够与组织环境和安全要求相适应。

（4）建立风险评估团队。组建适当的风险评估管理与实施团队，以支持整个过程的顺利推进。如成立由管理层、相关业务骨干、信息技术人员等组成的风险评估小组。风险评估团队应能够保证风险评估工作的高效开展。

（5）获得最高管理者对风险评估工作的支持。风险评估过程应得到企业最高管理者的支持、批准，并对管理层和技术人员进行传达，应在组织内部对风险评估的相关内容进行培训，以明确相关人员在风险评估中的任务。

5.3.3 风险因素评估

1. 资产评估

信息资产的识别和赋值是指确定组织信息资产的范围，对信息资产进行识别、分类和分组等，并根据其安全特性进行赋值的过程。

信息资产识别和赋值可以确定评估的对象，是整个安全服务工作的基础。另外，本阶段还可以帮助客户实现信息资产识别和价值评定过程的标准化，确定一份完整的、最新的信息资产清单，这将为客户的信息资产管理工作提供极大帮助。

信息资产识别和赋值的首要步骤是识别信息资产，制定《信息资产列表》。信息资产按照性质和业务类型等可以分成若干资产类，如数据、软件、硬件、设备、服务和文档等。根据不同的项目目标与项目特点，重点识别的资产类别会有所不同，在通常的项目中一般以数据、软件和服务为重点。

资产赋值可以为机密性、完整性和可用性这三个安全特性分别赋予不同的价值等级，也可以用相对信息价值的货币来衡量。根据不同客户的行业特点、应用特性和安全目标，资产三个安全特性的价值会有所不同，如电信运营商更关注可用性，军事部门更关注机密性等。

《信息资产列表》将对项目范围内的所有相关信息资产做出明确的鉴别和分类，并将其作为风险评估工作后续阶段的基础与依据。

2. 威胁评估

威胁是指对组织的资产引起不期望事件而造成损害的潜在可能性。威胁可能源自对企业信息直接或间接的攻击，如非授权的泄露、篡改、删除等，从而使信息资产在机密性、完整性或可用性等方面造成损害；威胁也可能源自偶发或蓄意的事件。

一般来说，威胁只有利用企业、系统、应用或服务的弱点才有可能对资产成功实施破坏。威胁被定义为不期望发生的事件，这些事件会影响业务的正常运行，使企业不能顺利达成其最终目标。一些威胁是在已存在控制措施的情况下发生的，这些控制措施可能是没有正确配置或过了有效期的，因此为威胁进入操作环境提供了机会，这个过程就是我们通常所说的利用漏洞的过程。威胁评估是指列出每项抽样选取的信息资产面临的威胁，并对威胁发生的可能性进行赋值。威胁发生的可能性受以下两方面因素影响：①资产的吸引力和曝光程度、组织的知名度，这主要在考虑人为故意威胁时使用；②资产转化成利润的容易程度，包括财务的利益、黑客获得运算能力很强和带宽很大的主机的使用权等利益，这主要在考虑人为故意威胁时使用。

在对威胁进行评估之前，首先需要对威胁进行分析，威胁分析主要包括以下内容：潜在威胁分析是指对用户信息安全方面潜在的威胁和可能的入侵做出全面的分析。潜在威胁主要是指根据每项资产的安全弱点而引发的安全威胁。通过对漏洞的进一步分析，可以对漏洞可能引发的威胁进行赋值，主要是依据威胁发生的可能性和造成后果的严重性来对其赋值。潜在威胁分析过程主要基于当前社会普遍存在的威胁列表和统计信息。威胁审计和入侵检测是指利用审计和技术工具对组织面临的威胁进行分析。威胁审计是指利用审计手段发现组织曾经发生过的威胁并加以分析。威胁审计的对象主要包括组织的安全事件记录、故障记录、系统日志等。在威胁审计过程中，咨询顾问收集这些历史资料，寻找异常现象，从中发现威胁情况并编写审计报告。入侵检测主要作用于网络空间，是指利用入侵检测系统对组织网络当前阶段所经受的内部和外部攻击或威胁进行分析。威胁评估主要包括以下内容：威胁识别，建立威胁列表。建立一个完整的威胁列表可以有许多不同的方法。例如，可以建立一个检查列表，但需要注意不要过分依赖这种列表，如果使用不当，这种列表可能会造成评估人员思路的任意发散，使问题变得庞杂，因此在使用检查列表之前首先需要确保所涉及的威胁已被确认且全部威胁得到了覆盖。在确定风险级别（可能性与影响）时，应建立一个评估框架，通过它来确定风险情况。另外，还应考虑到已有控制措施对威胁可能产生的阻碍作用。典型的做法是：在对某个框架进行评估时，首先假设发现的威胁是在没有控制措施的情况下发生的，这样有助于风险评估小组建立一个最基本的风险基线，在此基线基础上再来识别安全控制和安全防护措施，以及评价这些措施的有效性。威胁发生概率和产生影响的评估结论是识别和确定每种威胁发生风险的等级。对风险进行等级化需要对威胁产生的影响做出定义，如可将风险定义为高，中、低等风险，也可以建立一个概率——影响矩阵，即风险矩阵，如图5-3所示。

威胁产生的影响

威胁发生的可能性

	高	中	低
高	高	高	中
中	高	高	中
低	中	中	低

风险大小

图5-3 风险矩阵

3. 弱点评估

弱点评估是指通过技术检测、试验和审计等方法，寻找用户信息资产中可能存在的弱点，并对弱点的严重性进行估值。弱点的严重性主要是指可能引发的影响的严重性，因此与影响密切相关。关于技术性弱点的严重性，一般都是指可能引发的影响的严重性，通常将之分为高、中、低三个等级。①高等级。可能导致超级用户权限被获取、机密系统文件被读/写、系统崩溃等严重资产损害的影响，一般指远程缓冲区溢出、超级用户密码强度太弱、严重拒绝服务攻击等弱点。②中等级。介于高等级和低等级之间的弱点，一般不能直接被威胁利用，需要和其他弱点组合后才能产生影响，或者可以直接被威胁利用，但只能产生中等影响。一般指不能直接被利用而造成超级用户权限被获取、机密系统文件被读/写、系统崩溃等影响的弱点。③低等级。可能会导致一些非机密信息泄露、非严重滥用和误用等不太严重的影响。一般指信息泄露、配置不规范。如果配置不当可能会引起危害的弱点，这些弱点即使被威胁利用也不会引起严重的影响。参考这些业界通用的弱点严重性等级划分标准，在实际工作过程中一般采用以下等级划分标准，即把资产的弱点严重性分为5个等级，分别为很高（VH）、高（H）、中等（M）、低（L）、可忽略（N），并且从高到低分别赋值为4、3、2、1、0，如表5-1所示。

表 5-1　弱点严重性赋值标准

赋值	简称	说　　明
4	VH	该弱点若被威胁利用,可以造成资产全部损失或不可用、持续业务中断、巨大财务损失等非常严重的影响
3	H	该弱点若被威胁利用,可以造成资产重大损失、业务中断、较大财务损失等严重的影响
2	M	该弱点若被威胁利用,可以造成资产损失、业务受到损害、中等财务损失等影响
1	L	该弱点若被威胁利用,可以造成较小资产损失并立即可以控制、较小财务损失等影响
0	N	该弱点可能造成资产损失可以被忽略,对业务基本无损害,只造成轻微或可忽略的财务损失等影响

在实际评估工作中,技术性弱点的严重性值一般参考扫描器或 CVE 标准中的值,并做适当修正,以获得适用的弱点严重性值。弱点评估可以分别在管理和技术两个层面上进行,主要包括技术弱点检测、网络构架与业务流程分析、策略与安全控制实施审计、安全弱点综合分析等。

技术弱点检测是指通过工具和技术手段对用户实际信息进行弱点检测,技术弱点检测包括扫描和模拟渗透测试。扫描根据扫描范围不同,分为远程扫描和本地扫描。远程扫描：从组织外部用扫描工具对整个网络的交换机、服务器、主机和客户机进行检查,检测这些系统是否存在已知弱点。远程扫描对统计分析用户信息系统弱点的分布范围、出现概率等起着重要作用。在远程扫描过程中,咨询顾问首先需要制定扫描计划,确定扫描内容、工具和方法,在计划中必须考虑到扫描过程对系统正常运行可能造成的影响,并提出相应的风险规避和紧急处理、恢复措施,然后向客户提交扫描申请,征得客户同意后开始部署扫描工具,配置并开始自动扫描过程。远程扫描的时间一般视扫描范围和数量而定。远程扫描完成后,咨询顾问对扫描结果进行分析,并编制完成《远程扫描评估报告》。本地扫描：从组织内部用扫描工具对内部网络的交换机、服务器、主机和客户机进行检查,检测这些系统是否存在已知弱点。由于大部分组织对网络内部的防护通常要弱于外部防护,因此本地扫描在发现弱点的能力方面要比远程扫描强。类似地,在本地扫描过程中,也首先需要制定扫描计划,确定扫描内容、工具和方法,以及考虑扫描过程对系统正常运行可能造成的影响,并提出相应的风险规避和紧急处理、恢复措施;然后向客户提交扫描申请,征得客户同意后开始部署扫描工具,配置并开始自动扫描过程。本地扫描完成后,对扫描结果进行分析并编制完成《本地扫描评估报告》。模拟渗透测试是指在客户的允许下和可控的范围内,采取可控的、不会造成不可弥补损失的黑客入侵手法,对客户网络和系统发起“真正”攻击,发现并利用其弱点实现对系统的入侵。渗透测试和工具扫描可以很好地实现互相补充。工具扫描具有很好的效率和速度,但存在一定的误报率,不能发现深层次、复杂的安全问题。渗透测试需要投入的人力资源较大、对测试者的专业技能要求较高(渗透测试报告的价值直接依赖于测试者的专业技能),但可以发现逻辑性更强、更深层次的弱点。

5.3.4　风险确定

在确定风险之前,首先需要对现有安全措施做出评估,然后进行综合风险分析。

现有安全措施评估是指对组织目前已采取的、用于控制风险的技术和管理手段的实施效果做出评估。现有安全措施评估包括安全技术措施评估和安全策略实施审计,分别在技术和管理两个方面进行评估。安全技术措施评估对信息系统中已采取的安全技术的有效性做出评估。这些安全技术措施涉及物理层、网络层、应用层和数据层等,在安全技术措施评估过程中,评估人员根据信息资产列表分别列出已采取的安全措施和控制手段,分析其保护的机理和有效性,并对保护能力的强弱程度进行赋值。安全策略实施审计对组织所采取的安全管理策略的有效性做出评估。安全策略实施审计基于策略和安全控制审计的结果,它对组织中安全策略的实施能力和实施效果进行审计,并对其进行赋值。

现有安全措施评估将生成《现有安全措施评估报告》,内容包括对所评估安全技术措施和安全管理策略的针对性、有效性、集成性、标准性、可管理性、可规划性等方面所做的评价。综合风险分析将依据以上评估产生的信息资产列表、弱点和漏洞评估、威胁评估和现有安全措施评估等,进行全面、综合的评估,并得出最终的风险分析报告。在综合风险分析过程中,评估人员将依据评估准备阶段确定的计算方法计算出每项信息资产的风险值,然后通过分析和汇总最终形成《安全风险综合评估报告》。

5.3.5　风险评价

《安全风险综合评估报告》综合了在风险评估过程中对资产评估、资产抽样、漏洞和脆弱性分析、威胁分析、当前安全措施分析等各个方面所做的评估情况和评估结果,是对风险所做的综合分析和评估,对所评估的信息资产的风险给出了评价或评级。

例如,在安氏评估方法中,对应影响有一个属性,即严重性。该属性等同于弱点的严重性,通常将影响严重性分为 5 个等级,分别为很高(VH)、高(H)、中等(M)、低(L)、可忽略(N),并且从高到低分别赋值为 4、3、2、1、0,如表 5-2 所示。

表 5-2　影响严重性赋值标准

赋值	简称	说　　明
4	VH	可以造成资产全部损失或不可用、持续业务中断、巨大财务损失等非常严重的影响
3	H	可以造成资产重大损失、业务中断、较大财务损失等严重的影响
2	M	可以造成资产损失、业务受到损害、中等财务损失等影响
1	L	可以造成较小资产损失并立即可以控制、较小财务损失等影响
0	N	资产损失可以被忽略,对业务基本无损害,只造成轻微或可忽略的财务损失等影响

5.3.6　风险控制

风险评价的结果是列出风险的列表,并用一种双方认可的方法对这些风险进行赋值,如分级的方法,并对风险大小进行排序,判断风险的可接受程度。在评价风险等级后,评估小组应识别和确定消除风险或者将风险降低至可接受程度的相应控制措施,这属于风险管理和控制内容。风险评估的最终目的是为企业的商业目的提供安全服务,为管理者的决策提供支持,因此风险评估小组还应提出有效的、有利于减小风险的控制措施和方法,并对这些措施和方法进行记录。判定控制措施和方法是否有效的一种可行方法是评估一下在实施这些控制措施和方法后的风险情况。如果风险等级得以降低,降到了可接受的程度,那么认为这些风险控制措施和方法是有效的;如果风险等级没有降低到一个可接受的程度,那么认为这些风险控制措施和方法是无效的或效力不够,评估小组和管理者应考虑提出和采用其他风险控制措施和方法。无论选择什么样的控制措施和方法,都要考虑到在其实施过程中能对组织产生的影响。每种控制措施和方法在一定程度上都会产生影响,如实施控制的费用、对生产率的影响等,即使选择的控制措施是一个全新的工作流程,也要考虑对员工的影响等。

另外,还要考虑控制措施本身的安全性和可靠性,看其是否能保证企业工作于一种安全的模式下。如果不能保证这一点,那么实际上评估小组将企业推到了一个可能是更大的风险面前。

对风险控制措施的投入应与业务目标遭到破坏后可能受到的损失相平衡。如果保护某项资产所需的费用比该资产自身的价值或其产生的价值还要高,那么投资的回报率就太低了,可以认为风险控制措施“得不偿失”,因此对一种威胁的多种控制措施要进行仔细的相互比较,以便找到最佳的方法。为使风险分析过程更加有效,这一过程应在整个组织范围内进行。也就是说,对构成风险评估过程的所有要素和方法都做好标准化,并要求在所有的部门都使用这一标准。风险分析的结果是为企业确定降低威胁和风险的控制措施和方法。表 5-3 给出了一个风险控制措施的案例。

表 5-3　一个风险控制措施案例

编号	控制类别	控制方式	描述
1	操作	备份	操作人员要对操作的数据进行备份,包括添加电子标签并提交给系统管理员;同时对备份过程进行验证
2	操作	恢复计划	为确保一个应用或信息能被恢复,必须建立系统或数据恢复计划,并对恢复计划建立文档;同时验证恢复计划的可能性
3	操作	风险分析	进行一次风险评估,以确定可能面对的威胁等级;同时识别出相应的控制措施
4	操作	防病毒	确保局域网良好的管理,在局域网的所有计算机上安装企业级的标准版杀毒软件;做好防病毒技术方面的培训,关注防病毒方法的发展,并将这一过程列入企业信息的保护计划中
5	操作	界面	识别和确定用于传送信息的系统,通过增加提示的方式来强调其功能的重要性,确保它在使用过程中不发生操作错误,以免造成不必要的损失
6	操作	维护	记录并保证技术维护所需的时间

续表

编号	控制类别	控制方式	描　　述
7	操作	服务等级协议	通过客户支持建立服务等级协议,以满足客户需求
8	操作	变更管理	建立变更控制措施,建立更改计划,以保证数据存储的完整、有效
9	操作	商业影响分析	进行正式的商业影响分析,通过这种方式确定某一资产相对其他企业资产的重要程度
10	应用	可接受性测试	对已有的应用进行改进后要重新进行测试,以判断改进的结果是否可接受或可行
11	应用	培训	为使系统或应用得到正确使用,须设计一套完备的培训计划,培训计划应与企业的政策保持一致
12	应用	纠正策略	开发部门应对返工、修改等制定相应的策略
13	安全	培训	用户培训包括培训用户如何正确使用系统,认识到保护好自己账户、密码的重要性
14	安全	资产分类	对资产进行分类,分类标准依据企业政策、标准和工作模式等
15	安全	访问控制	增加安全机制,保护数据库中的数据免受非授权用户的访问
16	安全	优先级	对公司资产进行等级划分,确保按等级进行访问
17	系统	系统日志	建立系统日志,记录系统发生的事件
18	物理	物理安全	进行风险分析,发现可能存在的威胁

另外一种建立风险控制措施的方法是使用相关标准,如国际标准化组织的 ISO17799,它比较详尽地列举了可能存在的风险控制措施。

5.4　风险评估过程中应注意的问题

5.4.1　信息资产的赋值

(1) 明确评估范围。信息资产的赋值是进行风险评估的关键,如果参与风险评估的人员对信息资产的价值没有一个统一的认识,那么要进行一个准确的风险评估是很困难的。在信息资产识别过程中,风险评估小组负责人和信息资产拥有者要定义被评估的过程、应用、系统及其所涉及的信息资产。此处的关键是确立评估的边界,许多不成功的风险评估案例主要都是由于评估的范围没有确定好或者评估范围被不断扩大直至无法控制而造成的。在执行一个风险评估项目时,定义资产就是确定评估范围,有关评估范围的所有描述都应为资产定义服务。在任何一个风险评估项目中,评估者和资产拥有者都应对评估的内容和相关的参数表示达成共识,并以书面形式记录下对评估任务的描述与声明。在项目声明中应描述出识别的结果,如"评估小组将识别出被评估资产潜在的威胁,并依据其发生的可能性大小对这些潜在的威胁进行排序,或依据其发生时对信息资产的影响大小进行排序;使用风险列表,评估小组将识别出可能发挥作用的控制措施,使信息资产面临的风险降至可接受的程度"，这就是风险评估范围的描述，它明确了风险评估的范围和重点。

（2）确定评估参数。应在讨论评估项目所涉及的参数时投入足够的时间，尽管这些参数会随项目的不同而发生改变，但对任何项目都应考虑到以下几个方面的内容：①评估目的。如果评估的目的是为了纠正问题，那么应识别和确定产生问题的原因。风险评估的目的是为了推进某一任务的进程，那么首先就应该明确该任务的目的是什么，风险评估的目的是什么。②面向对象。即面向风险评估的受益者，明确谁是风险评估结果的接收者。③提交的文档。风险评估过程中需要记录或提交的文档，包括威胁识别记录、风险级别记录、可用的控制措施列表等。④所需资源。为完成风险评估需要得到的支持，包括财务方面的支持、人员方面的支持、设备方面的支持和服务等。⑤制约因素。识别和确定那些可能影响项目实施和文档交付的因素和条件，如法律、法规、政策、环境条件等。⑥假设。识别和确定评估小组认为是正确的或已完成的工作，包括已完成的框架上的风险评估、已完成的最基本的控制措施等。⑦标准。对客户如何看待评估结果和评估成功与否达成一致，确定客户对风险评估时间、费用和质量的评价标准，评价标准是相对的。依据评估标准，可以对评估结果是否满足最初的要求进行度量。评估人员需要帮助客户澄清其真实的愿望，以便确保评价标准能够正确反映出评估成功与否。

信息资产赋值对信息资产进行赋值并不是一件容易的事情，通常需要资产拥有者的积极配合。对其做好形式化描述是进行合理赋值的基础，随着信息经济学的产生和发展，为信息价值的正确评价创造了条件。

目前人们常用的信息资产赋值方法是对资产价值进行等级化，对资产在机密性、完整性和可用性方面须达到的程度进行分析，并在此基础上得出一个综合的结果。

1）资产机密性赋值

根据资产在机密性方面的不同要求，将其分为若干不同等级，分别对应资产在机密性方面应达成的不同程度或者机密性缺失时对整个组织可能造成的影响。表 5-4 提供了一个有关机密性赋值的参考。

表 5-4　资产机密性赋值表

赋值	标识	定义
3	高	包含组织的重要秘密，泄漏它会使组织的安全和利益遭受严重损害
2	中等	包含组织的一般秘密，泄漏它会使组织的安全和利益受到损害
1	低	包含仅能在组织内部或组织某一部门公开的信息，向外扩散它有可能对组织的安全和利益造成损害
0	可忽略	包含可对社会公开的信息、公用的信息处理设备和系统资源等

2）资产完整性赋值

根据资产在完整性方面的不同要求，将其分为若干不同等级，分别对应资产在完整性方面应达成的不同程度或者完整性缺失时对整个组织可能造成的影响。表 5-5 提供了一个有关完整性赋值的参考。

表 5-5　资产完整性赋值表

赋值	标识	定　义
3	高	完整性价值较高,未经授权的修改或破坏会对组织造成重大影响,对业务冲击严重,比较难以弥补
2	中等	完整性价值中等,未经授权的修改或破坏会对组织造成影响,对业务冲击明显,但可弥补
1	低	完整性价值较低,未经授权的修改或破坏会对组织造成轻微影响,可以忍受,对业务冲击轻微,容易弥补
0	可忽略	完整性价值非常低,未经授权的修改或破坏对组织造成的影响可以忽略,对业务冲击可以忽略

3）资产可用性赋值

根据资产在可用性方面的不同要求,将其分为若干不同等级,分别对应资产在可用性方面应达成的不同程度或者可用性缺失时对整个组织可能造成的影响。表 5-6 提供了一个有关可用性赋值的参考。

表 5-6　资产可用性赋值表

赋值	标识	定　义
3	高	可用性价值较高,合法使用者对信息及信息系统的可用度达到每天 90％以上
2	中等	可用性价值中等,合法使用者对信息及信息系统的可用度在正常工作时间达到 70％以上
1	低	可用性价值较低,合法使用者对信息及信息系统的可用度在正常工作时间达到 25％以上
0	可忽略	可用性价值可以忽略,合法使用者对信息及信息系统的可用度在正常工作时间低于 25％

4）资产重要性等级划分

最后依据资产在机密性、完整性和可用性方面的赋值等级,经过综合评定得出资产价值。在综合评定时,可以根据组织自身的特点,选择对资产机密性、完整性和可用性最重要的一个属性赋值等级作为资产的最终赋值结果,也可以根据资产机密性、完整性和可用性的不同重要程度对其赋值进行加权计算而得到资产的最终赋值,加权方法可以根据组织的业务特点确定。最后将资产价值分级表示,级别越高表示资产的重要性程度越高。表 5-7 提供了一个有关资产重要性等级划分的参考。

表 5-7　资产重要性等级划分

赋值	标识	定　义
4	高	重要,其安全属性遭到破坏后可能对组织造成比较严重的损失
3	中等	比较重要,其安全属性遭到破坏后可能对组织造成中等程度的损失
2	低	不太重要,其安全属性遭到破坏后可能对组织造成较低的损失
1	很低	不重要,其安全属性遭到破坏后对组织造成的损失很小,甚至可以忽略不计

5.4.2　评估过程的文档化

完成风险评估后,评估结果应以正式格式的文档提交给信息资产的拥有者。该报告将帮助高层管理者和商业运营者在策略、商业过程、预算和改进管理等方面做出合理决策。

风险分析报告应以一种可行性分析报告的方式提交,通过对信息安全风险系统全面的分析,使高层管理者了解存在的风险,并做出决策,提供资源、增加投入,使风险降至可接受的程度。

为了合理分配资源进行风险控制,组织在明确可能的控制措施并评估其可行性和有效性后,应做一次投入/效益分析,以确定哪个控制措施更适合自己的组织。投入/效益分析着重分析采取这些控制措施会有什么作用,不采取这些控制措施又会有什么后果。

1. 文档化要求

除了确定适当的控制措施,风险评估还应记录管理中应做的工作。记录风险评估过程的相关文件应符合以下基本要求(但不限于这些要求):确保文件发布前已得到批准;确保文件的更改和现行状态是可识别的;确保文件可获得有关版本的适用文件;确保文件的分发得到适当的控制;防止作废文件的非预期使用,若因某种目的须保留已作废的文件,则应对这些文件进行适当标识。

另外,对风险评估过程中形成的相关文件,还应规定其标识、存储、保护、检索、保存期限、处置控制等内容。需要哪些相关文件及其详略程度由管理过程决定。

2. 文档类别

风险评估文件包括在整个风险评估过程中产生的评估过程文档和评估结果文档,包括但不限于以下基本文档:①风险评估计划,阐述风险评估的目标、范围、团队、方法、结果形式、实施进度、注意事项等;②风险评估程序,明确评估的目的、职责、过程、所需文件及其要求等;③资产识别清单,根据组织在风险评估程序文件中确定的资产分类方法对资产进行识别,形成资产识别清单,清单中应明确各资产的责任者;④重要资产清单,根据资产识别和赋值结果,形成重要资产列表,包括重要资产的名称、描述、类型、重要程度、责任者等;⑤威胁列表,根据威胁识别和赋值结果,形成威胁列表,包括威胁的名称、类型、来源、动机、出现频率等;⑥脆弱性列表,根据脆弱性识别和赋值结果,形成脆弱性列表,包括脆弱性的名称、类型、严重程度、描述等;⑦已有安全措施确认表,根据已有安全措施的确认结果,形成已有安全措施确认表,包括已有安全措施的名称、类型、功能描述、实施效果等;⑧风险评估报告,对整个风险评估过程和结果进行总结,详细说明评估对象、评估方法、资产识别结果、威胁识别结果、脆弱性识别结果、风险分析、风险统计、评估结论、建议等内容;⑨风险处理计划,对评估结果中不可接受的风险制定风险处理计划,选择适当的控制目标和安全措施,明确责任、进度、资源,并通过对残余风险的评价确保所选安全措施的有效性;⑩风险评估记录,根据组织的风险评估程序文件,记录对重要资产实施的风险评估过程。

5.5　风险评估方法

5.5.1　正确选择风险评估方法

正确的风险识别是风险评估的基本条件,风险评估是风险识别的必然发展。评估的最终目的为了实施正确的管理和控制。

风险评估以风险主体、风险因素为研究对象。在信息安全领域中就是以信息系统、信息资产的脆弱性和可能面临的威胁作为研究对象,说明每种风险因素产生、发展和消亡的规律,评估每种风险因素所致的风险事件对风险主体(信息资产)可能造成的损害概率与损害程度。

在信息安全风险评估阶段,风险分析人员需要说明威胁和脆弱性产生的条件、发展的轨迹、安全事件发生的概率以及安全事件对信息资产可能造成的危害,目的在了解风险因素产生、发展和消亡规律以及风险可能发生的时间、地点、概率和方式基础上,有针对性地、有的放矢地制定风险管理和控制措施,以确保信息系统、信息资产的安全。

在风险评估和评估方法选择上应考虑到以下几点:①评估结果只是一个参考值,不可能是一个绝对正确的数学答案,不可能与未来的实际情况完全一致;②风险评估结果是动态变化的;③风险评估方法通常是根据风险动态变化的一般规律或数理统计定理而设计的,在风险评估过程中应避免以简单的逻辑推理替代辩证的逻辑思维;④风险评估方法具有多样性,评估方法的选用取决于评估的意图、对象和条件,风险分析人员应根据具体情况做出选择,风险评估过程中可以多种评估方法综合运用。

5.5.2　定性风险评估和定量风险评估

风险评估可分为定性风险评估和定量风险评估。

1) 定性风险评估

一般采用描述性语言来描述风险评估结果,如"有可能发生""极有可能发生""很少发生"等。当可用的数据较少,不足以进行定量评估时可采用定性风险评估方法;或者根据经验或推理,主观认为风险不大,没有必要采用定量评估方法时,可采用定性风险评估方法;或者将定性风险评估作为定量风险评估的预备评估。定性评估的优点是所需的时间、费用和人力资源较少,缺点是评估不够精确。

2) 定量风险评估

定量风险评估是一种比较精确的风险评估方法,通常以数学形式进行表达。当资料比较充分或者风险对信息资产的危害可能很大,确有必要时可采用定量风险评估方法。进行定量风险评估的成本一般比较高。

5.5.3　结构风险因素和过程风险因素

运用风险评估方法进行风险评估可分为风险分析和风险综合两个主要步骤。风险分析依据一定的规则和方法对各风险因素进行细分,将之分为有关结构的风险因素和有关过程的风险因素,然后针对每种细分后的风险因素做出定性或定量评估,并推测风险事件发生的可能性及信息资产可能遭受的损失,得到每种细分后风险因素的风险状况,最后对每种风险因素或风险事件可能导致的损失进行综合评判,得到总的风险大小。

(1) 结构风险因素:指的是不同性质的风险因素,属于一种静态风险因素,之间相互独立,是一种并列关系。

(2) 过程风险因素:指的是同一风险因素的不同阶段表现,属于一种动态风险因素,之间相互依赖、相互作用,是一种因果关系。

图 5-4 是对风险因素所做的结构化描述,列出了 n 个相互并列的风险因素。为了便于对风险因素进行研究和分析,在对风险因素进行划分时应尽可能使各风险因素间相互独立。

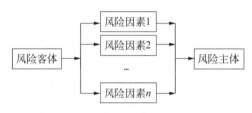

图 5-4　风险评估因素

在进行风险评估时,可以首先依据一个风险因素的发生时间、发生地点、发生条件和发生方式等属性来评估风险状况,而后进行综合评估。这是对风险的一种静态描述。一方面,事物总是发展和变化的,每个事物都有一个发展变化的过程,风险也是如此,风险的形成需要具备风险的存在条件,需要具备风险客体与风险主体的联系条件,风险的变化需要具备风险的转化条件。这是对风险的一种动态描述。

5.5.4　通用风险评估方法

风险评估方法的使用并不具有局限性,在不同领域中风险评估方法可以相互引用和借鉴,以下是在不同领域中总结出的几种常用评估方法。

1. 层次分析法

层次分析(Analysis of Hierarchy Process,AHP)法是将与决策有关的元素首先分解成目标、准则、方案等层次,而后在此基础上进行定性和定量分析的决策方法。AHP 法于20 世纪 70 年代由美国匹茨堡大学运筹学专家萨蒂教授提出,并首先在美国国防部的科研项目中得到应用,它是在网络系统理论和多目标综合评价方法基础上提出的一种层次权重决策分析方法。AHP 法在对复杂决策问题本质、影响因素及其内在关系等进行深入分析的基础上,利用较少的定量信息使决策思维过程数学化,从而为多目标、多准则、无结构特性、变量不易定量化的复杂决策问题提供了一种简便的决策方法,尤其是为决策结果难以直接准确度量的场合提供了一种可有效将问题条理化、层次化的思维模式。AHP 法的整个过程体现了人的决策思维的基本特征,即分解、判断与综合,易学易用,且定性、定量相结合,便于决策者间彼此沟通,是一种比较有效的系统分析方法,在信息安全风险分析与评估等众多领域得到了广泛应用。

2. 因果分析

因果分析(Cause Consequence Analysis, CCA)技术由丹麦 RISO 实验室开发,最初用于核电站的风险分析,后来被推广应用于信息安全风险评估等众多领域,用于评估和保护系统的安全性。CCA 是一种故障树分析和事件树分析相结合的方法,结合了原因分析(由故障树描述)和结果分析(由事件树描述)的特点,因此演绎分析和归纳分析都用上了。CCA 的目的是识别导致不希望发生结果的各事件间的连接。通过在 CCA 图表中表示出各种事件的发生可能性,计算出各种后果的概率,从而建立系统的风险等级,并视不同的风险等级采取不同的安全措施,保证系统的安全。

3. 风险矩阵

风险矩阵于 20 世纪 90 年代中由美国空军电子系统中心提出,随后在美军武器装备系统研制项目的风险管理和风险控制中得到广泛应用。风险矩阵是在项目管理过程中用于识别风险影响程度(重要性)的一种结构性方法,能够对项目中的潜在风险进行评估,它操作简便,且定性分析与定量分析相结合。根据风险分析与评估需求,风险矩阵可以包括各种不同栏目,如技术栏、风险栏、威胁栏、影响栏、风险等级栏和风险管理栏等。每一栏目描述其要素对应的具体内容和数据。明确了原始风险矩阵的各项组成后,下一步工作就是将相应的数据输入风险矩阵各项中。经过风险识别过程后,识别出的潜在风险数量可能会很多,但这些潜在的风险对项目的影响程度各不相同。风险分析即通过分析、比较、评估等,确定各风险的重要性,对风险进行排序并评估其可能造成的后果,从而使项目实施人员能够将主要精力集中于为数不多的主要、关键风险上,以有效控制项目总的风险。经过风险识别和分析后,下一步就可以进行风险的定量分析。风险定量分析的目的是确定每个风险对项目的影响大小,可以从风险影响程度和风险出现概率两个角度进行量化和分析。

4. 管理漏洞风险树

管理漏洞风险树(Management Oversight Risk Tree, MORT)于 20 世纪 70 年代由美国能源研究与发展委员会提出,它能够与复杂的,面向目标的管理系统相协调。MORT是一种图表,它将安全要素以一种有序的、符合逻辑的方式进行排列。其分析过程利用故障树的方法来进行,最上层的事件是"破坏、损失、其他费用、企业信誉下降"等。MORT主要从管理漏洞角度给出了有关顶层事件发生原因的总的看法,以便从上层管理角度对风险进行分析与评估,并从上层管理角度对风险管理与控制提出对策。

5. 安全管理组织回顾技术

安全管理组织回顾技术(Safety Management Organization Review Technique, SMORT)是对管理漏洞风险树(MORT)的简单修改。SMORT 通过对相关清单的分析来构建模型,而 MORT 则基于完全的树结构。不过从 SMORT 的结构分析过程来看,还是认为 SMORT 是一种基于树的方法。SMORT 分析包括基于清单和相关问题的数据收集和结果赋值。这些信息能够通过面试、调研、对文件的研究等来收集。通过 SMORT能够完成对意外事件的详细调查,并可用于安全审计和安全度量计划的制定。

6. 动态事件树分析方法

动态事件树分析方法(Dynamic Event Tree Analysis Method, DETAM)是一种基于

时间变化要素的解决方法,时间变化要素包括设备硬件状态、过程变量值以及事件发生过程中的操作状态等。一个动态事件树是一个分支于不同时间点上的事件树。DETAM方法通过五个特征集来定义:①分支集,用于确定事件树节点可能的分支空间;②定义系统状态的变量集;③分支规则,用于确定什么时候发生分支;④序列扩张规则,用于限制序列的数量;⑤量化工具。DETAM方法用于表示操作行为的多样化,用于建立操作行为的结果模型,并可用于分析使用因果模型的框架。DETAM方法还可用于分析与评估紧急的安全事件及其过程变化,以判断在哪里进行改变、怎样进行改变能达到比较好的控制效果。

7. 初步风险分析

初步风险分析(Preliminary Risk Analysis,PRA)是一种定性分析技术,用于对事件序列的定性分析,识别出哪些事件缺乏安全措施,这些事件有可能使潜在的危害转化成实际的事故。通过PRA技术,潜在的、可能发生的不希望事件将逐一被识别出来,然后对其分别进行分析与评估。对每个不希望发生的事件或危害,其可能的改进或预防措施将被明确地表达出来。利用PRA方法产生的分析结果,将为确定需要对哪些危害做进一步调查以及用哪种方法做进一步分析提供决策基础。根据风险识别和风险分析结果对风险进行分级,并对可能的风险控制措施进行优先排序。

8. 危害和可操作性研究

危害和可操作性研究(HaZard And OPerability study,HZAOP)技术于20世纪70年代由英国皇家化学工业有限公司提出。HZAOP通过对新的或已有的设施进行系统化鉴定、检查来评估潜在的危害,这些危害源自设计偏差,并将最终影响到整个设施。HZAOP技术常用一系列引导词来描述,如"是/否(yes/no)""大于/小于(more than/less than)""以及(as well as)""相反的部分(part of reverse)"等。利用这些引导词来帮助识别导致危害或潜在问题的情景。例如,在考虑一条生产线的流速及其安全问题时,可用引导词"大于"对应高流速,"小于"对应低流速。而后根据危害识别结果进行分析与评估,并提出减少危害发生频率的安全控制措施。

9. 故障模式和影响分析

故障模式和影响分析/故障模式、影响和危害性分析(Fault Mode and Effect Analysis/Fault Mode Effect and Criticality Analysis,FMEA/FMECA)方法于20世纪50年代由美国可靠性工程研究所提出,用于确定因军事系统故障而产生的问题。FMEA是一个过程,通过该过程对系统中每个潜在的故障模式进行分析,以确定它对系统的影响,并根据其严重性进行分类。当FMEA依据危害程度分析进行扩展时,FMEA将称为FMECA。FMEA/FMECA在军事系统和航空工业的故障与可靠性分析以及安全与风险评估中得到了广泛应用。

10. GO方法

GO方法(GO Method)于20世纪70年代由Kaman科学公司提出,并首先在美国国防部的电力系统可靠性和安全性分析得到应用,是一种面向成功逻辑的系统分析方法。GO方法通过工程图来构建GO模型,在模型构建中它使用了17个算子,它用一个或多个GO算子来代替系统中的元素。有三种基本类型的GO算子:独立算子用于无输入部分的建模;)依靠算子至少需要一个输入,这样才能有一个输出;逻辑算子将算子结合到一起,以便形成目标系统的成功逻辑。基于独立算子和依靠算子的概率数据,可以计算出成功操作的概率。在实际应用中,当目标系统的边界条件已通过适当的方法得到很好定义时,可使用 GO 方法对系统的风险和安全性进行分析与评估。

11. 有向图/故障图

有向图/故障图(Digraph/Fault Graph)方法使用图论中有关的数学方法和语言来对系统的风险和安全性进行分析,如路径集和可达性(任意两个节点间所有可能的路径的全集)。该方法与 GO 方法有些相似,但它使用的是"与/或门"(AND/OR)。源自系统邻接矩阵的连通矩阵将显示一个故障节点是否会导致顶层事件的发生,然后对这些矩阵进行分析,以得出系统的单态(造成系统故障的单个因素)或双态(造成系统故障的两个因素)。该方法允许形成循环、反馈,使之在对动态系统进行风险分析与评估时具有较大的吸引力。

12. 动态事件逻辑分析方法

动态事件逻辑分析方法(Dynamic Event Logic Analytical Methodology,DELAM)提供了一个完整框架,用于对时间、过程变量和系统的精确处理。DELAM 方法通常包括以下步骤:①系统组成部分建模;②系统力程求解算法:设置最高条件;③时间序列产生与分析。DELAM 方法在描述动态事件方面非常有用,并可用它来对系统的可靠性、安全性进行评估,可用它来对系统的行为、活动进行识别。在对某个特定问题进行分析时,需要建立系统的 DELAM 模拟器,并为之提供各种输入数据,如在特定状态和条件下系统组成部分的发生概率、概率的独立性、不同状态间的转换率、状态与过程变量的条件概率矩阵等。

上面对几种常见的风险分析与评估方法和技术进行了介绍。通过比较可以看到,它们各有优缺点,适用于不同的条件和场合。在实际的信息安全风险评估工作中,应灵活、综合运用这些技术和方法,以取得最佳的评估结果。

5.6　几种典型的信息安全风险评估方法

下面对几种比较典型的信息安全风险评估方法进行详细的论述。

5.6.1　OCTAVE 法

1. 基本原则

OCTAVE(Operationally Critical Threat,Asset and Vulnerability Evaluation,可操作的关键威胁、资产和弱点评估)法是信息安全风险评估方法的典型代表,定义了一种综合的、系统的、与具体环境相关的和自主的信息安全风险评估方法。OCTAVE 信息安全风险评估方法的基本原则是:自主、适应度量、执行已定义的过程、连续过程的基础。它由一系列循序渐进的讨论会组成。OCTAVE 法的核心是自主原则,指的是由组织内部的人员来管理和指导组织的信息安全风险评估工作。OCTAVE 法主要针对的是大型组织,中小型组织也可对其进行适当裁减,以满足自身需要。

2. 主要因素

OCTAVE法认为信息安全风险涉及四个方面的主要因素：资产、威胁、弱点、影响。OCTAVE法是一种资产驱动的评估方法，它根据组织资产所处的环境条件来构造组织的风险框架。同时，资产也是组织的业务目标，以及进行评估时需要收集的、与安全相关的信息之间的联系手段。OCTAVE法所评估的对象是那些被判定为对组织最关键的资产。OCTAVE法也是基于威胁树的风险评估方法，它将资产、威胁类型、威胁所涉及的区域、威胁发生的结果、结果产生的影响以及影响程度联系在一起，以确定缓解风险的计划。在这个过程中需要建立一系列表格，将各部分的内容对应起来。其中威胁源可分为以下类型：人为故意行为、人为意外行为、系统问题、其他问题等，其他问题又可以包括断电、缺水、长途通信不可用、自然灾害等。根据这些内容建立威胁配置文件。

3. 输出结果

OCTAVE法的评估结果包括三种类型的输出数据：组织数据、技术数据、风险分析与缓解数据。

4. 评估层次

OCTAVE法将风险评估分为两个层次：管理层和技术层。这可以从其三个执行阶段看出。

1) 阶段一：建立基于资产的威胁配置文件。

从组织角度进行评估。组织的全体职员阐述其看法与观点，如什么对组织重要（与信息安全有关的资产），当前应采取什么措施来保护这些资产等。负责分析的团队对这些信息进行整理，以确定对组织最重要的资产（关键资产），并标识对这些资产构成影响的威胁。该阶段包括以下四个主要过程：①标识高层管理部门的知识；②标识业务区域管理部门的知识；③标识员工的知识、建立威胁配置文件，包括整理过程①～过程③中所收集的信息、选择关键资产、提炼关键资产的安全需求、标识对关键资产构成影响的威胁等工作。通用的配置文件是基于关键资产的威胁树。威胁源包括：使用网络方式的人、使用物理方式的人、系统问题、其他问题等。配置文件通过以下属性来对威胁进行形式化的标识：资产、访问方式、主角（违反安全属性的人或物）、动机、结果，如图5-5和图5-6所示。

2) 阶段二：标识基础结构的弱点。

对基础结构进行评估。分析团队标识出与每种关键资产相关的关键信息技术系统和组件，而后对这些关键组件进行分析，找出导致对关键资产执行未授权行为的弱点（技术弱点）。该阶段包括两个主要过程：①识别关键组件，包括识别出组件的关键类型、标识出要分析的基础结构组件等；②评估所选定的组件，包括对选定的基础结构组件运行弱点评估工具、评审技术弱点、总结评估结果等。

3) 阶段三：开发安全策略和计划。

分析团队标识出组织中关键资产的风险，并确定须采取的措施。依据对收集信息的分析结果，为组织制定保护策略和环节计划，以解决关键资产的风险。

该阶段包括两个主要过程：①执行风险分析，包括标识关键资产的威胁影响、制定风险评估标准、评估关键资产的威胁影响等；②开发保护策略。

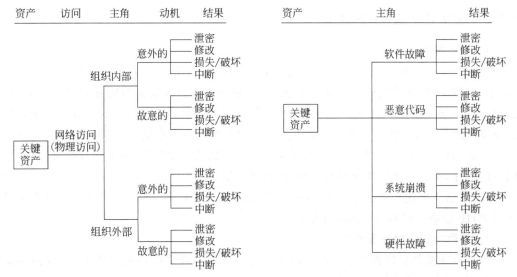

图 5-5 使用物理方式访问的威胁树   图 5-6 基于资产的威胁树

本质上,OCTAVE 法是非线性的和迭代的。根据该方法的基本要求和原则,组织在风险评估之前或之中要建立通用的威胁配置文件和弱点目录。从威胁配置文件中可以看到,风险是由资产遭到破坏后的影响和影响值决定的。威胁通过访问、主角、动机、违反资产的安全需求所产生的直接结果 4 个方面来表示。在分析威胁对资产造成的结果时,会考虑到威胁所利用的漏洞。

威胁配置文件如图 5-7 所示。

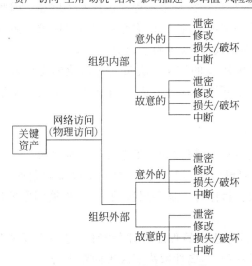

图 5-7 威胁配置文件

5.6.2　层次分析法（AHP 法）

1. 基本思路

AHP 法是美国运筹学家萨蒂教授提出的一种简便、灵活而又实用的多准则决策方法，于 20 世纪 80 年代初传入我国。由于 AHP 法在许多目标决策问题方面具有优势，目前已在许多领域得到广泛应用。作为一种定性分析与定量分析相结合的决策法，AHP 法的基本原理是：首先将决策的问题看作受多种因素影响的大系统，这些相互关联、相互制约的因素可以按照它们之间的隶属关系排成从高到低的若干层次，再利用数学方法，对各因素层排序，最后对排序结果进行分析，辅助进行决策。

AHP 法主要用于多目标决策，信息安全风险评估具有多目标决策的特点，因此可以引用 AHP 法进行信息安全风险评估。

2. 多目标决策的主要特点

多目标决策是指包含两个或两个以上目标的决策。在实际决策工作中，多目标决策非常普遍，其主要特点如下所述。

（1）目标之间的不可公度性：各个目标之间设有一个统一的衡量标准（如经济目标与社会目标之间），因此很难直接进行比较。由于决策对象的多个价值目标之间往往具有不同的经济意义，或者表示不同意义的因素之间量纲可能彼此不同，如对发电站的电能用"千瓦"来计量，而对淹没的农田用"亩"来计量；此外，不同目标相互之间还可能存在冲突，即有的是以最大为最优，有的则是以最小为最优。此外，还有一些目标可能根本无法度量，如服装的款式、建筑物的设计风格等。

（2）目标之间的矛盾性：如果采用某一措施改善其中一个目标，可能会造成对其他目标的损害，如建设与环境保护两个目标之间就存在一定的矛盾性，经济的发展往往会造成环境的破坏，建筑物质量的提高往往带来工程建设成本的增加。因此，要同时满足所有的目标往往很难或者干脆就是不可能的，因此多数情况下只能求取满意解，或追求主要目标的最优，而其他目标只能追求次优，或干脆予以放弃。

（3）决策人的偏好将影响决策的结果：决策人对风险的态度或对某目标的偏好不同，会极大影响决策的结果，如同样是日常消费，中年人的消费偏重质量，而青年人的消费可能更偏重款式。

3. 多目标决策的基本要素

多目标决策包括目标或目标集、属性和决策单元等基本要素。

（1）目标或目标集：人们想要达到的目的。对一个决策问题而言，目标可以看作决策者愿望和需要的直接反映。目标可以是多层次的，一个决策问题的所有目标的集合构成其目标集。

（2）属性：是用来表示目标达到的程序和评价指标，是一个反映目标特征的量。一个属性的要求是要易于测量和理解，属性取决于决策问题本身。

（3）决策单元：是决策过程中决策者、分析人员、计算机等的结合，以共同完成收集资料、处理信息、进行决策等活动。

4. 多目标决策的目标体系

多目标决策的目标体系包括以下三种常用类型。

（1）单层目标体系。各个子目标同属于一个总目标，各个子目标之间是一种并列关系，如图 5-8 所示。

图 5-8　单层目标体系

（2）树形多层目标体系。目标分为多个层次，每个下层目标均隶属于一个且仅隶属于一个上层目标，下层目标是上层目标更加具体的说明，如图 5-9 所示。

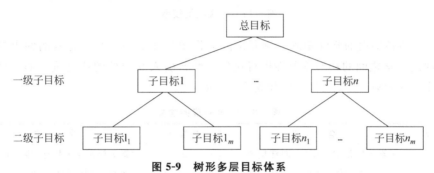

图 5-9　树形多层目标体系

（3）网状多层次目标体系。目标分为多个层次，每个下层目标隶属于某几个上层目标，如图 5-10 所示。

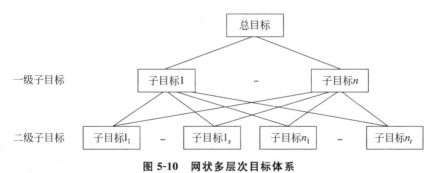

图 5-10　网状多层次目标体系

5. AHP 法主要步骤

AHP 法是处理有限个方案的多目标决策问题时最常用和最重要的方法之一，其基本思想是将复杂的问题分解为若干个层次，即把决策问题按总目标、子目标、评价标准甚至具体措施的顺序分解为不同层次的结构，然后在较低层次上通过两两比较得出各因素对上一层次的权重，逐层进行，最后利用加权求和的方法进行综合排序，求出各方案对总目标的权重，权重最大者认为是最优方案。在运用层次分析法解决实际问题时，主要包括以下步骤。

（1）分析系统各因素间关系，建立递阶层次结构模型。建立递阶层次结构模型的目的是在深入分析实际问题的基础上，建立基于系统基本特征的评估指标体系，它的基本层次有目标层、准则层和措施层，如图 5-11 所示。其中，目标层是指问题的最终目标；准则层是指影响目标实现的准则；措施层是指促使目标实现的措施。同一层的诸因素从属于上一层的因素或对上层因素有影响，同时又支配下一层的因素或受到下层因素的作用。

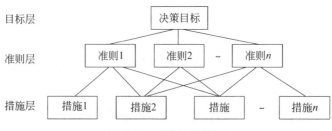

图 5-11　层次结构模型

（2）构造各层次的判断矩阵。判断矩阵的作用是在上一层某一元素的约束条件下，对同层次的元素之间的相对重要性进行比较。萨蒂引入 9 分位的相对重要的比例标度，构成一个判断矩阵，重要性标度值如表 5-8 所示。

表 5-8　1～9 标度的含义

标度 a	含　义	标度 a	含　义
1	元素 i 与元素 j 相比，同样重要	9	元素 i 与元素 j 相比，极端重要
3	元素 i 与元素 j 相比，稍微重要	2、4、6、8	上述相邻判断的中间值
5	元素 i 与元素 j 相比，明显重要	$1/a$	i 比 j 得 a，则 j 比 i 得 $1/a$
7	元素 i 与元素 j 相比，强烈重要		

各元素之间依据表 5-8 得出的数值构造判断矩阵 A（称为判断矩阵）。

$$A = \begin{bmatrix} a_{11} & a_{12} & \cdots & a_{1n} \\ a_{21} & a_{22} & \cdots & a_{2n} \\ \vdots & \vdots & \cdots & \vdots \\ a_{n1} & a_{n2} & \cdots & a_{nn} \end{bmatrix}$$

这样，层次结构模型可以通过成对比较给出各层元素之间的判断矩阵。

（3）层次单排序及一致性检验。判断矩阵 A 对应于最大特征值 $\lambda_{\max}$ 的特征向量 w，经归一化后即为同一层次相应因素对应于上一层次某因素相对重要性的排序权值，这一过程称为层次单排序。构造判断矩阵的办法虽然较客观地反映出一对因子影响力的差别，但综合全部比较结果时，其中难免包含一定程度的非一致性，故还要对判断矩阵进行一致性检验。

① 最大特征值具体计算方法如下。

a. 将判断矩阵的每一列元素作归一化处理，其元素的一般项为

$$\bar{a}_{ij} = a_{ij} / \sum_{k=1}^{n} a_{kj} \quad (i,j = 1,2,\cdots,n)$$

b. 对各列归一化后判断矩阵按行相加。

$$\overline{w}_i = \sum_{j=1}^{n} \overline{a}_{ij} \quad (i, j = 1, 2, \cdots, n)$$

c. 相加后后得向量再归一化处理,所得的结果即为所求特征向量:

$$w_i = w_i \bigg/ \sum_{j=1}^{n} \overline{w}_j \quad (i, j = 1, 2, \cdots, n) \tag{5-1}$$

d. 通过判断矩阵 A 和特征向量 w 计算判断矩阵的最大特征值 λ_{max}:

$$\lambda_{max} = \sum_{i=1}^{n} \frac{(Aw)_i}{nw_i} \quad (i, j = 1, 2, \cdots, n) \tag{5-2}$$

式中 $(Aw)_i$ 代表向量 Aw 的第 i 个元素。

② 进行一致性检验。

a. 一致性指标

$$CI = (\lambda_{max} - n)/(n - 1) \tag{5-3}$$

其中,n 为判断矩阵的阶数。

b. 一致性比例

$$CR = CI/RI \tag{5-4}$$

其中,RI 为随机一致性指标。对于 1～9 阶矩阵,RI 见表 5-9。

表 5-9　随机一致性指标

阶数	3	4	5	6	7	8	9
RI	0.58	0.90	1.12	1.24	1.32	1.41	1.45

若 CR<0.1,则认为判断矩阵有满意的一致性,否则对判断矩阵进行调整。

(4) 层次总排序及一致性检验。层次总排序是指每一个判断矩阵各因素针对目标层的相对权重,即计算最下层对目标层的组合权向量。

设上一层(A 层)包含 m 个因素,它们的层次总排序权重分别为 $a_1, a_2, \cdots, a_m$;又设其下一层包含 n 个因素,它们关于 A_j 的层次单排序权重分别为 $b_{1j}, b_{2j}, \cdots, b_{nj}$(当 B_i 与 A_j 无关联时,$b_{ij} = 0$),则 B 层中各因素关于总目标的权重计算按式(5-5)进行,即

$$b_i = \sum_{j=1}^{m} b_{ij} a_j \quad (i = 1, \cdots, n) \tag{5-5}$$

最后再做组合一致性检验,若检验通过,则可按照组合权重向量表示的结果进行决策,否则需要重新考虑模型或重新构造那些一致性比率大于 0.1 的成对比较阵。

6. 实例分析

下面根据图 5-12 所示的风险分析模型对其中的威胁识别应用 AHP 法进行分析。

(1) 建立威胁风险分析的递阶层次结构模型。在参考了 GB/T18336—200、GA/T390—2002 等标准后,把造成威胁 T 的因素分为环境因素 T1 和人为因素 T2。根据威胁的表现形式,环境因素细分为场地 T11、软件 T12、硬件 T13,其中场地包括周边环境、配套设施、供配电等因素;软件包括系统软件、数据库和应用软件等因素;硬件包括主机、

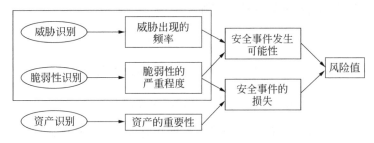

图 5-12   风险分析模型

记录介质、外设、网络设备等因素,同时把人为因素 T2 细分为无意 T21 和恶意 T22,其中无意可以包括管理混乱、无作为、操作失误等因素;恶意可以包括病毒、越权滥用、黑客攻击、物理攻击等因素,威胁风险分析层次结构见图 5-13。

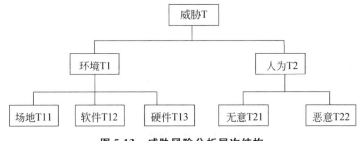

图 5-13   威胁风险分析层次结构

（2）构造各层次的判断矩阵。对各层次因素进行两两比较后建立的各层判断矩阵见表 5-10～表 5-12。

表 5-10   T 层判断矩阵

T	T1	T2
T1	1.000	1.500
T2	0.667	1.000

表 5-11   T1 层判断矩阵

T1	T11	T12	T13
T11	1.000	3.000	1.500
T12	0.333	1.000	0.500
T13	0.667	2.000	1.000

表 5-12   T2 层判断矩阵

T2	T21	T22
T21	1.000	1.500
T22	0.667	1.000

（3）层次单排序及一致性检验。由判断矩阵，利用式(5-1)求出各层次因素的权重，再利用式(5-2)～式(5-4)对矩阵单层次的一致性进行检验，见表 5-13～表 5-15。

表 5-13 T 层权重

T	T1	T2	权重	CR
T1	1.000	1.500	0.600	<0.1
T2	0.667	1.000	0.400	

其中，$\lambda_{max}=2$，$CI=0$，$CR=0$，$CR<0.1$ 满足一致性要求。

表 5-14 T1 层排序

T1	T11	T12	T13	权重	单层次排序	CR
T11	1.000	3.000	1.500	0.500	1	
T12	0.333	1.000	0.500	0.167	3	<0.1
T13	0.667	2.000	1.000	0.333	2	

其中，$\lambda_{max}=3.008$，$CI=0.004$，$CR=0.0069$，$CR<0.1$ 满足一致性要求。

表 5-15 T2 层排序

T2	T21	T22	权重	单层次排序	CR
T21	1.000	1.500	0.600	1	<0.1
T22	0.667	1.000	0.400	2	

其中，$\lambda_{max}=2$，$CI=0$，$CR=0$，$CR<0.1$ 满足一致性要求。

（4）层次总排序及一致性检验。由式(5-5)求出各因素的总权重并排序(表 5-16)。

表 5-16 各因素总排序

T	T1	T2	权重	总排序
T11	0.500		0.300	1
T12	0.167		0.100	5
T13	0.333		0.200	3
T21		0.600	0.240	2
T22		0.400	0.160	4

$CI_{总}=0.024$，$RI_{总}=0.348$，$CR_{总}=0.069$，$CI_{总}<0.1$ 满足一致性要求。

通过上述分析和计算表明，对于信息安全威胁影响较大的因素是机房场地、无意过失。因此，在安全建设方面应该加强对机房供配电、配套设施、周边环境、机房防护的建设，同时还要加强对于信息安全的管理，例如制定相关的制度来避免信息安全管理的混乱。

5.6.3 威胁分级法

该方法通过直接考虑威胁、威胁对资产产生的影响以及威胁发生的可能性来确定风险。使用该方法时,首先需要确定威胁对资产的影响,可以用等级来表示。识别威胁的过程可以通过两种方式来完成:一是准备一个威胁列表,让用户去选择确定相应的资产威胁;二是由分析团队人员来确定相关的资产威胁,而后进行分析与归类。

识别、确定威胁后,接下来需要评价威胁发生的可能性;在确定威胁的影响值和威胁发生的可能性后,计算风险值。风险值的计算方法可以是影响值与可能性之积,也可以是之和,具体算法由用户确定,只要满足是增函数即可。

例如,可以将威胁的影响值分为 5 个等级,威胁发生的可能性也分为 5 个等级,风险值的计算采用以上影响值、威胁值的积,具体计算如表 5-17 所示。经过计算,风险可分为 15 个等级。在具体评估中,可以根据该方法来明确表示"资产—威胁—风险"之间的对应关系。

表 5-17 威胁分级法

资产	威胁描述	影响(资产)值	威胁发生可能性	风险测度	风险等级划分
某个资产	威胁 A	5	2	10	2
	威胁 B	2	4	8	3
	威胁 C	3	5	15	1
	威胁 D	1	3	3	5
	威胁 E	4	1	4	4
	威胁 F	2	2	8	3

5.6.4 风险综合评价

在该方法中,风险的大小由威胁产生的可能性、威胁对资产的影响程度以及已采用的控制措施三个方面来确定,即对控制措施的采用做了单独考虑。

在该方法中,做好对威胁类型的识别是很重要的。通常首先需要建立一个威胁列表。该方法从资产识别开始,接着识别威胁以及威胁产生的可能性,然后对威胁造成的影响进行分析。

此处对威胁的影响进行了分类考虑,例如,对人员的影响、对财产的影响、对业务的影响等。这些影响是在假定不存在控制措施情况下的影响,并将上述各值相加后填入表中。例如,可以将威胁的可能性分为 5 级:1~5,威胁的影响也分为 5 级:1~5。在威胁的可能性和威胁的影响确定后,即可计算总的影响值。在具体评估中,可以由用户根据具体情况来确定计算方法。

最后分析是否采用了能够减小威胁的控制措施,包括从内部建立的和从外部保障的控制措施,并确定其有效性,对其进行赋值。例如,在表 5-18 中,将控制措施的有效性从小到大分为了 5 个等级:1~5。在此基础上根据公式求出总值,即为风险值。

表 5-18　风险评估表

威胁类型	可能性	对人的影响	对财产的影响	对业务的影响	影响值	已采用的控制措施		风险度量
						内部	外部	
威胁 A	4	1	1	2	8	2	2	4

5.7　风险评估实施

5.7.1　风险评估实施原则

1. 目标一致

信息安全的目的是为了使组织更有效地完成其业务目标。在整个风险评估过程当中,强调客户的安全需求分析,并将此作为信息安全风险评估的基准点,强调用户的个性,和用户的目标保持一致。

2. 关注重点资产

资产是与信息相关的资产。信息安全风险评估方法是基于信息资产的,因为资产是所有后继评估活动的核心。组织的资产可能有很多,它们的重要性是不一样的,在风险评估过程中,我们关注那些对实现组织的目标产生较大影响、至关重要的关键资产。由于用于风险评估的资源有限,我们选择关键资产进行评估,以使得评估成为一种成本有效的评估。

3. 用户参与

在整个安全评估服务过程中,特别强调用户的参与,不管是从最开始的调查阶段,还是到分析阶段,都十分注重用户的参与。用户参与的形式多样,可能是调查问卷、访谈和讨论会等形式。每个阶段之后都设有评审过程,以保证能根据用户的实际情况,提供更好的服务。

4. 重视质量管理和过程

在整个风险评估项目过程中,特别重视质量管理。为确保咨询单位咨询项目实施的质量,项目将设置专门的质量监理以确保项目实施的质量。项目监理将依照相应各阶段的实施标准,通过记录审核、流程监理、组织评审、异常报告等方式对项目的进度、质量进行控制。

5.7.2　风险评估流程

信息系统风险评估是对当前系统的安全现状进行评价。进行风险评估除了可以明确系统现实情况与安全目标的差距外,更重要的是为降低系统风险制定安全策略提供指导。风险评估是整个信息安全风险管理的基础,一次次完整的风险评估过程之后是组织根据已制定的策略进行实施,再根据实施情况对系统进行新的风险评估,进行不断的循环,以实现组织的整体安全目标。

风险评估实施共分为四个阶段,如图 5-14 所示。

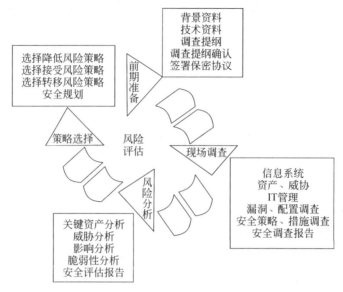

图 5-14　风险评估实施

(1)前期准备阶段。本阶段是对风险评估实施之前的准备过程,并不涉及具体的实施工作,但是需要准备实施所需的必要条件及相关信息资料。包括对风险评估进行规划、确定团队组成、明确风险评估范围、准备调查资料。

(2)现场调查阶段。本阶段风险评估项目实施人员对被评估信息系统的详细信息进行调查、收集,进行风险分析数据信息,包括信息系统资产组成、系统资产脆弱点,组织管理脆弱点,威胁因素、安全需求等。

(3)风险分析阶段。本阶段根据现场调查阶段获得的系统相关数据,选择适当的风险分析方法,对目标信息系统的风险状况进行综合分析,得出系统当前所面临风险的排序。

(4)策略制定阶段。本阶段根据风险分析结果,结合目标信息系统的安全需求,制定相应的安全策略,包括安全管理策略、安全运行策略和安全体系规划。

5.7.3　评估方案定制

在实践过程中,要对评估方案进行定制以符合组织特定的业务环境。对于不同特点的组织,所采取的评估方法也存在差异性。鉴于风险评估是与实际环境高度相关的活动,实际上存在对所有组织都适用的评估方案。

如表 5-19 所示为不同组织进行风险评估活动的异同点。

在对组织的风险评估方案进行定制之前,需要明确哪些评估活动可以被定制,而哪些流程是不能修改的。

表 5-19　不同组织进行风险评估的异同点

评 估 活 动	相 同 点	不 同 点
关键资产确定	资产调查表	不同行业、规模的组织,其关键资产存在很大差异
威胁因素调查	威胁分析方法	规模较大的组织所面临的威胁要比小规模组织更广泛,小组织甚至不需要进行威胁调查,可以根据通用威胁目录进行选择
脆弱性调查	使用扫描工具、使用渗透测试工具、人工检查	对于大型组织,其可利用的各项维护记录可作为脆弱性调查的辅助资料,小型组织主要以技术工具作为脆弱性调查的实施手段
策略选择	风险分析结论	针对组织的特点进行解决方案、管理制度、安全策略选择

简单而言,评估方案中的流程都应遵循准备、调查、分析和策略选择四个阶段,所不同的是,在每个阶段所采用的方法和活动可以根据组织情况进行相应的剪裁以制定出符合实际的评估方案,保证顺利完成风险评估活动,实现风险评估目标。

下面就评估过程所涉及的活动领域分别进行阐述。

1. 评估团队建立

在风险评估过程中,人是各项活动的执行者,如何选择适合的人员组建项目评估团队是风险评估的成败关键。

如果组织的地理位置相对集中、规模较小,则评估的主要活动是集中进行调查、分析,需要组建相对独立的评估团队,团队成员为专职评估人员;而在对大型组织进行评估时,由于组织部门众多且相对分散,其调查活动主要依赖部门员工完成,评估团队主要起推动评估活动的作用。

在对大型组织进行风险评估之前,需要对评估团队成员进行风险评估相关知识的正式培训,以适应接下来的评估活动。培训内容包括风险评估方法、组织业务、沟通技巧、安全评估工具使用等。对于小型组织而言,评估团队成员可以不经过专门的培训过程,而是在实际工作中逐步熟悉评估过程。

2. 调查顺序选择

风险评估现场调查阶段的人员访谈方式可以采用自上而下和自下而上两种顺序。通常,进行调查时首先与组织高层管理人员进行沟通,包括调查范围、调查时间等需要进行确认,同时要获取管理者对组织信息安全的目标、策略等信息。明确了组织的安全目标后再逐级完成对相关人员的调查。

在组织结构清晰、人员职能明确的组织中先对一般员工进行访谈,将访谈结果整理、分析后再与高层管理者进行交流,提供给他们整理结果,并请组织高层管理者给出解决意见,这样所掌握的资料更接近组织的实际情况。

不论采用哪种调查顺序,评估团队获得组织高层管理者的支持是评估得以顺利进行的必要保证。

3. 评估范围确定

确定评估范围是风险评估前期准备阶段的成果之一,它决定了后续的调查活动所涉及的领域。评估范围的确定直接影响最终评估结论的准确性,为了有效反映整个组织信息系统的风险,风险评估的范围应包括所有的组织功能。

对信息系统规模较小、结构较简单的组织进行风险评估时,评估范围可以包括所有系统资产、组织管理职能。大型组织的业务功能复杂,要求其信息系统提供的服务也是多样化的。对全部信息资产进行评估不但耗费大量的人力,而且周期长,缺乏时效性。应该将评估范围确定在核心系统,对于分支机构或子系统则选取具有代表性的部分进行评估。例如,选择通过远程访问的分支机构以评估网络访问安全。对于相同类型机构或系统进行抽样评估,在选择样本时应保证样本数量为奇数,以便在整理资料时对结论做出判断。

同样,在风险分析后的策略选择过程中也要考虑评估范围,应根据组织的安全目标决定安全策略的选择范围。不论是调查阶段还是策略选择阶段的范围确定,都需要由评估团队提出,并且获得管理层批准后才可以进行下一步活动。

4. 评估周期控制

对不同组织信息系统进行风险评估,评估周期存在很大的差别。评估周期主要取决于所要评估的系统规模、复杂度、评估范围以及评估过程中的人员配合情况。在制定评估计划时应尽可能考虑所有可能对评估进程造成影响的因素。同时,须注意的是,风险评估是对信息系统的现状进行风险评价,如果评估周期过长,在完成评估之前系统已经发生变化,那么评估结论就失去意义了。通常应该将评估周期控制在半年之内,如果发现评估过程可能超过预先制定的计划,那么应该考虑修正评估对象、评估方法。

5. 沟通方式选择

过程中各阶段的活动都需要组织人员参与配合,对于风险评估判断所涉及的有关系统重要性、综合性影响、威胁因素等评判要素,都是与组织密切相关的,而进行各项活动都需要组织协调与确认。因此,与组织及时进行沟通、交流是风险评估最终结果顺利达成的保证措施。另外,在评估过程中,评估团队成员间也需要进行信息交流,对问题的不同意见进行讨论并达成一致,及时通报活动进展情况等。

沟通形式可以根据沟通的目的选择诸如沟通会议、讨论会、E-mail、电话等方式。沟通会议的规模和数量没有固定的要求,可以是二三个人,也可以是评估团队和组织各方人员参与。相比于只有两个部门的小型组织,大型组织需要更多数量的沟通会议。讨论会主要用于评估团队内部的沟通,形式相对正式的沟通会议显得更为随意。而 E-mail 和电话则在人员不方便面对面交流的情况下经常采用的沟通形式。

不管采取何种方式进行沟通,重要的是沟通的结果,而不是形式和数量。

6. 评估工具选择

在风险评估过程中使用评估工具可以提高工作效率和准确率,但是选择评估工具,尤其是各种测试工具时需要持谨慎的态度。测试工具主要包括系统漏洞扫描工具、渗透性测试工具等。由于这些工具的工作原理是模拟入侵者对系统进行攻击的方式对信息系统进行入侵尝试,虽然其攻击性较实际入侵行为有所控制,但是不可避免会对系统性能造成一定的影响。对于那些需要保持信息系统连续运行的组织,由于使用测试工具所带来的负面作用会对组织业务构成潜在的威胁,应避免使用此类工具,而采取人工检查配置等方式进行替代。如果一定要进行测试,必须要对测试所带来的后果进行论证,在获得组织确认后进行实施活动。

7. 工作表剪裁

工作表是进行调查分析过程的辅助文档工具,对于不同的系统,所采用的工作表也应进行相应的调整。在实际操作过程中,根据组织的具体情况对调查方式、过程以及所使用的表格进行必要的裁减。例如有的组织没有独立的信息技术部门,或者甚至没有信息技术人员,针对这样的组织进行安全策略调查的时候,采用调查问卷的方式未必合适,应依靠双方沟通的方式获取信息。而大型组织一般有相对完善的信息技术部门,很多信息可以直接从中获取,无须再对专门的人员进行技术访谈。

5.7.4　项目质量控制

1. 目标

质量保障的目标是确保风险评估实施方按照既定计划顺利地实施项目。鉴于风险评估项目具有一定的复杂性和主观性,只有对风险评估项目进行完善的质量控制和严格的流程管理,才能保证风险评估项目的最终质量。风险评估项目的质量保障主要体现在实施流程的透明性以及对整体项目的可控性,质量保障活动需要在项目运行中提供足够的可见性,确保项目实施按照规定的标准流程进行。

2. 监理机构

在项目小组的设置中,项目监理人(小组)将保持中立性,直接向项目的最高业务负责人汇报工作,不受项目管理人员的管理,如图 5-15 所示为项目小组设置图。

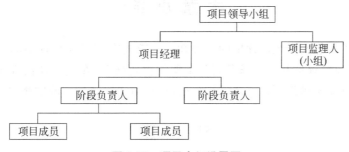

图 5-15　项目小组设置图

(1) 监理对象。监理对象是实施风险评估的项目小组。

(2) 监理人员的构成。项目监理可以由双方共同委派人员组成或由第三方人员出任。

(3) 监理人员的职责。根据被监理的项目合同进度计划要求,在项目的每个关键阶段完成后,听取阶段工作报告和技术报告、审查文档资料、检查任务完成情况,并将审查的情况向项目领导小组进行汇报,在项目进行的过程中发现项目的异常情况(如项目延期、擅自修改评估流程等)应及时上报。

(4) 监理人员的权利。监理人员有权利对项目的文档进行审核。

3. 质量保障活动

项目监理将依照相应各阶段的实施标准,通过记录审核、流程监理、组织评审、异常报告等方式对项目的进度、质量进行控制。

为了使项目质量控制活动能够规范、有效地运作,必须应用各类质量控制表格使质量控制流程标准化,为质量控制活动提供工具保障。

(1) 记录审核。项目实施中产生的各项调查表、分析过程表格必须有纸页文档,文档由各阶段的负责人签名与审核,项目监理将定期检查相应的记录确认各项记录的完整性。

(2) 流程监理。项目监理将依照实施规定的各流程标准对项目进行审核,审核包括流程是否得到正确实施,结果是否符合规定的标准。审核要求实施方能够提供证据证明流程已经得到正确的执行。在进行每一个关键任务之前,根据流程标准对工作的输入与输出进行审核,确保项目按照规定的流程进行。

(3) 阶段评审。在项目实施的重要阶段,项目监理将组织项目的阶段评审工作,由用户、实施方、项目监理方共同对项目进展进行讨论。评审会前,项目监理应当做好项目的审核工作汇总。评审会中,项目监理如实将项目审核的结果向项目最高领导汇报,由用户与实施方共同对项目的进展进行评审与总结,对出现的偏差提出整改意见,并对下一阶段的工作做出规划。

(4) 异常处理。当项目监理发现异常状况出现后(未按流程进行工作、超过期限),首先与项目中层管理人员进行沟通,要求对项目进行整改,做出相应的补救措施,并进行记录;如果异常情况可能影响项目的进展,则应当立刻向项目最高领导人进行汇报,或要求召开项目临时会议,由用户与实施方共同对项目计划进行调整。

本 章 小 结

本章介绍了信息安全风险评估的基础知识。首先介绍了风险评估的概念、特点和内涵,然后分析了风险评估基本步骤及其各步骤的主要任务;在通用评估方法的基础上,重点对典型的信息安全风险评估方法进行分析,最后对风险评估实施的相关内容进行讨论。

习　　题

1. 简要分析信息安全风险评估的特点。
2. 信息安全风险评估包括哪几个操作步骤?
3. 在选择风险评估方法时应考虑哪些内容?
4. 试比较定性风险评估和定量风险评估优缺点。
5. OCTAVE 法原则是什么? 核心是什么?
6. 简述层次分析法的主要步骤。
7. 风险评估实施的原则有哪些?

信息安全策略

第 6 章

学习目标
- 掌握信息安全策略的基本概念及制定原则；
- 掌握信息安全策略的规划与实施方法；
- 了解环境安全策略、系统安全策略、病毒防护策略及安全教育策略。

在计算机技术飞速发展的今天，由于硬件技术、软件技术、网络技术和分布式计算技术的推动，增加了计算机系统访问控制的难度，使控制硬件使用为主要手段的中心式安全控制的效果大大降低，信息安全问题变得越来越突出，受重视程度也日渐增加，而信息安全策略是组织解决信息安全问题最重要的步骤，是解决信息安全问题的重要基础。

6.1　信息安全策略概述

安全策略是一种处理安全问题的管理策略的描述，策略要能对某个安全主题进行描绘，探讨其必要性和重要性，解释清楚什么该做，什么不该做。安全策略必须遵循三个基本概念：确定性、完整性和有效性。安全策略须简明，在生产效率和安全之间应该有一个好的平衡点，易于实现、易于理解。

信息安全策略(Information Security Policy, ISP)是一个组织机构中解决信息安全问题最重要的部分。在一个小型组织内部，信息安全策略的制定者一般应该是该组织的技术管理者，在一个大的组织内部，信息安全策略的制定者可能是由一个多方人员组成的小组。一个组织的信息安全策略反映出一个组织对于现实和未来安全风险的认识水平，以及对于组织内部业务人员和技术人员安全风险的假定与处理。

6.1.1　基本概念

信息安全策略是一组规则，它定义了一个组织要实现的安全目标和实现这些安全目标的途径。

从管理的角度看，信息安全策略是组织关于信息安全的文件，是一个组织关于信息安全的基本指导原则。其目标在于减少信息安全事故的发生，将信息安全事故的影响与损失降低到最小。从信息系统来说，信息安全的实质就是控制和管理主体(用户和进程)对客体(数据和程序等)的访问。这种控制可以通过一系列的控制规则和目标来描述，这些控制规则和目标就叫信息安全策略。信息安全策略描述了组织的信息安全需求以及实现信息安全的步骤。

信息安全策略可以划分为两个部分：问题策略（Issue Policy，IP）和功能策略（Functional Policy，FP）。问题策略描述了一个组织所关心的安全领域和对这些领域内安全问题的基本态度。功能策略描述如何解决所关心的问题，包括制定具体的硬件和软件配置规格说明、使用策略以及雇员行为策略。

6.1.2　特点

信息安全策略必须制定成书面形式，如果一个组织没有书面的信息安全策略，就无法定义和委派信息安全责任，无法保证所执行的信息安全控制的一致性，信息安全控制的执行也无法审核。信息安全策略必须有清晰和完全的文档描述，必须有相应的措施保证信息安全策略得到强制执行。在组织内部，必须有行政措施保证既定的信息安全策略被不折不扣地执行，管理层不能允许任何违反组织信息安全策略的行为存在，另一方面，也需要根据业务情况的变化不断地修改和补充信息安全策略。

信息安全策略的内容应有别于技术方案。信息安全策略只是描述一个组织保证信息安全的途径的指导性文件，它不涉及具体做什么和如何做的问题，只需指出要完成的目标。信息安全策略是原则性的，不涉及具体细节，对于整个组织提供全局性指导，为具体的安全措施和规定提供一个全局性框架。在信息安全策略中不规定使用什么具体技术，也不描述技术配置参数。

信息安全策略的另外一个特性就是可以被审核，即能够对组织内各个部门信息安全策略的遵守程度给出评价。

信息安全策略的描述语言应该是简洁的、非技术性的和具有指导性的。例如一个涉及对敏感信息加密的信息安全策略条目可以这样描述：

"任何类别为机密的信息，无论存储在计算机中，还是通过公共网络传输时，必须使用本公司信息安全部门指定的加密硬件或者加密软件予以保护。"

这个叙述没有谈及加密算法和密钥长度，所以当旧的加密算法被替换，新的加密算法被公布的时候，无须对信息安全策略进行修改。

6.1.3　信息安全策略的制定原则

在制定信息安全策略时，要遵循以下的原则：

（1）先进的网络安全技术是网络安全的根本保证。用户对自身面临的威胁进行风险评估，决定其所需要的安全服务种类，选择相应的安全机制，然后集成先进的安全技术，形成一个全方位的安全系统。

（2）严格的安全管理是确保安全策略落实的基础。各计算机网络使用机构、企业和单位应建立相应的网络安全管理办法，加强内部管理，建立合适的网络安全管理系统，加强用户管理和授权管理，建立安全审计和跟踪体系，提高整体网络安全意识。

（3）严格的法律、法规是网络安全保障的坚强后盾。计算机网络是一种新生事物，它的很多行为无法可依、无章可循，导致网络上计算机犯罪处于无序状态。面对日趋严重的网络犯罪，必须建立与网络安全相关的法律、法规，使不法分子难以轻易发动攻击。

6.1.4　信息安全策略的制定过程

制定信息安全策略的过程应该是一个协商的团体活动,信息安全策略的编写者必须了解组织的文化、目标和方向,信息安全策略只有符合组织文化,才更容易被遵守。所编写的信息安全策略还必须符合组织已有的策略和规则,符合行业、地区和国家的有关规定和法律。信息安全策略的编写者应该包括业务部门的代表,熟悉当前的信息安全技术,深入了解信息安全能力和技术解决方案的限制。

衡量一个信息安全策略的首要标准就是现实可行性。因此信息安全策略与现实业务状态的关系是:信息安全策略既要符合现实业务状态,又要能包容未来一段时间的业务发展要求。在编写策略文档之前,应当先确定策略的总体目标,必须保证已经把所有可能需要策略的地方都考虑到。首先要做的是确定要保护什么以及为什么要保护它们。策略可以涉及硬件、软件、访问、用户、连接、网络、通信以及实施等各个方面,接着就需要确定策略的结构,定义每个策略负责的区域,并确定安全风险量化和估价方法,明确要保护什么和需要付出多大的代价去保护。风险评估也是对组织内部各个部门和下属雇员对于组织重要性的间接度量,要根据被保护信息的重要性决定保护的级别和开销。信息安全策略的制定同时还需要参考相关的标准文本和类似组织的安全管理经验。

信息安全策略草稿完成后,应该将它发放到业务部门去征求意见,弄清信息安全策略会如何影响各部门的业务活动。这时候往往要对信息安全策略做出调整,最终,任何决定都是财政现实和安全之间的一种权衡。

6.1.5　信息安全策略的框架

信息安全策略的发展已经远远超出了所发布的传统应用的使用策略。每种访问计算机系统的新方法和开发的新技术,都会导致创建新的安全策略。而信息安全策略的制定者往往综合风险评估、信息对业务的重要性,考虑组织所遵从的安全标准,制定组织相应的信息安全策略,这些策略可能包括以下几个方面的内容。

(1)加密策略。描述组织对数据加密的安全要求。

(2)使用策略。描述设备使用、计算机服务使用和雇员安全规定,以保护组织的信息和资源安全。

(3)线路连接策略。描述诸如传真发送和接收、模拟线路与计算机连接、拨号连接等安全要求。

(4)反病毒策略。给出有效减少计算机病毒对组织的威胁的一些指导方针,明确在哪些环节必须进行病毒检测。

(5)应用服务提供策略。定义应用服务提供者必须遵守的安全方针。

(6)审计策略。描述信息审计要求,包括审计小组的组成、权限、事故调查、安全风险估计、信息安全策略符合程度评价、对用户和系统活动进行监控等活动的要求。

(7)电子邮件使用策略。描述内部和外部电子邮件接收、传递的安全要求。

(8)数据库策略。描述存储、检索、更新等管理数据库数据的安全要求。

(9)第三方的连接策略。定义第三方接入的安全要求。

（10）敏感信息策略。对于组织的机密信息进行分级，按照它们的敏感度描述安全要求。

（11）内部策略。描述对组织内部各种活动的安全要求，使组织的产品服务和利益受到充分保护。

（12）Internet 接入策略。定义在组织防火墙之外的设备和操作的安全要求。

（13）口令防护策略。定义创建、保护和改变口令的要求。

（14）远程访问策略。定义从外部主机或者网络连接到组织的网络进行外部访问的安全要求。

（15）路由器安全策略。定义组织内部路由器和交换机的最低安全配置。

（16）服务器安全策略。定义组织内部服务器的最低安全配置。

（17）VPN 安全策略。定义通过 VPN 接入的安全要求。

（18）无线通信策略。定义无线系统接入的安全要求。

6.2　信息安全策略规划与实施

信息安全策略的制定首先要进行前期的规划工作，包括确定安全策略保护的对象、确定参与编写安全策略的人员，以及信息安全策略中使用的核心安全技术。同时也要考虑制定原则、参考结构等因素。下面对以上环节分别进行描述。通过系统地学习这些知识内容，可以对制定安全策略的工作有较深的认识，并根据涉及的具体工作内容，可以熟练地制订工作计划，然后轻松地完成目标任务。

6.2.1　确定安全策略保护的对象

1. 信息系统的硬件与软件

硬件和软件是支持商业运作的平台，是信息系统的主要构成因素，它们应该首先受到安全策略的保护。所以整理一份完整的系统软硬件清单是首要的工作，其中包括系统涉及的网络结构图，如图 6-1 所示为系统软、硬件及网络系统结构图。可以有多种方法来建立这份清单及网络结构图，不管用哪种方法，都必须要确定系统内所有的相关内容都已经被记录。在绘制网络结构图以前，先要理解数据是如何在系统中流动的。根据详细的数据流程图，可以显示出数据的流动是如何支持具体业务运作的，并且可以找出系统中的一些重点区域。重点区域是指需要重点应用安全措施的区域。也可以在网络结构图中标明数据（或数据库）存储的具体位置，以及数据如何在网络系统中备份、审查与管理。

2. 信息系统的数据

计算机和网络所做的每一件事情都造成了数据的流动和使用。由于数据处理的重要性，在定义策略需求和编制物品清单的时候，了解数据的使用和结构是编写安全策略的基本要求。

（1）数据处理。数据是组织的命脉，在编写策略的时候，策略必须考虑数据如何处理，怎么保证数据的完整性和保密性。除此以外，还必须考虑如何监测数据的处理。

当使用第三方的数据时，大部分的数据源都有关联的使用和审核协议，这些协议可以

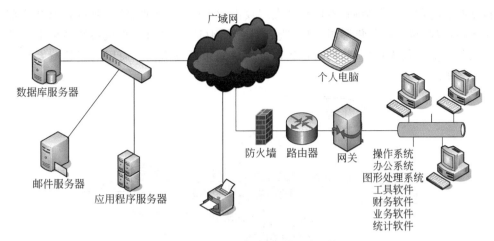

图 6-1　系统软、硬件及网络系统结构图

在数据的获取过程中得到。作为数据清单的一部分,外部服务和其他来源也应该被加入清单中。清单中要记录谁来处理这些数据以及在什么情况下这些数据被获得和传播。

(2) 个人数据。在业务运作过程中,可以通过很多方法来搜集个人数据。无论数据是如何获得的,都必须指定策略,以使所有人明白数据是如何使用的。

涉及隐私策略的时候,必须定义好隐私条例。策略里面应该声明私有物、专有物以及其他类似信息在未经预先同意之前是不能被公开的。

3. 人员

在考虑人员因素时,重点应该放在哪些人在何种情况下能够访问系统内资源。策略对哪些需要的人授予直接访问的权力,并且在策略中还要给出"直接访问"的定义。在定义了谁能够访问特定的资源以后,接下来要考虑的就是强制执行制度和对未授权访问的惩罚制度。对违反策略的现象是否有纪律上的处罚,在法律上又能做些什么,这些都应考虑。

6.2.2　确定安全策略使用的主要技术

在规划信息系统安全策略中,还需要考虑该安全策略使用的是何种安全核心技术。一般来讲,常见的安全核心技术包括以下几个方面。

1. 防火墙技术

目前,保护内部网免遭外部入侵比较有效的方法为防火墙技术。防火墙是一个系统或一组系统,它在内部网络与互联网间执行一定的安全策略。一个有效的防火墙应该能够确保所有从互联网流入或流向互联网的信息都将经过防火墙,且所有流经防火墙的信息都应接受检查。

现有的防火墙主要有包过滤型、代理服务器型、复合型以及其他类型(双宿主主机、主机过滤以及加密路由器)防火墙。

2. 入侵检测技术

入侵检测系统通过分析、审计记录,识别系统中任何不应该发生的活动,并采取相应的措施报告与制止入侵活动,不仅包括发起攻击的人(如恶意的黑客)取得超出合法范围的系统控制权,也包括收集漏洞信息、造成拒绝访问(DoS)等对计算机系统造成危害的行为。入侵行为不仅来自外部,同时也指内部用户的未授权活动。通用入侵检测系统模型如图 6-2 所示。

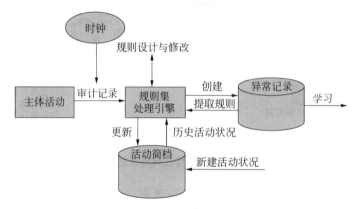

图 6-2　通用入侵检测系统模型

入侵检测系统根据其采用的技术可以分为异常检测和特征检测,根据系统所监测的对象可分为基于主机的入侵检测系统、基于网络的入侵检测系统和基于网关的入侵检测系统,根据系统的工作方式可分为离线检测系统与在线检测系统。

在检测方法上,一般有统计方法、预测模式生成方法等,详细如表 6-1 所示。

表 6-1　入侵检测方法

入侵检测方法	简单描述
统计方法	成熟的入侵检测方法,具有学习主体的日常行为的能力
预测模式生成	根据已有的事件集合按时间顺序归纳出一系列规则,通过不断地更新规则准确预测
专家系统	用专家系统判断有特征的入侵行为
键盘监视器	对用户击键序列的模式分析检测入侵行为
基于模型的入侵检测方法	使用行为序列产生的模型推测
状态转移分析	使用状态转换图分析审计事件
模式匹配	利用已知的入侵特征编码匹配检测
软计算方法	使用神经网络、遗传算法与模糊技术等方法

3. 备份技术

在使用计算机系统处理越来越多日常业务的同时,数据失效问题变得十分突出。一旦发生数据失效,如果系统无法顺利恢复,最终结果将不堪设想。所以信息化程度越高,备份和灾难恢复措施就越重要。

对计算机系统进行全面的备份,并不只是拷贝文件那么简单。一个完整的系统备份方案应包括：备份硬件、备份软件、日常备份制度（Backup Routines，BR）和灾难恢复计划（Disaster Recovery Plan，DRP）四个部分。选择了备份硬件和软件后，还需要根据自身情况制定日常备份制度和灾难恢复计划，并由管理人员切实执行备份制度，否则系统安全仅仅是纸上谈兵。

所谓备份，就是保留一套后备系统，后备系统在一定程度上可替代现有系统。与备份对应的概念是恢复，恢复是备份的逆过程，利用恢复措施可将损坏的数据重新建立起来。

备份可分为三个层次：硬件级、软件级和人工级。硬件级的备份是指用冗余的硬件来保证系统的连续运行，例如磁盘镜像、双机容错等方式。软件级的备份指将数据保存到其他介质上，当出现错误时可以将系统恢复到备份时的状态。而人工级的备份是原始的采用手工的方法，简单有效，但耗费时间。目前常用的备份措施及特点如表 6-2 所示。

表 6-2 常用备份措施及特点

常用备份措施	特　　点
磁盘镜像	可防止单个硬盘的物理损坏，但无法防止逻辑损坏
磁盘阵列	采用 RAID5 技术，可防止多个硬盘的物理损坏，但无法防止逻辑损坏
双机容错	双机容错可以防止单台计算机的物理损坏，但无法防止逻辑损坏
数据拷贝	可以防止系统的物理损坏，在一定程度上防止逻辑损坏

4. 加密技术

网络技术的发展凸显了网络安全问题，如病毒、黑客程序、邮件炸弹、远程侦听等，这一切都为安全性造成了障碍，但安全问题不可能找到彻底的解决方案。一般的解决途径是信息加密技术，它可以提供安全保障，如在网络中进行文件传输、电子邮件往来和进行合同文本的签署等。

数据加密的基本过程就是对原来为明文的文件或数据按某种算法进行处理，使其成为不可读的一段代码，通常称为"密文"，使其只能在输入相应的密钥之后才能显示出本来内容，通过这样的途径来达到保护数据不被非法窃取的目的。该过程的逆过程为解密，即将该编码信息转换为其原来数据的过程。

加密在网络上的作用就是防止有用的或私有化的信息在网络上被拦截和窃取。加密后的内容即使被非法获得也是不可读的。

加密技术通常分为两大类："对称式"和"非对称式"。对称式加密就是加密和解密使用同一个密钥，这种加密技术目前被广泛采用，如美国政府所采用的 DES 加密标准就是一种典型的"对称式"加密方法。非对称式加密就是加密和解密所使用的不是同一个密钥，通常有两个密钥，称为"公钥"和"私钥"，它们两个必须配对使用，否则不能打开加密文件。其中的"公钥"是可以公开的，解密时只要用自己的私钥，这样就很好地避免了密钥的传输安全问题。

数字签名和身份认证就是基于加密技术的，它的作用是用来确定用户身份的真实性。应用数字签名最多的是电子邮件，由于伪造一封电子邮件极为容易，使用加密技术基础上的数字签名，就可确认发信人身份的真实性。

　　类似数字签名技术的还有一种身份认证技术,有些站点提供 FTP 和 WWW 服务,如何确定正在访问用户服务器的是合法用户?身份认证技术是一个很好的解决方案。

6.2.3　安全策略的实施

　　当所有必要的信息系统安全策略都制定完毕,就该开始考虑策略的实施与推广。在实施与推广的过程中,也应该对随时产生的问题加以记录,并更新安全策略以解决类似的安全问题。

　　但是信息安全不是业务组织和工作人员自然的需求,信息安全需求是在经历了信息损失之后才有的。所以,管理对信息安全是必不可少的。

1. 当前网络系统存在的问题

　　安全策略制定完成后,现有的策略也许不能完全覆盖企业信息系统的每个方面、角落或细节,而且随着时间的推移,企业信息系统会有不同程度的改变,这时就要注意当前网络(信息)系统是否存在问题,存在哪些问题。常见问题有以下几个方面。

　　(1)系统设备和支持的网络服务大而全,但其实越少的服务意味着越少的攻击机会。

　　(2)网络系统集成了很多好看但安全性并不好的服务。例如,企业网络上传输声音文件、视频文件共享等。

　　(3)复杂的网络结构潜伏着不计其数的安全隐患,甚至不需要特别的技能和耐心就可发起危害极大的攻击活动。

　　当发现现有的信息安全策略不能很好解决这些问题时,就需要及时制定新的策略对现有的策略予以补充与更新。

2. 网络信息安全的基本原则

　　在信息安全策略已经得到正常实施的同时,为了计算机和网络达到更高的安全性,必须采用一些网络信息安全的基本规则:

- 安全性和复杂性成反比;
- 安全性和可用性成反比;
- 安全问题的解决是个动态过程;
- 安全是投资,不是消费;
- 信息安全是一个过程,而不是一个产品。

3. 策略实施后要考虑的问题

　　安全策略实施的同时还要注意易损性分析、风险分析和威胁评估。包括资产的鉴定与评估、威胁的假定与分析、易损性评估、现有措施的评价、分析的费用及收益、信息的使用与管理、安全措施间的相关性等。有些问题在策略实施过程中也需要认真考虑。

4. 安全策略的启动

　　安全策略"自顶向下"的设计步骤使得指导方针的贯彻、过程的处理、工作的有效性成为可能。

　　启动安全策略主要包括下面几个方面:启动安全策略、安全架构指导、事件反映过程、可接受的应用策略、系统管理过程和其他管理过程。具体的安全策略启动模型如图 6-3 所示。

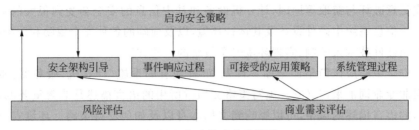

图 6-3　安全策略启动模型

启动安全策略：解释策略文档的设计目的，以及组织性和过程状态描述。

安全架构指导：指在风险评估过程中对发现的威胁所采取的对策。例如，防火墙的放置位置，什么时间使用加密，Web 服务器的放置位置和怎样与商业伙伴、客户进行通信联系等。安全架构指导确保了安全计划设计的合理性、审核与有效控制。该部分需要专门的技术，需要接受外部咨询机构的服务或内部培训，包括基于 Web 资源、书本、技术文件与会议讨论等形式。

事件响应过程：在出现紧急情况时，通常考虑的呼叫对象包括公司管理人员、业务部门经理、系统安全管理小组、警察等。按照什么样的顺序进行呼叫是事件反映过程处理的一部分。

可接受的应用策略：计算机系统和网络安全策略的启动将引出各种各样的应用策略。策略的数量与类型依赖于当前的商务需求分析、风险的评估与企业文化。

系统管理过程：管理过程说明了信息如何标记与处理，以及怎样去访问这些信息。对商业需求和风险、地方的安全架构指导有适当了解，就可以制定出专有的平台策略和相关的处理过程。

5. 实施中的法律问题

应该注意避免信息安全策略违反法律、法规和合同。信息系统的设计、使用和管理应该符合法律和合同安全要求。与法律有关的问题包括：

- 知识产权与版权；
- 软件著作权；
- 人事信息的私有性和数据保护；
- 组织记录的安全防护；
- 防止监控手段的误用；
- 加密控制规定；
- 证据收集；
- 事故处理。

6.3　环境安全策略

计算机硬件及其运行环境是网络信息系统运行的最基本因素，其安全程度对网络、信息的安全有着重要的影响。由于自然灾害、设备自然损坏和环境干扰等自然因素以及人为有意或无意破坏与窃取等原因,计算机设备和其中信息的安全会受到很大的威胁。下面通过讨论信息系统中硬件设备及其运行环境,以及面临的各种安全威胁和防护策略,简要介绍利用硬件技术来编制、实现环境安全策略的一些方法。

环境安全策略应该简单而全面。首先,审查现有的设施(计算机、服务器、通信设备等),并用非专业词汇来定义它。编写策略文档时所用的语言描述是非常重要的,尤其是策略所用的语言描述的风格,可以影响到文档本身以及如何看待策略。环境安全结构策略还要考虑到冗余电力供应的可行性和对公共平台的访问。

6.3.1　环境保护机制

环境保护涉及的主要机制或措施由空调系统、防静电系统、防火系统等方面构成。制定环境保护策略前,应首先对一些环境保护机制或措施有所了解,然后针对自身的情况,就可以对相关策略做出一个正确的定位。

1. 空调系统

计算机房内的空调系统是保证计算机系统正常运行的重要设备之一。通过空调系统使机房的温度、湿度和洁净度得到保证,从而使系统正常工作。重要的计算机系统安放处应有单独的空调系统,它比公用的空调系统在加湿、除尘方面应该有更高的要求。环境控制的主要指标有温度、湿度和洁净度等,其中机房温度一般控制在(20 ± 2)℃,相对湿度一般控制在$(50\pm5\%)$,机房内一般应采用乙烯类材料装修,避免使用挂毯、地毯等吸尘材料。人员进出门应有隔离间,并应安装吹尘、吸尘设备,以排除进入人员所带的灰尘。空调系统进风口应安装空气滤清器,并应定期清洁和更换过滤材料,以防灰尘进入。

2. 防静电措施

为避免静电的影响,最基本的措施是接地,将物体积聚的静电迅速释放到大地。为此,机房地板基体(或全部)应为金属材料并接大地,使人或设备在其上运动产生的静电随时可释放出去。机房内的专用工作台或重要的操作台应有接地平板,必要时,每人可带一个金属手环,通过导线与接地平板连接。此外,工作人员的服装和鞋最好用低阻值的材料制作,机房内避免湿度过低,在北方干燥季节应适当加湿,以免产生静电。

3. 防火机制

为避免火灾,应在安全策略中标明采取以下防火机制。

(1) 分区隔离。建筑内的机房四周应设计为一个隔离带,以使外部的火灾至少可隔离1小时。

(2) 火灾报警系统。为安全起见,机房应配备多种报警系统,并保证在断电后24小时之内仍可发出警报。报警器为音响或灯光报警,一般安放在值班室或人员集中处,以便工作人员及时发现并向消防部门报告,组织人员疏散等。

(3) 灭火设施。机房所在楼层应有消防栓和必要的灭火器材和工具,这些物品应具有明显的标记,且须定期检查。

(4) 管理措施。计算机系统实体发生重大事故时,为尽可能减少损失,应制定应急计划。建立应急计划时应考虑到对实体的各种威胁,以及每种威胁可能造成的损失等。在此基础上,制定对各种灾害事件的响应程序,规定应急措施,使损失降到最低限度。

6.3.2　电源

电源是计算机系统正常工作的重要因素。供电设备容量应有一定的储备,所提供的功率应是全部设备负载的125%。计算机房设备应与其他用电设备隔离,它们应为变压器输出的单独一路而不与其他负载共享一路。策略中应采用电源保护装置,重要的计算机房应配置抵抗电压不足的设备,如UPS或应急电源。另外,计算机系统和工作场地的接地是非常重要的安全措施,可以保护设备和人身的安全,同时也可避免电磁信息泄漏。具体措施有交/直流分开的接地系统、共地接地系统等。

6.3.3　硬件保护机制

硬件是组成计算机的基础。硬件防护措施仍是计算机安全防护技术中不可缺少的一部分。特别是对于重要的系统,须将硬件防护同系统软件的支持相结合,以确保安全。包括两方面策略:计算机设备的安全设置和外部辅助设备的安全。

(1) 计算机设备的安全设置。可采用计算机加锁和使用专门的信息保护卡来实现。

(2) 外部辅助设备的安全。外部辅助设备的安全包括打印机、磁盘阵列和中断设备安全。其中,打印机使用时一定要遵守操作规则,出现故障时一定要先切断电源,数据线不要带电插拔。磁盘阵列要注意防磁、防尘、防潮、防冲击,避免因物理上的损坏而使数据丢失。终端上可加锁,与主机之间的通信线路不宜过长,显示敏感信息的终端还要防电磁辐射泄漏。

6.4　系统安全策略

建立系统安全策略的主要目的是为了在日常工作中保障信息安全与系统操作安全。系统安全策略主要包括WWW服务策略、数据库系统安全策略、邮件系统安全策略、应用服务系统安全策略、个人桌面系统安全策略及其他业务相关系统安全策略等。下面分别进行介绍。

6.4.1　WWW服务策略

WWW作为互联网提供的重点服务,目前应用已经日益广泛,且用户对WWW服务的依赖逐渐多方面化、多层次化,制定一份WWW服务策略是非常必要的。

1. WWW服务的安全漏洞

WWW服务的漏洞一般可以分为以下几类:

- 操作系统本身的安全漏洞;
- 明文或弱口令漏洞;
- Web服务器本身存在一些漏洞;
- CGI(Common Gateway Interface)安全方面的漏洞。

2. Web欺骗

Web欺骗是指攻击者以受攻击的名义将错误或者易于误解的数据发送到真正的

Web 服务器,以及以任何 Web 服务器的名义发送数据给受攻击者。简而言之,攻击者观察和控制着受攻击者在 Web 上做的每一件事。

Web 欺骗包括两个部分:安全决策和暗示。

(1) 安全决策。安全决策往往都含有较为敏感的数据。如果一个安全决策存在问题,就意味着决策人在做出决策后,因为关键数据的泄漏而导致决策失败。

(2) 暗示。目标的出现往往传递着某种暗示。Web 服务器提供给用户的是丰富多彩的各类信息,人们的经验值往往决定了接受暗示的程度,但暗示中往往包含有不安全的操作活动。人们习惯于此且不可避免地被这种暗示所欺骗。

3. 针对 Web 欺骗的策略

Web 欺骗是互联网上具有相当危险性而不易被察觉的欺骗手法。可以采取的一些保护策略有:

- 改变浏览器,使之具有反映真实 URL 信息的功能,而不会被蒙蔽;
- 通过安全连接建立的 Web 服务器——浏览器对话。

6.4.2　电子邮件安全策略

伴随着网络的迅速发展,电子邮件也成为 Internet 上最普及的应用。电子邮件的方便性、快捷性及低廉的费用赢得了众多用户的好评。但是,电子邮件在飞速发展的同时也遇到了安全问题。解决的方法包括两个方面:反病毒和内容保密。

1. 反病毒策略

病毒通过电子邮件进行传播具有两个重要特点:①传播速度快,传播范围广;②破坏力大。对于电子邮件用户而言,杀毒不如防毒。如果用户没有运行或打开附件,病毒是不会被激活的。所以,可行的安全策略是采用实时扫描技术的防病毒软件,它可以在后台监视操作系统的文件操作,在用户进行磁盘访问、文件复制、文件创建、文件改名、程序执行、系统启动和准备关闭时检测病毒。

2. 内容保密策略

未加密的电子邮件信息会在传输过程中被人截获、阅读并加以篡改,保证其通信的安全已经成为人们高度关心的问题。电子邮件内容的安全取决于邮件服务器的安全、邮件传输网络的安全以及邮件接收系统的安全。因而保证电子邮件内容安全的策略主要有:

(1) 采用电子邮件安全网关,也就是用于电子邮件的防火墙。进入或输出的每一条消息都经过网关,从而使安全政策可以被执行(在何时、向何地发送消息),病毒检查可以被实施,并对消息签名和加密。

(2) 在用户端使用安全电子邮件协议。目前主要有两个协议:S/MIME(Secure/Multipurpose Internet Mail Extensions)和 PGP(Pretty Good Privacy)。这两个协议的目的基本相同,都是为电子邮件提供安全功能,对电子邮件进行可信度验证,保护邮件的完整性及反抵赖。

6.4.3　数据库安全策略

数据库安全策略的目的是最大限度保护数据库系统及数据库文件不受侵害。现有的数据库文件安全技术主要通过以下三个途径来实现：

- 依靠操作系统的访问控制功能实现；
- 采用用户身份认证实现；
- 通过对数据库加密来实现。

在此基础上，数据库安全策略的具体实现机制有以下几点：

（1）在存储数据库文件时，使用本地计算机的一些硬件信息及用户密码加密数据库文件的文件特征说明部分和字段说明部分。

（2）在打开数据库文件时，自动调用本地计算机的一些硬件信息及用户密码，解密数据库文件的文件特征说明部分和字段说明部分。

（3）如果用户要复制数据库文件，则在关闭数据库文件时，进行相应的设置。

数据库文件加密实现过程如图 6-4 所示。

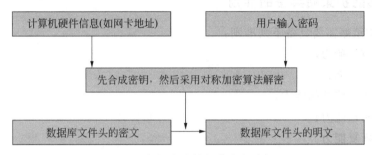

图 6-4 数据库文件加密实现过程

6.4.4 应用服务器安全策略

应用服务器包括很多种，这里简要描述 FTP 服务器和主机 Telnet 服务的安全策略。

1. FTP 的安全策略

FTP 被广泛应用，在 Internet 迅猛发展的形势下，安全问题日益突出，解决的主要方法和手段有以下几个方面。

（1）对于反弹攻击进行有效防范。最简单的方法就是封住漏洞，服务器最好不要建立 TCP 端口号在 1024 以下的连接；另外，禁止使用 PORT 命令也是一个可选的防范反弹攻击的方案。

（2）进行限制访问。在建立连接前，双方需要同时认证远端主机的控制连接、数据连接的网络地址是否可信。

（3）进行密码保护。服务器限制尝试输入正确口令的次数，当出现几次尝试失败时，服务器应关闭和客户的控制连接；另外，服务器可以限制控制连接的最大数目，或探查会话中的可疑行为并在以后拒绝该站点的连接请求。

（4）防范端口盗用。使用操作系统无关的方法随机分配端口号，让攻击者无法预测。

2. Telnet 服务的安全策略

Telnet 是一个非常有用的服务。可以使用 Telnet 登录一个开启了该服务的主机来执行一些命令，便于进行远程工作或维护。Telnet 本身存在很多安全问题，如传输明文，缺乏强力认证过程,没有完整性检查以及传输的数据没有经过加密。解决的策略是替换在传输过程中使用明文的传统 Telnet 软件,使用 SSLTelnet 或 SSH 等对数据加密传输的软件。

6.5　病毒防护策略

计算机病毒可以在很短的时间内感染整个计算机或网络系统,甚至使整个系统瘫痪,从而带来无法正常工作的后果。计算机病毒有很多种,如蠕虫病毒、宏病毒等。每种计算机病毒都会对计算机系统带来重大的损害。要避免受到病毒程序的干扰,除了应用有效的杀毒软件以外,制定相应的病毒防护策略也是保障系统安全运行的重要途径。

6.5.1　病毒防护策略具备的准则

病毒防护策略需要具备下列准则:
- 拒绝访问能力;
- 病毒检测能力;
- 控制病毒传播的能力;
- 清除病毒能力;
- 数据恢复能力。

6.5.2　建立病毒防护体系

目前的反病毒机制已经趋于成熟,但仍需要建立多层防护来保护核心网络,尤其是要防止病毒通过电子邮件等媒介进行传播。而且,还必须在安全操作中心实现起全面的监控功能和事件反应功能。

1. 网络的保护

反病毒策略的一个重要目标就是在病毒进入受保护的网络之前就挡住它。90%以上的新病毒是通过电子邮件传播的,因此电子邮件是反病毒首要关注的重点。建议在电子邮件网关处使用不同的反病毒检查引擎以增加安全性。

各类杀毒软件对新病毒的反应速度不同,病毒扫描程序通常会漏掉 1%~3%的病毒。在不同的层上采用不同的保护提供了多层的反病毒防护。如果电子邮件漏掉了一个病毒或者对新病毒做出的反应迟缓,桌面电脑病毒扫描还有机会发现它,反之亦然。对于电子邮件网关的要求和电子邮件安全要求正在日趋相同,这样供应商提供了全面的电子邮件安全,包括防火墙、入侵检测、拒绝服务攻击保护、反病毒、内容检查、关键字过滤、垃圾邮件过滤和电子邮件加密。任何电子邮件反病毒策略中两项至关紧要的功能就是根据关键字进行内容过滤,以及对于附件进行过滤(这项功能使用户可以在一个新病毒发作的早期,在病毒还没有被清楚定义出来之前就对该病毒进行隔离)。

2. 建立分层的防护

虽然 90%以上的用户都采用了反病毒软件,但还是有很多遭到了病毒攻击并造成了相应的经济损失。新病毒利用多种安全漏洞,并且通过多种方式攻击系统。安全部门必须把多种安全组件和策略整合起来进行全方位的防护,并推荐使用多种类、多层次的反病毒机制。制定出涵盖范围全面的反病毒策略,例如,防火墙、入侵检测、电子邮件过滤、漏洞评估和反病毒等。

3. 发展趋势

建立一个全面综合的安全管理控制平台是发展趋势。使用户能够建立多领域的防护来抵挡即将出现的更多的恶性病毒攻击,并在今后建立起跨领域的安全策略。但是,目前控制平台技术本身还不够成熟,并且相互之间的支持还很缺乏。

6.5.3　建立病毒保护类型

建立完整的病毒保护程序需要三类策略声明:第一类声明所需的病毒监视和测试的类型;第二类声明是系统完整性审查,它有助于验证病毒保护程序的效果;最后一类声明的是对分布式可移动媒介的病毒审查。

1. 病毒测试

应该在每个互联网系统上安装和配置杀毒软件,并根据管理员的规定提供不间断的病毒扫描和定期更新。

2. 系统完整性检查

系统完整性检查可以用多种方式来实施。最常见的是保存一份系统文件的清单,并在每次系统启动的时候扫描这些文件以发现问题。还可以使用系统工具来审查系统的全体配置和文件、文件系统、公共区二进制文件的完整性。

6.5.4　病毒防护策略要求

1. 对病毒防护的要求

(1)策略必须声明对病毒防护的要求,并说明它只用于病毒防护。

(2)策略必须声明用户应该使用得到同意的病毒保护工具,并且不应该取消该功能。

2. 对建立病毒保护类型的要求

(1)病毒防护策略应该反映出使用的防护方案的类型,但不需要反映出具体使用什么产品。

(2)病毒防护策略应该公开说明使用的扫描类型。

(3)在建立病毒保护程序时,策略应该包括病毒测试的方法、系统安全性审查。

3. 对牵涉到病毒的用户的要求

(1)策略应该声明用户不能牵涉到病毒。

(2)为增加策略的震慑力,可酌情添加一条声明,指出违反者可能会被解雇和诉诸法律。

6.6　安全教育策略

安全教育是指对所有人员进行安全培训,培训内容包括所有其他技术安全策略所涉及的操作规范与技术知识。通过适当地安全培训,会使包括信息系统的管理人员与所有的系统最终用户都能充分理解到信息系统安全的重要性,并且对于日常的安全规范操作也会逐渐形成自定的模式。

1. 安全教育

安全意识和相关各类安全技能的教育是安全管理中重要的内容,其实施力度将直接关系到安全策略被理解的程度和被执行的效果。

在安全教育具体实施过程中,应该有一定的层次性且安全教育应该定期、持续地进行。

(1) 主管信息安全工作的各级管理人员,其培训重点是了解掌握企业信息安全的整体策略及目标、信息安全体系的构成、安全管理部门团队的建立和管理制度的制定等。

(2) 负责信息安全运行管理及维护的技术人员,其培训重点是充分理解信息安全管理策略,掌握安全评估的基本方法,对安全操作和维护技术的合理运用等。

(3) 普通用户,其培训重点是学习各种安全操作流程,了解和掌握与其相关的安全策略知识,包括自身应该承担的安全职责等。

2. 安全教育策略的机制

通常来讲,安全问题经常来源于系统最终用户和系统管理员的工作疏忽。疏忽有可能造成系统被病毒侵犯或遭到攻击。

管理阶层往往通过创建并执行一套全面的 IT 安全策略来规范用户的行为,这样就可以减少甚至消除一些错误带来的风险。然后通过对最终用户进行教育,使他们知道怎样消除安全隐患。运用这些安全策略,在一定程度上就会防止出现安全漏洞的情况。

一套好的安全策略应该包括最终用户和系统管理员两个方面。在最终用户方面,策略应该清楚地规定用户可以利用计算机设备和应用软件做什么,并且要在安全教育策略中说明。在策略中应该包括以下内容。

(1) 数据和应用所有权。帮助用户们理解他们能够使用哪些应用和数据,而哪些应用和数据是他们可以和其他人共享的。

(2) 硬件的使用。加强企业内正在执行的指导方针,规定对于工作站、笔记本电脑和手持式设备的正确操作。

(3) 互联网的使用。明确互联网、用户组、即时信息和电子邮件的正确使用方式。

从系统管理员的角度,应该使用包括以下内容的基于策略的规则来加固最终用户策略:

(1) 账号管理。规定可以被接受的密码配置,以及规定在需要的时候,系统管理员如何切断某个特定用户的使用权限。

(2) 补丁管理。规定对发布补丁消息的正确反应,以及规定如何进行补丁监控和定期维护。

(3) 事件报告制度。不是所有的紧急事件都是同样重要,所以策略里必须包括一个计划,规定每个紧急事件应该通报哪些人。

策略制定完成之后,还必须随着网络、操作系统、软件配置以及用户的增加和减少而及时更新。对于安全教育策略,应该随时因整体策略的调整而调整。

本 章 小 结

本章首先讲述了信息安全策略的基本概念,并对信息安全策略的规划和实施的有关问题进行一些讨论;接着具体阐述了环境安全策略、系统安全策略、病毒防护安全策略等相关内容;最后介绍了安全教育策略。

习　　题

1. 信息安全策略是什么？它有何特点？
2. 如何进行信息安全策略的规划与实施？
3. 信息安全策略使用哪些主要技术？
4. 什么是环境安全策略？环境安全策略包括哪些方面的内容？
5. 系统安全策略的目标是什么？包括哪些内容？
6. 病毒防护策略的功能有哪些？有什么要求？
7. 什么是安全教育策略？

第7章

信息安全等级保护

学习目标

- 了解信息安全等级的划分及特征;
- 知道等级保护在信息安全工程的实施;
- 了解信息安全系统等级确定方法。

实施信息安全等级保护,能够有效地提高我国信息和信息系统安全建设的整体水平,有利于在信息化建设过程中同步建设信息安全设施,保障信息安全与信息化建设相协调;有利于为信息系统安全建设和管理提供系统性、针对性、可行性的指导和服务,有效控制信息安全建设成本;有利于优化信息安全资源的配置,对信息系统分级实施保护,重点保障基础信息网络和关系国家安全、经济命脉、社会稳定等方面的重要信息系统的安全。

7.1 等级保护概述

7.1.1 信息安全等级保护制度的原则

信息安全等级保护是对信息和信息载体按照重要性等级分级别进行保护的一种工作,是在中国、美国等很多国家都存在的一种信息安全领域的工作。在中国,信息安全等级保护广义上为涉及该工作的标准、产品、系统、信息等均依据等级保护思想的安全工作;狭义上一般指信息系统安全等级保护,是指对国家安全、法人和其他组织及公民的专有信息以及公开信息和存储、传输、处理这些信息的信息系统分等级实行安全保护,对信息系统中使用的信息安全产品实行按等级管理,对信息系统中发生的信息安全事件分等级响应、处置的综合性工作。

(1)明确责任,共同保护。通过等级保护,组织和动员国家、法人和其他组织、公民共同参与信息安全保护工作;各方主体按照规范和标准分别承担相应的、明确具体的信息安全保护责任。

(2)依照标准,自行保护。国家运用强制性的规范及标准,要求信息和信息系统按照相应的建设和管理要求,自行定级、自行保护。

(3)同步建设,动态调整。信息系统在新建、改建、扩建时应当同步建设信息安全设施,保障信息安全与信息化建设相适应。因信息和信息系统的应用类型、范围等条件的变化及其他原因,安全保护等级需要变更的,应当根据等级保护的管理规范和技术标准的要求,重新确定信息系统的安全保护等级。等级保护的管理规范和技术标准应按照等级保护工作开展的实际情况适时修订。

（4）指导监督，重点保护。国家指定信息安全监管职能部门通过备案、指导、检查、督促整改等方式，对重要信息和信息系统的信息安全保护工作进行指导监督。国家重点保护涉及国家安全、经济命脉、社会稳定的基础信息网络和重要信息系统，主要包括：国家事务处理信息系统，财政、金融、税务、海关、审计、工商、社会保障、能源、交通运输、国防工业等关系到国计民生的信息系统；教育、国家科研等单位的信息系统，公用通信、广播电视传输等基础信息网络中的信息系统，网络管理中心、重要网站中的重要信息系统和其他领域的重要信息系统。

7.1.2　信息安全等级保护的工作内容

信息安全等级保护工作包括定级、备案、安全建设和整改、信息安全等级测评、信息安全检查五个阶段，作为公安部授权的第三方测评机构，为企事业单位提供专业的信息安全等级测评咨询服务。

信息系统安全等级测评是验证信息系统是否满足相应安全保护等级的评估过程。信息安全等级保护要求不同安全等级的信息系统应具有不同的安全保护能力，一方面通过在安全技术和安全管理上选用与安全等级相适应的安全控制来实现；另一方面，分布在信息系统中的安全技术和安全管理上不同的安全控制，通过连接、交互、依赖、协调、协同等相互关联关系，共同作用于信息系统的安全功能，使信息系统的整体安全功能与信息系统的结构以及安全控制间、层面间和区域间的相互关联关系密切相关。因此，信息系统安全等级测评在安全控制测评的基础上，还要包括系统整体测评。

7.1.3　信息安全等级保护的划分及特征

信息安全等级保护是指对国家秘密信息、法人和其他组织及公民的专有信息以及公开信息和存储、传输、处理这些信息的信息系统分等级实行安全保护，对信息系统中使用的信息安全产品实行按等级管理，对信息系统中发生的信息安全事件分等级响应、处置。

GB17859 把计算机信息系统的安全保护能力划分的五个等级是：用户自主保护级、系统审计保护级、安全标记保护级、结构化保护级和访问验证保护级。这五个级别的安全强度自低到高排列，且高一级包括低一级的安全能力。

第一级为用户自主保护级，适用于一般的信息和信息系统，其受到破坏后，会对公民、法人和其他组织的权益有一定影响，但不危害国家安全、社会秩序、经济建设和公共利益。

本级的主要特征是用户具有自主安全保护能力。访问控制机制允许命名用户以用户或用户组的身份规定并控制客体的共享，能阻止非授权用户读取敏感信息。可信计算基在初始执行时需要鉴别用户的身份，不允许无权用户访问用户身份鉴别信息。该安全级通过自主完整性策略，阻止无权用户修改或破坏敏感信息。

所谓可信计算基，是指计算机系统内保护装置的总体，是实现访问控制策略的所有硬件、固件和软件的集合体。可信计算基具有以下性质：能控制主体集合对客体集合的每一次访问，是抗篡改的和足够小的，便于分析、测试与验证。

第二级为系统审计保护级，适用于一定程度上涉及国家安全、社会秩序、经济建设和公共利益的一般信息和信息系统,其受到破坏后,会对国家安全、社会秩序、经济建设和公共利益造成一定损害。

本级的主要特征是本级也属于自主访问控制级,但和系统自主保护级相比,可信计算基实施粒度更细的自主访问控制,控制粒度可达单个用户级,能够控制访问权限的扩散,没有访问权的用户只能由有权用户指定对客体的访问权。身份鉴别功能通过每个用户唯一标识监控用户的每个行为,并能对这些行为进行审计。增加了客体重用和审计功能是本级的主要特色。审计功能要求可信计算基能够记录对身份鉴别机制的使用,将客体引入用户地址空间;客体的删除,操作员、系统管理员或系统安全管理员实施的动作以及其他与系统安全有关的事件。

第三级为安全标记保护级,适用于涉及国家安全、社会秩序、经济建设和公共利益的信息和信息系统,其受到破坏后,会对国家安全、社会秩序、经济建设和公共利益造成较大损害。

本级的主要特征是本级在提供系统审计保护级的所有功能的基础上,提供基本的强制访问功能。可信计算基能够维护每个主体及其控制的存储客体的敏感标记,也可以要求授权用户确定无标记数据的安全级别。这些标记是等级分类与非等级类别的集合,是实施强制访问控制的依据。可信计算基可以支持对多种安全级别(如军用安全级别可划分为绝密、机密、秘密、无密四个安全级别)的访问控制,强制访问控制规则如下:仅当主体安全级别中的等级分类高于或等于客体安全级中的等级分类,且主体安全级中的非等级类别包含了客体安全级中的全部非等级类别时,主体才能对客体有读权;仅当主体安全级中的等级分类低于或等于客体安全级中的等级分类,且主体安全级中的非等级类别包含于客体安全级中的非等级类别时,主体才能对客体有写权。

可信计算基维护用户身份识别数据,确定用户的访问权及授权数据,并且使用这些数据鉴别用户的身份。审计功能除保持上一级的要求外,还要求记录客体的安全级别,可信计算基还具有审计可读输出记号是否发生更改的能力。对数据完整性的要求则增加了在网络环境中使用完整性敏感标记来确保信息在传输过程中未受损。

本级要求提供有关安全策略的模型、主体对客体强制访问控制的非形式化描述,没有对多级安全形式化模型的要求。

第四级为结构化保护级,适用于涉及国家安全、社会秩序、经济建设和公共利益的重要信息和信息系统,其受到破坏后,会对国家安全、社会秩序、经济建设和公共利益造成严重损害。

本级可信计算基建立在明确定义的形式化安全策略模型之上,它要求将自主和强制访问控制扩展到所有主体与客体。要求系统开发者应该彻底搜索隐蔽存储信道,标识出这些信道和它们的带宽。本级最主要的特点是可信计算基必须结构化为关键保护元素和非关键保护元素。可信计算基的接口要求是明确定义的,使其实现能得到充分的测试和全面的复审。结构化保护级加强了鉴别机制,支持系统管理员和操作员的职能,提供可信设施管理,增强了系统配置管理控制,系统具有较强的抗渗透能力。

强制访问控制的能力更强,可信计算基可以对外部主体能够直接或间接访问的所有资源(如主体、存储客体和输入/输出资源)都实行强制访问控制。关于访问客体的主体的范围有所扩大,结构化保护级则规定可信计算基外部的所有主体对客体的直接或间接访问都应该满足上一级规定的访问条件。而安全标记保护级则仅要求那些受可信计算基控制的主体对客体的访问受到访问权限的限制,且没有指明间接访问也应受到限制。要求对间接访问也要进行控制,意味着可信计算基必须具有信息流分析能力。

为了实施更强的强制访问控制,结构化保护级要求可信计算基维护与可被外部主体直接或间接访问到的计算机系统资源(如主体、存储客体、只读存储器等)相关的敏感标记。结构化保护级还显式地增加了隐蔽信道分析和可信路径的要求。可信路径的要求如下:可信计算基在它与用户之间提供可信通信路径,供对用户的初始登录和鉴别,且规定该路径上的通信只能由使用它的用户初始化。对于审计功能,本级要求可信计算基能够审计利用隐蔽存储信道时可能被使用的事件。

第五级为访问验证保护级,适用于涉及国家安全、社会秩序、经济建设和公共利益的重要信息和信息系统的核心子系统,其受到破坏后,会对国家安全、社会秩序、经济建设和公共利益造成特别严重的损害。

对于实现的自主访问控制功能,访问控制能够为每个命名客体指定命名用户和用户组,并规定它们对客体的访问模式。对于强制访问控制功能的要求与上一级别的要求相同。对于审计功能,要求可信计算基包括可以审计安全事件的发生与积累机制,当超过一定阈值时,能够立即向安全管理员发出警报,并且能以最小代价终止这些与安全相关的事件继续发生或积累。

7.2　等级保护在信息安全工程中的实施

确定安全需求后,新建和改建系统就进入了实施前的设计过程。以往的安全保障体系设计是没有等级概念的,主要是依据本单位业务特点,结合其他行业或单位实施安全保护的实践经验而提出的。当引入等级保护的概念后,系统安全防护设计思路会有所不同:

- 由于确定了单位内部代表不同业务类型的若干个信息系统的安全保护等级,在设计思路上应突出对等级较高的信息系统的重点保护。
- 安全设计应保证不同保护等级的信息系统能满足相应等级的保护要求。满足等级保护要求不意味着各信息系统独立实施保护,而应本着优化资源配置的原则合理布局,构建纵深防御体系。
- 划分了不同等级的系统,就存在如何解决等级系统之间的互联问题,因此必须在总体安全设计中规定相应的安全策略。

7.2.1　新建系统的安全等级保护规划与建设

1. 总体安全设计方法

总体安全设计并非安全等级保护实施过程中必须执行的过程,对于规模较小、构成内容简单的信息系统,在通过安全需求分析确定了其安全需求后,都可以直接进入安全详细设计。对于有一定规模的信息系统实施总体安全设计过程,可以按以下步骤实施。

1）局域网内部抽象处理

一个局域网可能由多个不同等级系统构成，无论局域网内部等级系统有多少，都可以将等级相同、安全需求类相同、安全策略一致的系统合并为一个安全域，并将其抽象为一个模型要素，可将之称为某级安全域。通过抽象处理后，局域网模型可能是由多个级别的安全域互联构成的模型。

2）局域网内部安全域之间互联的抽象处理

根据局域网内部的业务流程、数据交换要求、用户访问要求等确定不同级别安全域之间的网络连接要求，从而对安全域边界提出安全策略要求和安全措施要求，以实现对安全域边界的安全保护。

如果任意两个不同级别的子系统之间有业务流程数据交换要求、用户访问要求等需要，则认为两个模型要素之间有连接。通过分析和抽象处理后，局域网内部安全域之间互联模型如图 7-1 所示。

3）局域网之间安全域互联的抽象处理

根据局域网之间的业务流程、数据交换要求、用户访问要求等确定局域网之间通过骨干网/城域网分隔的同级或不同级别安全域之间的网络连接要求。

例如，任意两个级别的安全域之间有业务流程、数据交换要求、用户访问要求等的需要，则认为两个局域网的安全域之间有连接。通过分析和抽象处理后，局域网之间安全域互联模型如图 7-2 所示。

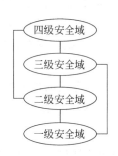

图 7-1　局域网内部安全域之间互联模型

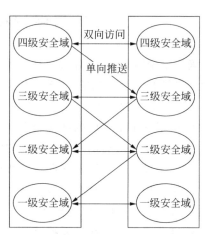

图 7-2　局域网之间安全域互联模型

4）局域网安全域与外部单位互联的抽象处理

对于与国际互联网或外部机构/单位有连接或数据交换的信息系统，需要分析这种网络的连接要求，并进行模型化处理。例如，任意一个级别的安全域，如果这个安全域与外部机构/单位或国际互联网之间有业务访问、数据交换等的需要，则认为这个级别的安全域与外部机构/单位或国际互联网之间有连接。通过分析和抽象处理后，局域网安全域与外部机构/单位或国际互联网之间互联模型如图 7-3 所示。

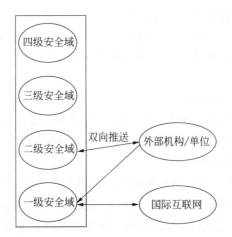

图 7-3　局域网安全域与外部机构/单位或国际互联网之间互联模型

5）安全域内部抽象处理

局域网中不同级别的安全域的规模和复杂程度可能不同,但是每个级别安全域的构成要素基本一致,即由服务器、工作站和连接它们的网络设备构成。为了便于分析和处理,将安全域内部抽象为服务器设备(包括存储设备)、工作站设备和网络设备这些要素,通过对安全域内部的模型化处理后,对每个安全域内部的关注点将放在服务器设备、工作站设备和网络设备上,通过对不同级别安全域中的服务器设备、工作站设备和网络设备提出安全策略要求和安全措施要求,实现安全域内部的安全保护。通过抽象处理后,每个安全域模型如图 7-4 所示。

6）形成信息系统抽象模型

通过对信息系统的分析和抽象处理,最终形成被分析的信息系统的抽象模型。信息系统抽象模型的表达应包括以下内容:单位的不同局域网络如何通过骨干网、

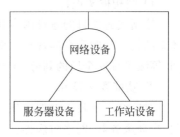

图 7-4　安全域模型

城域网互联,每个局域网内最多包含几个不同级别的安全域,局域网内部不同级别的安全域之间如何连接,不同局域网之间的安全域之间如何连接,局域网内部安全域是否与外部机构/单位或国际互联网有互联,等等。

7）制定总体安全策略

最重要的是制定安全域互联策略,通过限制多点外联、统一出口,既可以达到保护重点、优化配置的目的,也体现了纵深防御的策略思想。

8）关于等级边界进行安全控制的规定

针对信息系统等级化抽象模型,根据机构总体安全策略、等级保护基本要求和系统的特殊安全需求,提出不同级别安全域边界的安全保护策略和安全技术措施。

安全域边界安全保护策略和安全技术措施提出时要考虑边界设备共享的情况,如果不同级别的安全域通过同一设备进行边界保护,则这个边界设备的安全保护策略和安全技术措施要满足最高级安全域的等级保护要求。

9）关于各安全域内部的安全控制要求

针对信息系统等级化抽象模型，根据机构总体安全策略、等级保护基本要求和系统的特殊安全需求，提出不同级别安全域内部网络平台、系统平台和业务应用的安全保护策略和安全技术措施。

10）关于等级安全域的管理策略

从全局角度出发，提出单位的总体安全管理框架和总体安全管理策略，对每个等级安全域提出各自的安全管理策略，安全域管理策略继承单位的总体安全策略。

2. 总体安全设计方案大纲

最后形成的总体方案大纲包括以下内容：信息系统概述、单位信息系统安全保护等级状况、各等级信息系统的安全需求、信息系统的安全等级保护模型抽象、总体安全策略、信息系统的边界安全防护策略、信息系统的等级安全域防护策略、信息系统安全管理与安全保障策略。

3. 设计实施方案

实施方案不同于设计方案，实施方案需要根据阶段性的建设目标和建设内容将信息系统安全总体设计方案中要求实现的安全策略、安全技术体系结构、安全措施落实到产品功能或物理形态上，提出能够实现的产品或组件及其具体规范，并将产品功能特征整理成文档，使得在信息安全产品采购和安全控制开发阶段具有依据。实施方案过程如下。

1）结构框架设计

依据实施项目的建设内容和信息系统的实际情况，给出与总体安全规划阶段的安全体系结构一致的安全实现技术框架，内容包括安全防护的层次、信息安全产品的选择和使用、等级系统安全域的划分、IP地址规划等。

2）功能要求设计

对安全实现技术框架中使用到的相关信息安全产品，如防火墙、VPN、网闸、认证网关、代理服务器、网络防病毒、PKI等提出功能指标要求，对需要开发的安全控制组件提出功能指标要求。

3）性能要求设计

对安全实现技术框架中使用到的相关信息安全产品，如防火墙、VPN、网闸、认证网关、代理服务器、网络防病毒、PKI等提出性能指标要求，对需要开发的安全控制组件提出性能指标要求。

4）部署方案设计

结合信息系统网络拓扑，以图示的方式给出安全技术实现框架的实现方式，包括信息安全产品或安全组件的部署位置、连接方式、IP地址分配等，对于需要对原有网络进行调整的情况应给出网络调整的图示方案等。

5）制定安全策略实现计划

依据信息系统安全总体方案中提出的安全策略要求，制定设计和设置信息安全产品或安全组件的安全策略实现计划。

6）管理措施实现内容设计

结合系统实际安全管理需要和本次技术建设内容，确定本次安全管理建设的范围和内容,同时注意与信息系统安全总体方案的一致性。安全管理设计的内容主要考虑:安全管理机构和人员的配套、安全管理制度的配套、人员安全管理技能的配套等。

7)形成系统建设的安全实施方案

最后形成的系统建设的安全实施方案应包含以下内容:系统建设目标和建设内容、技术实现框架、信息安全产品或组件功能及性能、信息安全产品或组件部署,安全策略和配置,配套的安全管理建设内容,工程实施计划,项目投资概算。

7.2.2 系统改建实施方案设计

与等级保护工作相关的大部分系统是已建成并投入运行的系统,信息系统的安全建设也已完成,因此信息系统的运营使用单位更关心如何找出现有安全防护与相应等级基本要求的差距,如何根据差距分析来设计系统的改建方案,使其能够指导该系统后期具体的改建工作,逐步达到相应等级系统的保护能力。

1. 确定系统改建的安全需求

(1)根据信息系统的安全保护等级,参照前述的安全需求分析方法,确定本系统总的安全需求,包括经过调整的等级保护基本要求和本单位的特殊安全需求。

(2)由信息系统的运营使用单位自己组织人员或由第三方评估机构采用等级测评方法,对信息系统安全保护现状与等级保护基本要求进行符合性评估,得到与相应等级要求的差距项。

(3)针对满足特殊安全需求(包括采用高等级的控制措施和采用其他标准的要求)的安全措施进行符合性评估,得到与满足特殊安全需求的差距项。

2. 差距原因分析

差距项不一定都会作为改建的安全需求,因为存在差距的原因可能有多种。

1)整体安全设计不足

某些差距项的不满足是由于该系统在整体的安全策略(包括技术策略和管理策略)设计上存在问题。例如,网络结构设计不合理,各网络设备在位置的部署上存在问题,导致某些网络安全要求没有正确实现;信息安全的管理策略方向性不明确,导致一些管理要求没有实现。

2)缺乏相应产品实现安全控制要求

由于安全保护要求都是要落在具体产品、组件的安全功能上,通过对产品的正确选择和部署满足相应要求。但在实际中,有些安全要求在系统中并没有落在具体的产品上。产生这种情况的原因是多方面的,其中技术制约可能是最主要的原因。例如,强制访问控制,目前在主流操作系统和数据库系统上并没有得到很好的实现。

3)产品没有得到正确配置

某些安全要求虽然能够在具体的产品组件上实现,但使用者由于技术能力、安全意识的原因,或出于对系统运行性能影响的考虑等原因,产品没有得到正确的配置,从而使其相关安全功能没有得到发挥。例如,登录口令复杂度检测没有启用、操作系统的审计功能没有启用等就是经常出现的情况。

以上情况的分析,只是系统在等级安全保护上出现差距的主要原因,不同系统有其个性特点,产生差距的原因也不尽相同。

3．分类处理的改建措施

针对差距出现的种种原因,分析如何采取措施来弥补差距。差距产生的原因不同,采用的整改措施也不同。首先可对改建措施进行分类考虑,针对上述三种情况主要可从以下几方面进行:

(1)针对整体安全设计不足的情况,系统须重新考虑设计网络拓扑结构,包括安全产品或安全组件的部署位置、连线方式、IP 地址分配等。针对安全管理方面的整体策略问题,机构须重新定位安全管理策略、方针,明确机构的信息安全管理工作方向。

(2)针对缺乏相应产品实现安全控制要求的情况,将未实现的安全技术要求转化为相关安全产品的功能/性能指标要求,在适当的物理/逻辑位置对安全产品进行部署。

(3)针对产品没有得到正确配置的情况,正确配置产品的相关功能,使其发挥作用。

无论是哪种情况,改建措施的实现都需要将具体的安全要求落到实处,也就是说,应确定在哪些系统组件上实现相应等级安全要求的安全功能。

4．形成改建措施

针对不同的改建措施类别,进一步予以细化,形成具体的改建方案,包括各种产品的具体部署、配置等,最终形成整改设计方案。整改设计方案的基本组成为:系统存在的安全问题(差距项)描述、差距产生原因分析、系统整改措施分类处理原则和方法、整改措施详细设计和整改投资估算。

7.3　等级保护标准的确定

7.3.1　确定信息系统安全保护等级的一般流程

信息系统安全等级应从业务信息安全角度反映的业务信息安全保护等级和从系统服务安全角度反映的系统服务安全保护等级两方面确定。

确定信息系统安全保护等级的一般流程如下(见图 7-5):

- 确定作为定级对象的信息系统;
- 确定业务信息安全受到破坏时所侵害的客体;
- 根据不同的受侵害客体,从多个方面综合评定业务信息安全被破坏对客体的侵害程度;
- 依据业务信息安全保护等级矩阵表,得到业务信息安全保护等级;
- 确定系统服务安全受到破坏时所侵害的客体;
- 根据不同的受侵害客体,从多个方面综合评定系统服务安全被破坏对客体的侵害程度;
- 依据系统服务安全保护等级矩阵表,得到系统服务安全保护等级;
- 将业务信息安全保护等级和系统服务安全保护等级的较高者确定为定级对象的安全保护等级。

定级对象受到破坏时所侵害的客体包括国家安全,社会秩序和公众利益以及公民、法

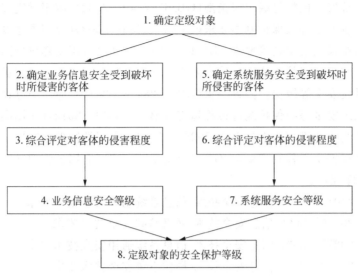

图 7-5　确定等级一般流程

人和其他组织的合法权益。对客体造成损害后,可能产生以下危害后果:

- 影响行使工作职能;
- 导致业务能力下降;
- 引起法律纠纷;
- 导致财产损失;
- 造成社会不良影响;
- 对其他组织和个人造成损失;
- 其他影响。

对客体的侵害程度是客观方面的不同外在表现的综合体现,因此,应首先根据不同的受侵害客体、不同危害后果分别确定其危害程度。不同危害后果的三种危害程度描述如下:

一般损害:工作职能受到局部影响,业务能力有所降低但不影响主要功能的执行,出现较轻的法律问题、较低的财产损失、有限的社会不良影响,对其他组织和个人造成较低损害。

严重损害:工作职能受到严重影响,业务能力显著下降且严重影响主要功能执行,出现较严重的法律问题、较高的财产损失、较大范围的社会不良影响,对其他组织和个人造成较严重损害。

特别严重损害:工作职能受到特别严重影响或丧失行使能力,业务能力严重下降且功能无法执行,出现极其严重的法律问题、极高的财产损失、大范围的社会不良影响,对其他组织和个人造成非常严重损害。

十大重要标准:

- 计算机信息系统安全等级保护划分准则(GB 17859—1999)(基础类标准)
- 信息系统安全等级保护实施指南(GB/T 25058—2010)(基础类标准)

- 信息系统安全保护等级定级指南(GB/T 22240—2008)(应用类定级标准)
- 信息系统安全等级保护基本要求(GB/T 22239—2008)(应用类建设标准)
- 信息系统通用安全技术要求(GB/T 20271—2006)(应用类建设标准)
- 信息系统等级保护安全设计技术要求(GB/T 25070—2010)(应用类建设标准)
- 信息系统安全等级保护测评要求(GB/T 28448—2012)(应用类测评标准)
- 信息系统安全等级保护测评过程指南(GB/T 28449—2012)(应用类测评标准)
- 信息系统安全管理要求(GB/T 20269—2006)(应用类管理标准)
- 信息系统安全工程管理要求(GB/T 20282—2006)(应用类管理标准)

其他相关标准:

- GB/T 21052—2007 信息安全技术 信息系统物理安全技术要求
- GB/T 20270—2006 信息安全技术 网络基础安全技术要求
- GB/T 20271—2006 信息安全技术 信息系统通用安全技术要求
- GB/T 20272—2006 信息安全技术 操作系统安全技术要求
- GB/T 20273—2006 信息安全技术 数据库管理系统安全技术要求
- GB/T 20984—2007 信息安全技术 信息安全风险评估规范
- GB/T 20985—2007 信息安全技术 信息安全事件管理指南
- GB/Z 20986—2007 信息安全技术 信息安全事件分类分级指南
- GB/T 20988—2007 信息安全技术 信息系统灾难恢复规范

7.3.2 信息系统安全等级的定级方法

根据标准中提出的定级流程、信息系统破坏后可能损害的客体和对客体的损害程度,可以使用一套定级工作表,通过对工作表中各项要素进行量化评分的方式,客观、科学地确定信息系统安全保护等级,达到提高效率、节省人力、准确定级的目的。

表 7-1～表 7-3 是根据《信息安全技术信息系统安全等级保护定级指南》的要求,分别针对定级对象受到破坏时所侵害的国家安全,社会秩序和公众利益,公民、法人和其他组织的合法权益这三类客体进行量化评分。其中每张定级评分表的纵向标题和横向标题分别依据《信息安全技术信息系统安全等级保护定级指南》中描述的信息系统遭到破坏时可能损害的三类客体以及描述的危害后果所设计和制订。定级评分表中纵向标题表示的是系统破坏可能损害的客体,横向标题表示的是对客体的损害后果。

通过这套定级工作表对系统破坏后客体的损害程度进行量化,量化的方法是分析系统业务情况和系统服务情况,确定系统破坏后损害的客体及外在表现的损害后果,并在相应的客体和损害后果的表格交叉点处对客体的损害程度进行等级评分。分值范围为0～3:

- 0 分表示对该表中描述的客体没有造成损害;
- 1 分表示对该表中描述的客体造成一般损害;
- 2 分表示对该表中描述的客体造成严重损害;
- 3 分表示对该表中描述的客体造成特别严重损害。

表 7-1　针对所侵害的国家安全受到破坏时的损害的后果

系统破坏后损害的客体		损害的后果							
		影响行使工作职能	导致业务能力下降	引起法律纠纷	导致财产损失	造成社会不良影响	对其他组织和个人造成损失	其他影响	结论
侵害国家安全的事项	影响国家政权稳固和国防实力								
	影响国家统一、民族团结和社会安定								
	影响国家对外活动中的政治经济利益								
	影响国家重要的安全保卫工作								
	影响国家经济竞争力和科技实力								
	其他影响国家安全的事项								

表 7-2　针对所侵害的社会秩序和公众利益、公民受到破坏时的损害的后果

系统破坏后损害的客体		损害的后果							
		影响行使工作职能	导致业务能力下降	引起法律纠纷	导致财产损失	造成社会不良影响	对其他组织和个人造成损失	其他影响	结论
侵害社会秩序和公共利益的事项	影响国家机关社会管理和公共服务的工作秩序								
	影响各种类型的经济活动秩序								
	影响各行业的科研、生产秩序								
	影响公众在法律约束和道德规范下的正常生活秩序等								
	其他影响社会秩序的事项								
	影响社会成员使用公共设施								
	影响社会成员获取公开信息资源								
	影响社会成员接受公共服务等方面								
	其他影响公共利益的事项								

表 7-3　针对所侵害的法人和其他组织受到破坏时的损害的后果

系统破坏后损害的客体	损害的后果							
	影响行使工作职能	导致业务能力下降	引起法律纠纷	导致财产损失	造成社会不良影响	对其他组织和个人造成损失	其他影响	结论
影响公民、法人和其他组织的合法权益								

在对客户的损害程度进行等级评分后,依据以下评定方法对表中的分值情况进行综合分析,最终确定量化分值:

- 如定级评分表中的分数均为 0,则该客体的损害程度为 0;
- 如定级评分表中的分数不全为 0,且最高分的数量不超过 30%,则以该最高分为该客体的损害程度(此处 30% 的阈值是三六零卫士根据信息安全管理经验提出的,用户可以根据实际需求调整,如果不设阈值则为国家等级保护标准的最低要求);
- 如定级评分表中的分数不全为 0,且最高分的数量超过 30%,则以该最高分加 1 为该客体的损害程度,但加 1 后的定级分数最高不得超过 3 分(如已经是 3 分,则分值定为 3)。

根据上述定级方法,可以计算出系统的业务信息安全受到破坏后损害的客体,及对客体的损害程度;采用同样的方法也可以计算出系统的服务安全受到破坏后损害的客体,及对客体的损害程度。

根据业务信息安全被破坏时所侵害的客体以及对相应客体的侵害程度,依据业务信息安全保护等级矩阵表(如表 7-4 所示)即可得到业务信息安全保护等级。

表 7-4　业务信息安全保护等级矩阵表

业务信息安全被破坏时所侵害的客体	对相应客体的侵害程度		
	一般损害	严重损害	特别严重损害
公民、法人和其他组织的合法权益	第一级	第二级	第二级
社会秩序、公共利益	第二级	第三级	第四级
国家安全	第三级	第四级	第五级

根据系统服务安全被破坏时所侵害的客体以及对相应客体的侵害程度,依据系统服务安全保护等级矩阵表(如表 7-5 所示),即可得到系统服务安全保护等级。

表 7-5　系统服务安全保护等级矩阵表

系统服务安全被破坏时所侵害的客体	对相应客体的侵害程度		
	一般损害	严重损害	特别严重损害
公民、法人和其他组织的合法权益	第一级	第二级	第二级
社会秩序、公共利益	第二级	第三级	第四级
国家安全	第三级	第四级	第五级

　　根据《信息安全技术信息系统安全等级保护定级指南》的要求,作为定级对象的信息系统的安全保护等级由业务信息安全保护等级和系统服务安全保护等级的较高者决定。这样就可以最终确定信息系统的安全保护等级。

本 章 小 结

　　本章在介绍信息安全等级保护制度的原则和安全等级划分及特征的基础上,力图说明等级保护在新建信息系统的安全规划、改建信息系统的安全方案确定中如何处理信息安全工程实施。为此分别介绍了总体安全设计方法、设计实施方案等,还介绍了等级保护确定的一般流程、定级方法。

习　　题

　　1. 信息安全等级保护制度的原则有哪些?

　　2. GB17859 划分的计算机信息系统安全保护能力的 5 个等级是哪些? 各自的特征有哪些?

　　3. 叙述局域网安全域与外部单位互联的安全处理步骤。

　　4. 系统改建时,如果缺少相应安全产品实现安全控制要求怎么办?

第8章

容灾备份与数据恢复

学习目标

- 了解数据备份的基本概念和术语；
- 掌握数据备份的常用方法；
- 掌握灾难恢复的基本概念和技术。

8.1 容 灾 备 份

容灾备份实际上是两个概念，容灾是为了在遭遇灾害时保证信息系统能正常运行，帮助企业实现业务连续性的目标，备份是为了应对灾难来临时造成的数据丢失问题。在容灾备份一体化产品出现之前，容灾系统与备份系统是独立的。容灾备份产品的最终目标是帮助企业应对人为误操作、软件错误和病毒入侵等"软"性灾害以及硬件故障、自然灾害等"硬"性灾害。

8.1.1 容灾备份概念与分类

容灾备份系统是指在相隔较远的异地，建立两套或多套功能相同的 IT 系统，互相之间可以进行健康状态监视和功能切换，当一处系统因意外（如火灾、地震等）停止工作时，整个应用系统可以切换到另一处，使得该系统功能可以继续正常工作。容灾技术是系统的高可用性技术的一个组成部分，容灾系统更加强调处理外界环境对系统的影响，特别是灾难性事件对整个 IT 节点的影响，提供节点级别的系统恢复功能。

地震灾难频发，因此做好容灾备份，尤其是异地容灾备份是十分必要的。做异地容灾备份，必须保证 300km 之外，同时还必须做到"三不"，即不在同一地震带、不在同一电网、不在同一江河流域。

从其对系统的保护程度来分，可以将容灾系统分为数据容灾和应用容灾。

数据容灾就是指建立一个异地的数据系统，该系统是本地关键应用数据的一个实时复制，一个可用复制。在本地数据及整个应用系统出现灾难时，系统至少在异地保存有一份可用的关键业务的数据。该数据可以是本地生产数据的完全实时复制，也可以比本地数据略微落后，但一定是可用的。采用的主要技术是数据备份和数据复制技术。数据容灾技术，又称为异地数据复制技术，按照其实现的技术方式，主要可以分为同步传输方式和异步传输方式（各厂商在技术用语上可能有所不同），另外，也有如"半同步"这样的方式。半同步传输方式基本与同步传输方式相同，只是在读占 I/O 比重比较大时，相对同步传输方式,可以略微提高 I/O 的速度。而根据容灾的距离,数据容灾又可以分成远程数据容灾和近程数据容灾方式。下面主要按同步传输方式和异步传输方式对数据容灾展开讨论,也会涉及远程容灾和近程容灾的概念,并做相应的分析。

　　所谓应用容灾,是在数据容灾的基础上,在异地建立一套完整的与本地生产系统相当的备份应用系统(可以是互为备份),在灾难情况下,远程系统迅速接管业务运行。数据容灾是抵御灾难的保障,而应用容灾则是容灾系统建设的目标。建立这样一个系统是相对比较复杂的,不仅需要一份可用的数据复制,还要有网络、主机、应用、甚至 IP 等资源,并保证各资源之间的良好协调。主要技术包括负载均衡和集群技术。数据容灾是应用容灾的基础,应用容灾是数据容灾的目标。在选择容灾系统的构造时,还要建立多层次的广域网络故障切换机制。本地的高可用系统指在多个服务器运行一个或多种应用的情况下,应确保任意服务器出现任何故障时,其运行的应用不能中断,应用程序和系统应能迅速切换到其他服务器上运行,即本地系统集群和热备份。在远程的容灾系统中,要实现完整的应用容灾,既要包含本地系统的安全机制、远程的数据复制机制,还应具有广域网范围的远程故障切换能力和故障诊断能力。也就是说,一旦故障发生,系统要有强大的故障诊断和切换策略制定机制,确保快速的反应和迅速的业务接管。实际上,广域网范围的高可用能力与本地系统的高可用能力应形成一个整体,实现多级的故障切换和恢复机制,确保系统在各个范围的可靠和安全。

　　集群系统是在冗余的可用性系统基础之上,运行高可靠性软件而构成。高可靠性软件用于自动检测系统的运行状态,在一台服务器出现故障的情况下,自动地把设定的服务转到另一台服务器上。当运行服务器提供的服务不可用时,备份服务器自动接替运行服务器的工作而不用重新启动系统,而当运行服务器恢复正常后,按照使用者的设定以自动或手动方式将服务切换到运行服务器上运行。备份服务器除了在运行服务器出现故障时接替其服务,还可以执行其他应用程序。因此,一台性能配备充分的主机可同时作为某一服务的运行服务器和另一服务的备份服务器,即两台服务器互为备份。一台主机可以运行多个服务,也可作为多个服务的备份服务器。

　　数据容灾系统对于 IT 而言就是为计算机信息系统提供的一个能应付各种灾难的环境。当计算机系统在遭受如火灾、水灾、地震、战争等不可抗拒的自然灾难以及计算机犯罪、计算机病毒、掉电、网络/通信失败、硬件/软件错误和人为操作错误等人为灾难时,容灾系统将保证用户数据的安全性(数据容灾),一个更加完善的容灾系统甚至还能提供不间断的应用服务(应用容灾)。可以说,容灾系统是数据存储备份的最高层次。

　　同城备份是指将生产中心的数据备份在本地的容灾备份机房中,它的特点是速度相对较快。由于是在本地,因此建议同时做接管。但是它的缺点是一旦发生大灾大难,将无法保证本地容灾备份机房中的数据和系统仍可用。

　　异地备份通过互联网 TCP/IP 协议将生产中心的数据备份到异地。备份时要注意"一个三"和"三个不原则",必须备份到 300km 以外,并且不能在同一地震带,不能在同地电网,不能在同一江河流域。这样即使发生大灾大难,也可以在异地进行数据回退。当然,异地备份如果想做接管需要专线连接,一般需要在同一网段内才能实现业务接管。

　　当然,最好是能够建立起"两地三中心"的模式,既做同城备份也做异地备份,这样数据的安全性会高得多。

8.1.2 容灾备份的等级与关键技术

设计一个容灾备份系统,需要考虑多方面的因素,如备份/恢复数据量大小、应用数据中心和备援数据中心之间的距离和数据传输方式、灾难发生时所要求的恢复速度、备援中心的管理及投入资金等。根据这些因素和不同的应用场合,通常可将容灾备份分为四个等级。

1)第 0 级:没有备援中心

这一级容灾备份,实际上没有灾难恢复能力,它只在本地进行数据备份,并且被备份的数据只在本地保存,没有送往异地。

2)第 1 级:本地磁带备份,异地保存

在本地将关键数据备份,然后送到异地保存。灾难发生后,按预定数据恢复程序恢复系统和数据。这种方案成本低、易于配置。但当数据量增大时,存在存储介质难管理的问题,并且当灾难发生时大量数据难以及时恢复。为了解决此问题,灾难发生时,应先恢复关键数据,后恢复非关键数据。

3)第 2 级:热备份站点备份

在异地建立一个热备份点,通过网络进行数据备份。也就是通过网络以同步或异步方式,把主站点的数据备份到备份站点,备份站点一般只备份数据,不承担业务。当出现灾难时,备份站点接替主站点的业务,从而维护业务运行的连续性。

4)第 3 级:活动备援中心

在相隔较远的地方分别建立两个数据中心,它们都处于工作状态,并进行相互数据备份。当某个数据中心发生灾难时,另一个数据中心接替其工作任务。这种级别的备份根据实际要求和投入资金的多少,又可分为两种:①两个数据中心之间只限于关键数据的相互备份;②两个数据中心之间互为镜像,即零数据丢失等。零数据丢失是目前要求最高的一种容灾备份方式,它要求不管什么灾难发生,系统都能保证数据的安全。所以,它需要配置复杂的管理软件和专用的硬件设备,需要的投资相对而言是最大的,但恢复速度也是最快的。

在建立容灾备份系统时会涉及多种技术,如存储区域网(Storage Area Network,SAN)或网络存储服务器(Network Attached Storage,NAS)技术、远程镜像技术、基于 IP 的 SAN 的互联技术和快照技术等。这里重点介绍远程镜像、快照和互联技术。

1. 远程镜像技术

远程镜像技术在主数据中心和备援中心之间的数据备份时用到。镜像是在两个或多个磁盘或磁盘子系统上产生同一个数据的镜像视图的信息存储过程,一个叫主镜像系统,另一个叫从镜像系统。按主从镜像存储系统所处的位置,可分为本地镜像和远程镜像。远程镜像又叫远程复制,是容灾备份的核心技术,同时也是保持远程数据同步和实现灾难恢复的基础。远程镜像按请求镜像的主机是否需要远程镜像站点的确认信息,又可分为同步远程镜像和异步远程镜像。同步远程镜像(同步复制技术)是指通过远程镜像软件,将本地数据以完全同步的方式复制到异地,每一本地的 I/O 事务均须等待远程复制的完成确认信息才予以释放。同步镜像使拷贝总能与本地主机要求复制的内容相匹配。当主站点出现故障时,用户的应用程序切换到备份的替代站点后,被镜像的远程副本可以保证业务继续执行而数据没有丢失。但它存在往返传播造成延时较长的缺点,只限于在相对较近距离的应用。异步远程镜像(异步复制技术)保证在更新远程存储视图前完成向本地存储系统的基本操作,而由本地存储系统提供给请求镜像主机的 I/O 操作完成确认信息。远程的数据复制是以后台同步的方式进行的,这使本地系统性能受到的影响很小,传输距离长(可达 1000km 以上),对网络带宽要求小。但是,许多远程的从属存储子系统的写操作没有得到确认,当某种因素造成数据传输失败时,可能出现数据一致性问题。为了解决这个问题,目前大多采用延迟复制的技术(本地数据复制均在后台日志区进行),即在确保本地数据完好无损后进行远程数据更新。

2. 快照技术

远程镜像技术往往同快照技术结合起来实现远程备份,即通过镜像把数据备份到远程存储系统中,再用快照技术把远程存储系统中的信息备份到远程的磁带库、光盘库中。快照是通过软件对要备份的磁盘子系统的数据快速扫描,建立一个要备份数据的快照逻辑单元号 LUN(Logical Unit Number)和快照 Cache。在快速扫描时,把备份过程中即将要修改的数据块同时快速拷贝到快照 Cache 中。快照 LUN 是一组指针,它指向快照 Cache 和磁盘子系统中不变的数据块(在备份过程中)。在正常业务进行的同时,利用快照 LUN 实现对原数据的一个完全备份。它可使用户在正常业务不受影响的情况下(主要指容灾备份系统),实时提取当前在线业务数据,其"备份窗口"接近于零,可大大增加系统业务的连续性,为实现系统真正的 7×24 运转提供了保证。快照是通过内存作为缓冲区(快照 Cache),由快照软件提供系统磁盘存储的即时数据映像,则它存在缓冲区调度的问题。

3. 互联技术

早期的主数据中心和备援数据中心之间的数据备份,主要是基于 SAN 的远程复制(镜像),即通过光纤通道 FC 把两个 SAN 连接起来进行远程镜像(复制)。当灾难发生时,由备援数据中心替代主数据中心保证系统工作的连续性。这种远程容灾备份方式存在一些缺陷,如实现成本高,设备的互操作性差,跨越的地理距离短(10km)等,这些因素阻碍了它的进一步推广和应用。目前,出现了多种基于 IP 的 SAN 远程数据容灾备份技术。它们是利用基于 IP 的 SAN 互联协议,将主数据中心 SAN 中的信息通过现有的TCP/IP 网络,远程复制到备援中心 SAN 中。当备援中心存储的数据量过大时,可利用快照技术将其备份到磁带库或光盘库中。这种基于 IP 的 SAN 的远程容灾备份可以跨越LAN、MAN 和 WAN,成本低、可扩展性好,具有广阔的发展前景。基于 IP 的互联协议包括 FCIP、iFCP、Infiniband 和 iSCSI 等。

8.1.3 容灾备份的技术指标与应用

数据恢复点目标(Recovery Point Objective,RPO)主要指的是业务系统所能容忍的数据丢失量。恢复时间目标(Recovery Time Objective,RTO)主要指的是所能容忍的业务停止服务的最长时间,也就是从灾难发生到业务系统恢复服务功能所需要的最短时间周期。RPO针对的是数据丢失,而RTO针对的是服务丢失,二者没有必然的关联性。RTO和RPO的确定必须在进行风险分析和业务影响分析后根据不同的业务需求确定。对于不同企业的同一种业务,RTO和RPO的需求也会有所不同。

1. 介质备份

阶段备份:可将备份数据划分为两个阶段,近期的备份数据保存在磁盘介质上,为近线备份;访问频率不高但仍具有保留价值的历史备份数据保存在磁带介质上,为离线备份。备份存储柜可通过循环备份以及备份数据复制到磁带设备,提供双份备份和双重保护。

远程容灾:可将备份数据周期性地保存到磁带设备上,然后取出磁带介质,运输到异地机房保管,实现数据的远程容灾;当发生灾难需要远程恢复时,只需取出磁带在异地直接读取恢复。

保护遗留资产:既可利用备份存储柜领先的磁盘备份方案保护数据,又可使用磁带介质做双重保护,从而保护已有投资的遗留资产。

2. 集中式数据级备份

采用高性能、一体化和节能的备份设备,可支持异构平台环境的集中备份和恢复管理,内置的虚拟介质池功能,使设备具有容量与处理性能呈线性增长的特性,可满足大规模的备份需求。

统一保护:针对Windows服务器环境、Linux服务器环境、UNIX服务器环境以及PC桌面环境,可提供集中统一的备份和恢复管理。

全面保护:提供操作系统、应用系统和文件数据三层全面保护,应用系统支持SQL Server、Oracle、Sybase、Exchange Server、Lotus Domino、DB2、MySQL、Active Directory等几乎所有主流应用,无论是数据破坏还是业务系统损坏,都可得到完整地恢复。

虽然容灾备份一直备受企业关注,但是根据调查显示,大多数公司并没有对自己的企业IT做好充足的容灾准备。IDG研究服务的调查结果显示,42%的受调查企业仍没有部署现代化的容灾恢复的解决方案,尽管之前这些企业遭受过数据丢失。

这些企业中的多数依然依靠无效的手段流程和磁带进行备份。不过这种备份方式正在悄然变化。大多数受访者预期,在未来18个月的时间里,他们将用高可用性、自动化的系统进行数据备份。这项调查结果也出乎研究者的预料。

在本次调查中,研究者还惊讶地发现,曾经遭遇过数据丢失和IT中断的公司比率很高。即使有系统故障分析和灾难恢复测试,但是很多公司并不把这些策略作为优先项目来实施。这项调查结果也说明了企业必须保持警觉,部署消除意外损失的自动化解决方案,实施数据保护。

调查发现,目前磁带备份是企业最普遍的数据备份解决方案,有23%的大型企业、48%的中小型企业和27%的微型企业依靠这项技术来进行数据保护。

75%的IT管理者表示,在他们的灾难恢复计划测试中,82%的大型企业平均每年一次完成灾难恢复测试。42%的受访者表示,他们使用的数据可以承受短时间的数据中断,而停机时间超过4小时的任何中断是他们不能接受的,因为IT的中断可能给生产力带来67%损失,其中包含27%的声誉损害,而因数据丢失带来的财务损失不可估量。

因为企业 IT 预算的减少和容灾恢复观念的驱动,很多企业把数据保护和容灾恢复当成企业数据的保险。当今的数据中心,一般都是 24×7 的不间断服务。受美国桑迪飓风的影响,很多企业看到了快速的数据恢复和 IT 服务的必要性,随着越来越多地企业因为采用虚拟化的磁带备份所需时间和成本的巨大,继而转向基于磁盘的解决方案。不过专家表示,通过使用高度可用的自动化技术和统一的灾难恢复测试,企业可以放心地处理可能出现的任何问题。

要建设优秀的容灾备份系统,主要有以下三种模式。

1. 独立自建

在我国,目前独立自建的模式主要集中于银行、海关、税务等灾备建设需求迫切、拥有强大经济实力、有较好技术支撑的行业。这些行业的独立自建是符合其行业现状的,他们的灾备建设对国家经济的健康发展有着重要意义,因此对于这些行业的独立建设模式国家是支持的。

2. 联合共建

可采用平行或者垂直的共同建设,所谓的平行,可以是一个行业的容灾备份,例如医卫行业、教育行业,联合起来建设行业内的容灾中心。以城市为单位,相关部门牵头对本市乃至本省内的数据进行垂直集中保护。如陕西省就是政府牵头来针对全省的电子政务数据进行集中备份,在榆林联合共建了灾备中心,和力记易提供了该项目中所有的容灾备份软件(UPM 备特佳容灾备份系统),完美支持了政府使用的国产操作系统和数据库。

3. 社会化服务

社会化服务就是将行业或企业的灾难备份业务交由第三方,由专业的灾备服务提供商提供支持和服务。由于灾备服务提供商服务于广泛的客户群,因此拥有更为广泛、专业的技能。此外,用户还可以利用服务商的规模经营降低成本并实现资源共享。因此,相比于自建与共建,社会化服务模式具有专业化程度高、成本投入低、资源共享、服务质量高的鲜明优势,也正是这种优势赋予了社会化服务"主流趋势"的强大生命力。

以灾备产业发展较为成熟的美国为例,其独立自建、联合共建与社会化服务三者分别占灾备建设的 29%、15% 和 56%,从数据可以明显看出社会化服务所占据的高比例。社会化服务正在成为一个主流的趋势。

2007 年 7 月,中国《信息系统灾难恢复规范》正式推出,并于 2007 年 11 月开始实施,这是中国灾难备份与恢复行业的第一个国家标准。《信息系统灾难恢复规范》的推出。指明了信息时代各行业进行灾备建设的重要性,同时也暗示了国内灾备市场的巨大潜力。如今,国内灾备市场的 80% 被国外产品占领,"棱镜门"的曝光重新将国人的目光聚集到信息安全领域,灾备行业的特殊性决定了我们必须争取自主掌控灾备市场,广道容灾备份系统的出现,展示出国产灾备商打造优质国产灾备产品、通过自主创新增强竞争力的决心。

8.2　数　据　恢　复

当存储介质出现损伤或由于人员误操作、操作系统本身故障而造成数据看不见、无法读取或丢失,工程师要通过特殊的手段读取在正常状态下不可见、不可读、无法读的数据。

数据恢复(Data Recovery,DR)是指通过技术手段,将保存在台式机硬盘、笔记本硬盘、服务器硬盘、存储磁带库、移动硬盘、U盘、数码存储卡、Mp3等设备上而丢失的电子数据进行抢救和恢复的技术。

8.2.1 数据恢复的原理与方法

现实中很多人不知道删除、格式化等硬盘操作丢失的数据可以恢复,以为删除、格式化以后数据就不存在了。事实上,上述简单操作后数据仍然存在于硬盘中,懂得数据恢复原理知识的人能将消失的数据找回来,在了解数据在硬盘、优盘、软盘等介质上的存储原理后,完全可以实现数据恢复。

1. 分区

硬盘存放数据的基本单位为扇区,我们可以理解为一本书的一页。当我们装机或买来一个移动硬盘后,第一步便是为了方便管理——分区。无论用何种分区工具,都会在硬盘的第一个扇区标注上硬盘的分区数量、每个分区的大小、起始位置等信息,术语称为主引导记录(MBR),也有人称为分区信息表。当主引导记录因为各种原因(硬盘损坏、病毒、误操作等)被破坏后,一些或全部分区自然就会丢失不见了,根据数据信息特征,我们可以重新推算计算分区大小及位置,手工标注到分区信息表,"丢失"的分区即可找回来了。

2. 文件分配表

为了管理文件存储,硬盘分区完毕后,接下来的工作是格式化分区。格式化程序根据分区大小,合理地将分区划分为目录文件分配区和数据区,就像我们看的小说,前几页为章节目录,后面才是真正的内容。文件分配表内记录着每一个文件的属性、大小、在数据区的位置。我们对所有文件的操作都是根据文件分配表来进行的。文件分配表遭到破坏以后,系统无法定位到文件,虽然每个文件的真实内容还存放在数据区,但系统却会认为文件已经不存在。我们的数据丢失了,就像一本小说的目录被撕掉一样。要想直接去想要的章节,已经不可能了,要想得到想要的内容(恢复数据),只能凭记忆知道具体内容的大致页数,或每页(扇区)寻找你要的内容。

3. 删除

我们向硬盘里存放文件时,系统首先会在文件分配表内写上文件名称、大小,并根据数据区的空闲空间在文件分配表上继续写上文件内容在数据区的起始位置,然后开始向数据区写上文件的真实内容,一个文件存放操作才算完毕。

删除操作却很简单,当我们需要删除一个文件时,系统只是在文件分配表内在该文件前面写一个删除标志,则表示该文件已被删除,它所占用的空间已被"释放",其他文件可以使用他占用的空间。所以,当我们删除文件又想找回它(数据恢复)时,只需用工具将删除标志去掉,数据就被恢复回来了。当然,前提是没有新的文件写入,该文件所占用的空间没有被新内容覆盖。

4. 格式化

格式化操作和删除相似,都只操作文件分配表,不过格式化是将所有文件都加上删除标志,或干脆将文件分配表清空,系统将认为硬盘分区上不存在任何内容。格式化操作并没有对数据区做任何操作,虽然目录空了,但内容还在,借助数据恢复知识和相应工具,数据仍然能够被恢复回来。

注意:格式化并不是 100% 能恢复,有的情况下磁盘打不开,需要格式化才能打开。如果数据很重要,千万别尝试格式化后再恢复,因为格式化本身就是对磁盘写入的过程,只会破坏残留的信息。

5. 覆盖

数据恢复工程师常说:"只要数据没有被覆盖,数据就有可能恢复回来。"

因为磁盘的存储特性,当我们不需要硬盘上的数据时,数据并没有被拿走。删除时系统只是在文件上写一个删除标志,格式化和低级格式化也是在磁盘上重新覆盖写一遍以数字 0 为内容的数据,这就是覆盖。

一个文件被标记上删除标志后,它所占用的空间在有新文件写入时,将有可能被新文件占用覆盖写上新内容。这时删除的文件名虽然还在,但它指向数据区的空间内容已经被覆盖改变,恢复出来的将是错误、异常内容。同样,文件分配表内有删除标记的文件信息所占用的空间也有可能被新文件名文件信息占用覆盖,文件名也将不存在了。

当将一个分区格式化后,又拷贝上新内容,新数据只是覆盖掉分区前部分空间,去掉新内容占用的空间,该分区剩余空间数据区上无序内容仍然有可能被重新组织,将数据恢复出来。

同理,克隆、一键恢复、系统还原等造成的数据丢失,只要新数据占用空间小于破坏前空间容量,数据恢复工程师就有可能恢复你想要的分区和数据。

6. 防止数据丢失

关于防止数据丢失的三个方法如下。

(1) 永远不要将你的文件数据保存在操作系统的同一驱动盘上。

我们知道大部分文字处理器会将创建的文件保存在"我的文档"中,然而这恰恰是最不适合保存文件的地方。对于影响操作系统的大部分计算机问题(不管是因为病毒问题还是软件故障问题),通常唯一的解决方法就是重新格式化驱动盘或者重新安装操作系统,如果是这样的话,驱动盘上的所有东西都会数据丢失。

另外一个成本相对较低的解决方法就是在你的计算机上安装第二个硬盘,当操作系统被破坏时,第二个硬盘驱动器不会受到任何影响,如果你还需要购买一台新计算机时,这个硬盘还可以被安装在新计算机上,而且这种硬盘安装非常简便。

如果你对安装第二个驱动盘的方法不认可,另一个很好的选择就是购买一个外接式硬盘,外接式硬盘操作更加简便,可以在任何时候用于任何电脑,只需要将它插入 USB 端口或者 Firewire 端口。

(2) 定期备份你的文件数据,不管它们被存储在什么位置。

将你的文件全部保存在操作系统是不够的,应该将文件保存在不同的位置,并且你需要创建文件的定期备份,这样我们就能保障文件的安全性,不管你的备份是否会失败:光盘可能被损坏,硬盘可能遭破坏,软盘可能被清除……如果你想要确保能够随时取出文件,那么可以考虑进行二次备份,如果数据非常重要的话,你甚至可以考虑保存重要的文件。

（3）提防用户错误。

虽然我们不愿意承认，但是很多时候是因为我们自己的问题而导致数据丢失的。可以考虑利用文字处理器中的保障措施，例如版本特征功能和跟踪变化。用户数据丢失的最常见的情况就是当他们在编辑文件的时候，意外地删除掉某些部分，那么在文件保存后，被删除的部分就丢失了，除非你启用了保存文件变化的功能。

如果你觉得那些功能很麻烦，那么我建议你在开始编辑文件之前就将文件另存为不同名称的文件，这个办法不像其他办法一样复杂，不过这确实是一个好办法，也能够解决数据丢失的问题。

8.2.2　数据恢复种类

1. 逻辑故障数据恢复

逻辑故障是指与文件系统有关的故障。硬盘数据的写入和读取都是通过文件系统来实现的。如果磁盘文件系统损坏，那么计算机就无法找到硬盘上的文件和数据。逻辑故障造成的数据丢失，大部分情况是可以通过数据恢复软件找回的。

2. 硬件故障数据恢复

硬件故障占所有数据意外故障一半以上，常见的有雷击、高压、高温等造成的电路故障，高温、振动碰撞等造成的机械故障，高温、振动碰撞、存储介质老化造成的物理损坏磁道扇区故障，当然还有意外丢失损坏的固件 BIOS 信息等。

硬件故障的数据恢复当然是先诊断，对症下药，先修复相应的硬件故障，然后修复其他软故障，最终将数据成功恢复。

电路故障需要我们有电路基础，需要更加深入了解硬盘的详细工作原理流程。机械磁头故障需要 100 级以上的工作台或工作间来进行诊断修复工作。另外，还需要一些软硬件维修工具配合来修复固件区等故障类型。

3. 磁盘阵列 RAID 数据恢复

磁盘阵列的存储原理这里不进行讲解，其恢复过程也是先排除硬件及软故障，然后分析阵列顺序、块大小等参数，用阵列卡或阵列软件重组或者使用 DiskGenius 虚拟重组 RAID，重组后便可按常规方法恢复数据。

8.2.3　数据恢复应用

1. 硬盘数据恢复

硬盘软故障包括：①系统故障，系统不能正常启动、密码或权限丢失、分区表丢失、BOOT 区丢失、MBR 丢失；②文件丢失，误操作、误格式化、误克隆、误删除、误分区、病毒破坏、黑客攻击、PQ 操作失败、RAID 磁盘阵列失效等；③文件损坏，损坏的 Office 系列 Word、Excel、Access、PowerPoint 文件 Microsoft SQL 数据库复、Oracle 数据库文件修复、Foxbase/foxpro 的 dbf 数据库文件修复；损坏的邮件 Outlook Express dbx 文件、Outlook pst 文件的修复；损坏的 MPEG、asf、RM 等媒体文件的修复。

2. 硬盘物理故障

常见硬盘物理故障包括：CMOS 不认盘；常有一种"咔嚓咔嚓"的磁头撞击声；电机不

转,通电后无任何声音;磁头错位造成读写数据错误;启动困难、经常死机、格式化失败、读写困难;自检正常,但"磁盘管理"中无法找到该硬盘;电路板有明显的烧痕等。磁盘物理故障分类:①盘体故障,磁头烧坏、磁头老化、磁头芯片损坏、电机损坏、磁头偏移、零磁道坏、大量坏扇、盘片划伤、磁组变形;②电路板故障,电路板损坏、芯片烧坏、断针断线。③固件信息丢失、固件损坏等。

3. U 盘数据恢复

XD 卡、SD 卡、CF 卡、MEMORY STICK、SM 卡、MMC 卡、MP3、MP4、记忆棒、数码相机、DV、微硬盘、光盘、软盘等各类存储设备一般利用软件修复。大硬盘和移动盘等数据介质损坏或出现电路板故障、磁头偏移、盘片划伤等情况时,采用开体更换、加载和定位等方法进行数据修复。

数码相机内存卡(如 SD 卡、CF 卡、记忆棒等)、U 盘,甚至最新的 SSD 固态硬盘,由于没有盘体,没有盘片,存储数据的是 Flash 芯片。如果出现硬件故障,只有极少数数据恢复公司可以恢复此类介质,这是由于一般的数据恢复公司做此类介质时,需要匹配对应的主控芯片,而主控芯片在买来备件后需要拆开后才能知道,备件一拆,可能就毁了,如果主控芯片不能配对,数据仍然无法恢复。即使碰巧配上主控型号,也不代表一定可以读出数据,因此恢复的成本和代价非常之高。一般的数据恢复公司碰上此类介质,成功率非常低,基本上放弃。这种恢复技术和原理是大多数数据恢复的做法。但是,对于恢复 Flash 类的介质,新出的一种数据恢复技术,可以不需要配对主控芯片,通过一种特殊的硬件设备,直接读取 Flash 芯片里的代码,然后配上特殊的算法和软件,通过人工组合,直接重组出 Flash 数据。这种恢复方法和原理,成功率几乎接近100%。但是受制于此类设备的昂贵成本,同时对数据恢复技术要求很高,工程师不但要精通硬件,还需要精通软件和文件系统,因此国内只有极个别的数据恢复公司可以做到成功率接近100%,有些公司花了很高代价采购此设备后,由于工程师技术所限,不会使用,同样无法恢复。虽然从技术上解决了 Flash 恢复的难题,但是对客户而言,此类恢复的成本非常之高,比硬盘的硬件故障恢复价格要高。2GB 左右的恢复费接近千元,32GB、64GB 容量的恢复费用基本上在3000～5000 人民币。

4. UNIX 数据恢复

在 UNIX 系统的数据恢复中,基于 Solaris SPARC 平台的数据恢复和基于 Intel 平台的 Solaris 数据恢复,可恢复 SCO OPENSERVER 数据,原理和方法同样适用于 HP-UNIX 的数据恢复,IBM-AIX 的数据恢复。

Linux 数据恢复是 Linux 系统管理员的重要工作和职责。传统的 Linux 服务器数据恢复的方法很多,恢复的手段也多种多样。常见的 Linux 数据恢复备份方式仅仅是把数据通过 TAR 命令压缩拷贝到磁盘的其他区域中去。另外比较保险的做法是双机自动备份,不把所有数据存放在一台计算机上,否则一旦这台计算机的硬盘物理性损坏,那么一切数据将不复存在了。所以双机备份是商业服务器数据安全的基本要求。

5. 数据恢复软件

目前主要数据恢复软件如下:

EasyRecovery 是一款非常著名的老牌数据恢复软件,该软件功能可以说是非常强大。无论是误删除/格式化还是重新分区后的数据丢失,其都可以轻松解决,甚至可以不依靠分区表按照簇来进行硬盘扫描。但要注意不通过分区表来进行数据扫描,很可能不能完全恢复数据,原因是通常一个大文件被存储在很多不同区域的簇内,即使我们找到了这个文件一些簇上的数据,很可能恢复之后的文件是损坏的。所以这种方法并不是万能的,但其提供给我们一个新的数据恢复方法,适合在分区表严重损坏使用其他恢复软件不能恢复的情况下使用。EasyRecovery 最新版本加入了一整套检测功能,包括驱动器测试、分区测试、磁盘空间管理以及制作安全启动盘等。这些功能对于日常维护硬盘数据来说,非常实用,我们可以通过驱动器和分区检测来发现文件关联错误以及硬盘上的坏道。

　　R-Studio 是功能超强的数据恢复、反删除工具,采用全新恢复技术,为使用 FAT12/16/32、NTFS、NTFS5(Windows 2000 系统)和 Ext2FS(Linux 系统)分区的磁盘提供完整数据维护解决方案,同时提供对本地和网络磁盘的支持,此外还有大量参数设置让高级用户获得最佳恢复效果。具体功能有:采用 Windows 资源管理器操作界面;通过网络恢复远程数据(远程计算机可运行 Win95/98/ME/NT/2000/XP、Linux、UNIX 系统);支持FAT12/16/32、NTFS、NTFS5 和 Ext2FS 文件系统;能够重建损毁的 RAID 阵列;为磁盘、分区、目录生成镜像文件;恢复删除分区上的文件、加密文件(NTFS5)、数据流(NTFS、NTFS5);恢复 FDISK 或其他磁盘工具删除过的数据、病毒破坏的数据、MBR 破坏后的数据;识别特定文件名;把数据保存到任何磁盘;浏览、编辑文件或磁盘内容等。

　　顶尖数据恢复软件能够恢复硬盘、移动硬盘、U 盘、TF 卡、数码相机上的数据,软件采用多线程引擎,扫描速度极快,能扫描出磁盘底层的数据,经过高级的分析算法,能把丢失的目录和文件在内存中重建出来。同时,软件不会向硬盘内写入数据,所有操作均在内存中完成,能有效地避免对数据的二次破坏。

　　安易硬盘数据恢复软件是一款文件恢复软件,能够恢复经过回收站删除掉的文件、被Shift+Delete 键直接删除的文件和目录、快速格式化/完全格式化的分区、分区表损坏、盘符无法正常打开的 RAW 分区数据、在磁盘管理中删除掉的分区、被重新分区过的硬盘数据、一键 Ghost 对硬盘进行分区、被第三方软件做分区转换时丢失的文件、把整个硬盘误 Ghost 成一个盘丢失的文件等。本恢复软件用只读的模式来扫描文件数据信息,在内存中组建出原来的目录文件名结构,不会破坏源盘内容。支持常见的 NTFS 分区、FAT/FAT32 分区、exFAT 分区的文件恢复,支持普通本地硬盘、USB 移动硬盘恢复、SD 卡恢复、U 盘恢复、数码相机和手机内存卡恢复等。采用向导式的操作界面,方便上手,普通用户也能做到专业级的数据恢复效果。

　　6. 数据恢复技巧

　　1) 不必完全扫描

　　如果你仅想找到不小心误删除的文件,那么无论使用哪种数据恢复软件,也不管它是否具有类似 EasyRecovery 快速扫描的方式,其实都没必要对删除文件的硬盘分区进行完全的簇扫描。因为文件被删除时,操作系统仅在目录结构中给该文件标上删除标识,任何数据恢复软件都会在扫描前先读取目录结构信息,并根据其中的删除标志顺利找到刚被删除的文件。所以,你完全可在数据恢复软件读完分区的目录结构信息后就手动中断簇扫描的过程,软件一样会把被删除文件的信息正确列出,如此可节省大量的扫描时间,快速找到被误删除的文件数据。

2）尽可能采取 NTFS 格式分区

NTFS 分区的 MFT 以文件形式存储在硬盘上，这也是 EasyRecovery 和 Recover4all 即使使用完全扫描方式对 NTFS 分区扫描也那么快速的原因——实际上它们在读取 NTFS 的 MFT 后并没有真正进行簇扫描，只是根据 MFT 信息列出了分区上的文件信息，非常取巧，从而在 NTFS 分区的扫描速度上压倒了老老实实逐个簇扫描的其他软件。不过对于 NTFS 分区的文件恢复成功率各款软件几乎是一样的，事实证明这种取巧的办法确实有效，也证明了 NTFS 分区系统的文件安全性确实比 FAT 分区要高得多，这也就是 NTFS 分区数据恢复在各项测试成绩中最好的原因，只要能读取到 MFT 信息，就几乎能 100％恢复文件数据。

3）巧妙设置扫描的簇范围

设置扫描簇的范围是一个有效加快扫描速度的方法。像 EasyRecovery 的高级自定义扫描方式、FinalData 和 File Recovery 的默认扫描方式都可以设置扫描的簇范围以缩短扫描时间。当然，要判断目的文件在硬盘上的位置需要一些技巧，这里提供一个简单的方法，使用操作系统自带的硬盘碎片整理程序中的碎片分析程序（千万小心不要碎片整理，只用它的碎片分析功能），在分区分析完后程序会将硬盘的未使用空间用图形方式清楚地表示出来，那么根据图形的比例估计这些未使用空间的大致簇范围，搜索时设置只搜索这些空白的簇范围就好了，对于大的分区，这确实能节省不少扫描时间。

4）使用文件格式过滤器

以前没用过数据恢复软件的读者在第一次使用时可能会被软件的能力吓一跳，你的目的可能只是要找几个误删的文件，可软件却列出了成百上千个以前删除了的文件，要找到自己真正需要的文件确实十分麻烦。这里就要使用 EasyRecovery 独有的文件格式过滤器功能了，在扫描时在过滤器上填好要找文件的扩展名，如"＊.doc"，那么软件就只会显示找到的 DOC 文件了；如果只是要找一个文件，你甚至只需要在过滤器上填好文件名和扩展名（如 important.doc），软件自然会找到你需要的这个文件，很快捷方便。

7. 数据恢复技能

数据恢复是一个技术含量比较高的行业，数据恢复技术人员需要具备汇编语言和软件应用的技能，还需要电子维修、机械维修以及硬盘技术。

1）软件应用和汇编语言基础

在数据恢复的案例中，软件级的问题占了 2/3 以上的比例，例如文件丢失、分区表丢失或破坏、数据库破坏等，这些就需要对 DOS、Windows、Linux 以及 Mac 的操作系统以及数据结构熟练掌握，需要对一些数据恢复工具和反汇编工具熟练应用。

2）电子电路维修技能

在硬盘的故障中，电路的故障占据了大约一成的比例，最多的情况就是电阻烧毁和芯片烧毁，作为一个技术人员，必须具备电子电路知识和熟练的焊接技术。

3）机械维修技能

随着硬盘容量的增加，硬盘的结构也越来越复杂，磁头故障和电机故障也变得比较常见，开盘技术已经成为一个数据恢复工程师必须具备的技能。

4）硬盘固件级维修技术

硬盘固件损坏也是造成数据丢失的一个重要原因,固件维修不当造成数据破坏的风险相对比较高,而固件级维修则需要比较专业的技能和丰富的经验。

8. RAID

如何提高磁盘的存取速度,如何防止数据因磁盘的故障而丢失,如何有效地利用磁盘空间,一直是电脑专业人员和用户的困扰,而大容量磁盘的价格非常昂贵,对用户造成很大的负担。磁盘阵列技术的产生一举解决了这些问题。

过去十几年来,CPU的处理速度提高了50多倍,内存的存取速度也大幅提高,而数据储存装置——主要是磁盘——的存取速度只增加了三四倍,形成电脑系统的瓶颈,拉低了电脑系统的整体性能,若不能有效提升磁盘的存取速度,CPU、内存及磁盘间的不平衡将使CPU及内存的改进形成浪费。

磁盘阵列中针对不同的应用使用的不同技术,称为RAID(Redundant Array of Independent Disks)等级,而每一等级代表一种技术。目前业界经常应用的RAID等级是RAID 0～RAID 5。这个等级并不代表技术的高低,RAID 5并不高于RAID 3。至于要选择哪一种RAID等级的产品,视用户的操作环境及应用而定,与等级的高低没有必然的关系。

常用的RAID等级如下。

1）RAID 0

RAID 0是把所有的硬盘并联起来成为一个大的硬盘组。其容量为所有属于这个组的硬盘的总和。所有数据的存取均以并行分割方式进行。由于所有存取的数据均以平衡方式存取到整组硬盘里,因此存取的速度非常快。越是多硬盘数量的RAID 0阵列,其存取的速度就越快。容量效率方面也是所有RAID格式中最高的,达到100%。但RAID 0有一个致命的缺点,就是它跟普通硬盘一样,没有一点的冗余能力。一旦有一个硬盘失效时,所有的数据将尽失,没法重组回来。一般来讲,RAID 0只用于一些已有原数据载体的多媒体文件的高速读取环境,如视频点播系统的数据共享部分等。RAID 0只需要两个或以上的硬盘便能组成。

2）RAID 1

RAID 1是硬盘镜像备份操作。由两个硬盘组成,其中一个是主硬盘,而另外一个是镜像硬盘。主硬盘的数据会不停地被镜像到另外一个镜像硬盘上。由于所有主硬盘的数据会不停地镜像到另外一个硬盘上,故RAID 1具有很高的冗余能力,最高达到100%。由于这个镜像做法不是以算法操作,故容量效率非常低,只有50%。RAID 1只支持两个硬盘操作,容量也非常有限,故一般只用于操作系统中。

3）RAID 0＋1

RAID 0＋1即由两组RAID 0的硬盘作RAID 1的镜像容错。虽然RAID 0＋1具备RAID 1的容错能力和RAID 0的容量性能,但RAID 0＋1的容量效率还是与RAID 1一样只有50%,故同样没有被普及使用。

4）RAID 3

RAID 3在安全方面以奇偶校验(Parity Check)做错误校正及检测,只需要一个额外的校检磁盘(Parity Disk)。奇偶校验值的计算是以各个磁盘的相对应位作 XOR 的逻辑运算,然后将结果写入奇偶校验磁盘,任何数据的修改都要做奇偶校验计算。如某一磁盘故障,换上新的磁盘后,整个磁盘阵列(包括奇偶校验磁盘)须重新计算一次,将故障磁盘的数据恢复并写入新磁盘中,如奇偶校验磁盘故障,则重新计算奇偶校验值,以达到容错的要求。

5) RAID 5

RAID 5 也是一种具容错能力的 RAID 操作方式,但与 RAID 3 不一样的是 RAID 5 的容错方式不应用专用容错硬盘,容错信息是平均地分布到所有硬盘上。当阵列中有一个硬盘失效时,磁盘阵列可以从其他几个硬盘的对应数据中算出已丢失的数据。由于出现需要保证失去的信息可以从另外的几个硬盘中算出来,因此就需要在一定容量的基础上多用一个硬盘以保证其他的成员硬盘可以无误地重组失去的数据。从容量效率来讲,RAID 5 同样地消耗了一个硬盘的容量,当有一个硬盘失效时,失效硬盘的数据可以从其他硬盘的容错信息中重建出来,但如果有两个硬盘同时失效的话,所有数据将尽失。

6) RAID 6

与 RAID 5 相比,RAID 6 增加了第二个独立的奇偶校验信息块。两个独立的奇偶系统使用不同的算法,数据的可靠性非常高,即使两块磁盘同时失效也不会影响数据的使用。但 RAID 6 需要分配给奇偶校验信息更大的磁盘空间,相对于 RAID 5 有更大的"写损失",因此"写性能"非常差。较差的性能和复杂的实施方式使得 RAID 6 很少得到实际应用。

常见的 RAID 6 组建类型: RAID 6(6D+2P)。

RAID 6(6D+2P)原理:和 RAID 5 相似,RAID 6(6D+2P)根据条带化的数据生成校验信息,条带化数据和校验数据一起分散存储到 RAID 组的各个磁盘上。

RAID 6 校验数据生成公式(P 和 Q)如下:

P 的生成用了异或:

$$P = D_0 \text{ XOR } D_1 \text{ XOR } D_2 \text{ XOR } D_3 \text{ XOR } D_4 \text{ XOR } D_5$$

Q 的生成用了系数和异或:

$$Q = A_0 * D_0 \text{ XOR } A_1 * D_1 \text{ XOR } A_2 * D_2 \text{ XOR } A_3 * D_3 \text{ XOR } A_4 * D_4 \text{ XOR } A_5 * D_5$$

其中: $D_0 \sim D_5$:条带化数据; $A_0 \sim A_5$:系数; XOR:异或; $*$:乘。

各系数 $A_0 \sim A_5$ 是线性无关的系数,在 $D_0, D_1, D_2, D_3, D_4, D_5, P, Q$ 中有两个未知数的情况下,也可以求解两个方程得出两个未知数的值。这样在一个 RAID 组中有两块磁盘同时坏的情况下,也可以恢复数据。

上面描述的是校验数据生成的算法。其实 RAID 6 的核心就是有两份检验数据,以保证两块磁盘同时出故障的时候,也能保障数据安全。

7) RAID 7

这是一种新的 RAID 标准,其自身带有智能化实时操作系统和用于存储管理的软件工具,可完全独立于主机运行,不占用主机 CPU 资源。RAID 7 可以看作是一种存储计算机(Storage Computer),它与其他 RAID 标准有明显区别。除了以上的各种标准,我们可以如 RAID 0+1 那样结合多种 RAID 规范来构筑所需的 RAID 阵列,例如 RAID 5+3

(RAID 53)就是一种应用较为广泛的阵列形式。用户一般可以通过灵活配置磁盘阵列来获得更加符合要求的磁盘存储系统。

9. 网络存储服务器

网络存储服务器(Network Attached Storage,NAS)是一个专用的为提供高性能、低成本和高可靠性的数据保存和传送产品。NAS设备是为提供一套安全、稳固的文件和数据保存、容易使用和管理而设计的,其定义为特殊的独立的专用数据存储服务器,内嵌系统软件,可以提供 NFS、SMB/CIFS 文件共享。NAS 是基于 IP 协议的文件级数据存储,支持现有的网络技术,如以太网、FDDI 等。NAS 设备完全以数据为中心,将存储设备与服务器彻底分离,集中管理数据,从而有效释放带宽,大大提高了网络整体性能,也可有效降低总拥有成本,保护用户投资。把文件存放在同一个服务器里让不同的电脑用户共享和集合网络里不同种类的电脑正是 NAS 网络存储的主要功能。正因为 NAS 网络存储系统应用开放的、工业标准的协议,不同类型的电脑用户运行不同的操作系统也可以实现对同一个文件的访问,所以已经不会在意到底是 Windows 用户或 UNIX 用户。他们同样可以安全可靠地使用 NAS 网络存储系统中的数据。

NAS 因其流畅的机构设计,具有突出的性能。

1) 移除服务器 I/O 瓶颈

NAS 是专门针对文件级数据存储应用而设计的,将存储设备与服务器完全分离,从而彻底消除服务器端数据 I/O 瓶颈。服务器不用再承担向用户传送数据的任务,更专注于网络中的其他应用,也提高了网络的整体性能。

2) 简便实现 NT 与 UNIX 下的文件共享

NAS 支持标准的网络文件协议,可以提供完全跨平台文件混合存储功能。不同操作系统下的用户均可将数据存储在一台 NAS 设备中,从而大大节省存储空间,减少资源浪费。

3) 简便的设备安装、管理与维护

NAS 设备提供了最简便快捷的安装过程,经过简单的调试就可以流畅应用。一般基于图形界面的管理系统可方便进行设备的掌控。同样,网络管理员不用分别对设备进行管理,集中化的数据存储与管理,节省了大量的人力物力。

4) 按需增容,方便容量规划

NAS 设备可以提供在线扩容能力,大大方便了网络管理员的容量设计。即使应付无法预见的存储容量增长,也异常轻松自如。而且,这种数据容量扩充的时候,不用停顿整个网络的服务,这将大大减少因为停机造成的成本浪费。

5) 具有高可靠性

除了刚才提到的因为移除服务器端 I/O 瓶颈而大大提高数据可用性外,NAS 设备还采用多种方式提高数据的可用性、可靠性,例如 RAID 技术的采用、冗余部件(电源、风扇等)的采用以及容错系统的设计等,当然,对于不同的设备,可能也会采用其他更高性能的方式或解决方案。

6) 降低总拥有成本

NAS 有一个最吸引用户的地方,那就是具有极低的总拥有成本。

NAS 的主要优点如下。

(1) NAS 适用于那些需要通过网络将文件数据传送到多台客户机上的用户。NAS 设备在数据必须长距离传送的环境中可以很好地发挥作用。

(2) NAS 设备非常易于部署。可以使 NAS 主机、客户机和其他设备广泛分布在整个企业的网络环境中。NAS 可以提供可靠的文件级数据整合,因为文件锁定是由设备自身来处理的。

(3) NAS 应用于高效的文件共享任务中,例如 UNIX 中的 NFS 和 Windows NT 中的 CIFS,其中基于网络的文件级锁定提供了高级并发访问保护的功能。

10. SAN 的概念

存储区域网(Storage Area Network,SAN)被定义为一个共用的高速专用存储网络,存储设备集中在服务器的后端,因此 SAN 是专用的高速光纤网络。架构一个真正的 SAN,需要接专用的光纤交换机和集线器。存储区域网络是网络体系结构中一种相对新的概念,也是连接服务器和独立于工作网络的在线存储设备的网络。虽然网络依然在发展过程中,但最重要的 SAN 技术似乎是用于 SCSI 总线连接的光纤通道改进功能。

SAN 的优势可以表现在以下几个方面。

1) 高数据传输速度

以光纤为接口的存储网络 SAN 提供了一个高扩展性、高性能的网络存储机构。光纤交换机、光纤存储阵列同时提供高性能和更大的服务器扩展空间,这是以 SCSI 为基础的系统所缺乏的。同样,为企业今后的应用提供了一个超强的可扩展性。

2) 加强存储管理

SAN 存储网络各组成部分的数据不再在以太网络上流通,从而大大提高了以太网络的性能。正由于存储设备与服务器完全分离,用户获得了一个与服务器分开的存储管理理念。复制、备份、恢复数据趋向和安全的管理可以中央的控制和管理手段进行。加上把不同的存储池(Storage Pools)以网络方式连接,企业可以任何他们需要的方式访问他们的数据,并获得更高的数据完整性。

3) 加强备份/还原能力的可用性

SAN 的高可用性是基于它对灾难恢复、在线备份能力及对冗余存储系统和数据的时效切换能力而来。

4) 同种服务器的整合

在一个 SAN 系统中,服务器全连接到一个数据网络。全面增加对一个企业共有存储阵列的连接,高效率和经济的存储分配可以通过聚合的和高磁盘使用率获得。

综合 SAN 的优势,它在高性能数据备份/恢复、集中化管理数据及远程数据保护领域得到广泛的应用。

11. SAN 与 NAS 的比较

SAN 和 NAS 是目前最受人瞩目的两种数据存储方式,对两种数据方式的争论也一直存在,即使继续发展其他的数据存储方式,也或多或少和这两种方式存在联系。NAS

和 SAN 有一个共同的特点,就是实现了数据的集中存储与集中管理,但相对于一个存储池来讲,SAN 和 NAS 还是有很大差别的。NAS 是独立的文件服务器,存储操作系统不停留在通用服务器端,因此可以实现同一存储池中数据的独享与共享,而 SAN 中的数据是基于块级的传输,文件系统仍在相应的服务器上,因此对于一个混合的存储池来讲,数据仍是独立存在的,或者说是服务器在独享存储池中的一部分空间。这两个存储方案的最大区别在于它们的访问方法。SAN 存储网络系统是以块(Block)级的方式操作而 NAS 网络存储系统是以文件(File)级的方式表达,这意味着 NAS 系统对于文件级的服务有着更高效和快速的性能,而应用数据块(Block)的数据库应用和大数据块(Block)的 I/O 操作则是 SAN 优先。基于 SAN 和 NAS 的不同,很多人将 NAS 和 SAN 绝对的对立起来,就当前的发展观点来看,这一绝对的对立是不能被市场接受的,相反,更多的数据存储解决方案趋向于将 NAS 和 SAN 进行融合,这是因为以下因素:

- 一些分散式的应用和用户要求访问相同的数据;
- 对提供更高的性能、高可靠性和更低的拥有成本的专有功能系统的高增长要求;
- 以成熟和习惯的网络标准(包括 TCP/IP、NFS 和 CIFS)为基础的操作;
- 一个获得以应用为基础而更具商业竞争力的解决方案欲望;
- 一个全面降低管理成本和复杂性的需求;
- 一个不需要增加任何人员的高扩展存储系统;
- 一套可以通过重构系统以维持当前拥有的硬件和管理人员的价值。

由于在一个位置融合了所有存储系统,用户可以从管理效率、使用率和可靠性的全面提高中获得更大的好处。SAN 已经成为一个非常流行的存储集中方案,因为光纤通道能提供非常庞大的设备连接数量,连接容易,因此具备存储设备与服务器之间的长距离连接能力。同样地,这些优点在 NAS 系统中也能体验出来。一套结合 SAN 和 NAS 的解决方案全面获得应用光纤通道的能力,从而让用户获得更大的扩展性、远程存储和高性能等优点。同样,这种存储解决方案全面提供一套在以块(Block)和文件(File)I/O 为基础的高效率平衡功能从而全面增强了数据的可用性。应用光纤通道的 SAN 和 NAS,整个存储方案提供对主机的多层面的存储连接、具有高性能、高价值、高可用和容易维护等优点,这全由一个网络结构提供。

虽然 RAID 包含多块硬盘,但是在操作系统下是作为一个独立的大型存储设备出现的。利用 RAID 技术对存储系统的好处主要有以下三种。

(1)通过把多个磁盘组织在一起作为一个逻辑卷提供磁盘跨越功能;

(2)通过把数据分成多个数据块(Block)并行写入/读出多个磁盘以提高访问磁盘的速度;

(3)通过镜像或校验操作提供容错能力。

最初开发 RAID 的主要目的是节省成本,当时几块小容量硬盘的价格总和要低于大容量的硬盘。目前来看,RAID 在节省成本方面的作用并不明显,但是 RAID 可以充分发挥多块硬盘的优势,实现远远超出任何一块单独硬盘的速度和吞吐量。除了性能上的提升之外,RAID 还可以提供良好的容错能力,在任何一块硬盘出现问题的情况下都可以继续工作,不会受到损坏硬盘的影响。

　　RAID 技术分为几种不同的等级,分别可以提供不同的速度、安全性和性价比。根据实际情况选择适当的 RAID 级别可以满足用户对存储系统可用性、性能和容量的要求。常用的 RAID 级别有以下几种: NRAID,JbOD,RAID 0,RAID 1,RAID 0+1,RAID 3,RAID 5 等。经常使用的是 RAID 5 和 RAID(0+1)。

12.　数据恢复案例分析

　　1) 修复重装 XP 后的 Ubuntu 引导分区

　　由于 Windows XP 崩溃了,于是重装 XP,把原来的 Ubuntu 引导分区表硬盘主导记录(Master Boot Record,MBR)给冲掉了,不过没关系,修复一下 MBR 就可以了。首先介绍 MBR 的作用:当启动计算机时,计算机首先运行 Power on Self Test(POST),即加电自检。POST 检测系统的总内存以及其他硬件设备的现状。如果计算机系统的 BIOS(基础输入/输出系统)是即插即用的,那么计算机硬件设备将经过检验并完成配置。计算机的 BIOS 定位计算机的引导设备,然后 MBR 被加载并运行。如果用户仅安装 Windows 98,则被自动引导到桌面;如果是 Windows XP/2000/2003,则会将控制权交给 NTLDR(系统加载器),调用 Boot.ini,显示多重选单文件。抹 MBR 就是抹硬盘引导记录。

　　当重装了 Windows 以后,由于硬盘 MBR 被重写,即把原来 MBR 中 grub 的信息清除了,那么 grub 自然就不能启动了,也就不能引导 Linux 了,此时很多人可能就只能重装 Linux 了,但其实只需简单地对 MBR 修复一下就可以了。

　　下面介绍修复 mbr 的方法。

　　首先,把 Ubuntu 的安装光盘放进去,然后启动,正常进入安装界面,打开终端。

　　(1) 输入 sudo grub。

　　(2) 先找到 Ubuntu 的启动分区(就是/boot 目录所在的分区)。

　　输入:find /boot/grub/stage1,回车之后显示(hd0,2),这里 hd0 是指第一个硬盘,2 代表第 3 个分区,即 Ubuntu 根目录所在分区(0 代表第一个分区)。

　　(3) 输入 grub>root (hd0,2)。

　　(4) 输入 grub>setup (hd0)。如果出现 succeeded,就表示成功了。

　　(5) 输入 grub>quit,然后重启。

　　如果有多个硬盘,请注意一点,如果你的 Windows 装在第一块磁盘,Linux 装在第二块磁盘,而你的 BIOS 设置为从第一块磁盘启动,那么在进行第(3)步的时候,一定要把参数设为第一块磁盘,即要把 grub 装入引导硬盘的 MBR 里。当然,比较傻瓜的方式是,你可以将 grub 装入每块硬盘的 MBR,肯定也可以启动,这只是一个先后次序问题。

　　2) NTFS 格式大硬盘数据恢复特殊案例

　　某公司一块 80GB 迈拓金九硬盘突然进不了分区,提示为"无法访问 X:参数错误"。硬盘上为该公司某市摄制和编辑的运动会视频和音频文件,摄录磁带中已清除,运动会也不可能再开一次。

　　修复过程:该硬盘为只有一个 NTFS 分区的数据盘,先在 DOS 下用扇区编辑软件查看 LBA0-63 扇区,结果发现分区表和 63 扇区都有错误,1~62 扇区间有大量扇区被写上不明代码,87～102 扇区不正常。先手工修复分区表,恢复 63 引导扇区,删除 1～62 扇区间的代码。87～102 扇区暂不处理,到 Windows 下检查,结果还是出现同样的提示。试用恢复软件 1,可以看到目录结构,再试 FINALDATE,不太尽人意;用恢复软件 1 选择某目录进行试恢复,结果 28 个试恢复文件只恢复 2 个,其余的全部为 0 字节,恢复工作陷入困境。再次对 79～102 扇区进行分析,79 扇区面目全非,被严重篡改破坏,80～86 扇区被清空,87～102 扇区的内容也不正常。经过一番思考,决定对某些扇区进行备份后清除,备份被放到 1～62 扇区之间,以备不测时改回原样。

再次在 Windows 下用恢复软件 1 进行恢复,让其读该盘约 10s,停止扫描,看到的内容和前面提到的相同;试恢复一个文件夹,从恢复过程能看到这时恢复动作正常了,随后对其余的文件和文件夹进行恢复;3 个多小时后,63.9GB 资料全部恢复,文件中 AVI、WAV、PSD 和其他格式的图形文件,逐个打开,完全正常。恢复工作顺利结束。

后来有人分析说这个分区应该是 2000 格式化出来的,MFT 在分区的前面,很容易被破坏,像此案例里面 87～102 扇区里大约有 6 个用户文件/文件夹是恢复不出来的,但 102 扇区以后的文件应该能完全恢复。在 ntfs 里面,一般 90 扇区以后的 MFT 才是用户的文件信息,前面是系统的一些元文件,对数据恢复影响不大。

笔者认为 NTFS 还是比较先进的,文件碎片都放在一个 MFT 里面,只要这个扇区没有被破坏,就可以恢复。

NTFS 的结构确实比较复杂,正常情况下所有的操作 MFT 中都有记录。但是,哪些扇区被使用,哪些没被使用,这些概念还是很有用的。

实验盘被删除 79～102 扇区内容后,开机后不需要第三方软件,文件和目录直接可以读出拷贝到其他地方。查看被删除扇区内容,95 扇区后的内容都自动修复了,看来 MFT 中应该还有一个备份,或是具有自动修复功能。

故障盘为何不能自动修复且不让访问?故障盘中某些扇区看来是被利用了,它的数据恢复是通过第三方软件得到的,对第三方软件来讲,就算格式化了,绝大部分数据还是能找回来的。

本 章 小 结

本章首先介绍了数据备份的概念和常用方法。数据备份的目的是在设备发生故障或发生其他威胁数据安全的灾害时保护数据,将数据损失减少到最低。掌握备份技术是非常重要的。备份技术应该全方位、多层次,构成对系统的多级防护,确保信息系统在受到破坏或威胁时正常运转。

习 题

1. 什么是备份?理想的备份系统应该包含哪些内容?
2. 简述备份的方式、层次和类型。

3. 如何设计日常备份制度？

4. 比较硬盘、光盘和磁带三种备份技术。

5. 安全恢复计划应考虑哪些问题？

6. 安全风险评估主要有哪些步骤？

7. 简述安全恢复的主要实现方法。

8. 分析灾难恢复计划步骤，找出其中的内在联系。

9. 简述数据库恢复方法。

第9章

信息安全管理

学习目标

- 了解信息安全管理的概念；
- 掌握信息安全保障体系；
- 掌握信息安全管理标准；
- 掌握信息安全管理控制规范。

9.1 信息安全管理概述

信息安全管理不是写在书上、挂在墙上的标准规范，而是与我们的日常生活工作紧密联系的。从大的方针制度到我们做的每一件事、说的每一句话，可能都和信息安全管理有关。那些信息安全管理的标准和规范，实际上很多都是由我们实践中得到的最佳经验。

不仅是在日常生活中，在信息化的建设中也存在很多问题，人们把太多的精力放在系统的业务功能、建设和维护系统所需的费用、建设系统的时间上，关注系统的界面漂不漂亮、方不方便，以及系统的性能好不好。而安全，往往是最容易被忽略的问题。那么为什么安全问题最容易被忽略？为什么会出现这样的情况？那是因为"五个缺乏"。

首先是缺乏意识。在信息安全管理中，人是最主要的因素，信息安全场景中的很多问题都是人的问题，有的人是缺乏安全意识，根本就没往安不安全方面想，就像有人说的"脑子里没有这根弦"，有的人觉得无所谓，原本是带秘级的文件，可他却觉得内容好像也没有什么特别重要的，不会泄什么密，没有什么风险。

第二个是缺乏目标。有单位领导说："听说信息安全工作很重要，可是我不知道对于我们单位来说到底有多重要，也不知道究竟有哪些信息是需要保护的。"这就是缺乏目标，有了目标才能明确要保护的对象。

第三个缺乏是缺乏策略。例如要求管理员要把个人计算机的登录口令设置好，可是该怎么设置才符合要求呢？这就需要相应的口令设置策略。策略就是"我不知道该怎么做，你告诉我怎么做"。例如网站屡屡被攻击，该怎么防范？例如网络泄密了，谁来承担责任？这些都需要策略来明确。

第四个是缺乏组织。组织的建立可以解决"领导不重视，工作难做"之类的问题。这个组织中，既要有管理者，又要有执行层；既要有决策者，又要有技术人员、相关的业务人员，还要有审核人员和审计人员。这样才能保证一个项目的完成和一个系统的正常建设和运维。

第五是缺乏技术。技术和信息安全以及信息安全管理的关系以后再讲。

所以我们首先要先有安全保护的意识,再明确安全保护的目标,然后制定安全保护的策略,再要建立相应的组织,从管理层到执行层,既有决策者,又有技术人员,然后提供合适的技术来保证信息和信息系统的安全。

信息安全的成败取决于两个因素:技术和管理,下面来看一看技术和管理的关系。

有句俗语:"魔高一尺,道高一丈",意思是正义始终压倒邪恶,可是对于技术来说,却是"道高一尺,魔高一丈",不管是什么安全技术,总是会有它的弱点,没有绝对的安全,而且安全问题总是在意想不到的时间和地点发生的。

而且对于一台计算机来说,考虑安全问题可以只从技术的角度来考虑,而对于一个组织来说,它的安全问题首先却是个管理问题。信息安全管理必须以技术为依托,以风险管理为核心,以组织的信息资产为管理对象,做到风险可评估,安全可管理,资产须保护(风险必须是可评估的,安全问题必须是可管理的,资产必须得到足够的保护)。

9.1.1　信息安全管理的意义

目前组织对信息安全管理基本上还处在一种静态的、局部的、少数人负责的、突击式的、事后纠正式的管理方式,不能从根本上避免、降低各类风险,也不能减轻信息安全故障导致的综合损失。

随着信息技术的发展、电子商务及 Internet 应用的普及,大家普遍认识到解决信息安全问题不应仅从技术方面着手,同时更应加强信息安全的管理工作,通过建立正规的信息安全管理体系以达到系统、全面地解决信息安全问题的目的。基于这种认识,提出了"三分技术,七分管理"的信息安全原则。

一项令人沮丧的调查结果显示:虽然 90% 的系统安装有防病毒软件,但这些系统中依然有 85% 感染了计算机病毒;虽然 89% 的系统安装有防火墙,60% 的系统安装有入侵检测系统,但这些系统中依然有 90% 有安全漏洞,40% 遭受了外来的入侵。可以看出安全技术是信息安全的构筑材料,安全管理是真正的黏合剂和催化剂。

现实世界中大多数安全事件的发生和安全隐患的存在,与其说是技术上的原因,不如说是管理不善造成的,理解并重视管理对于信息安全的关键作用,对于真正实现信息安全目标来说尤其重要。

信息安全管理(Information Security Management)作为组织完整的管理体系中一个重要的环节,构成了信息安全具有能动性的部分,是指导和控制组织关于信息安全风险的相互协调的活动,其针对对象就是组织的信息资产。

安全事故致因核心理论——能量意外释放理论(1961 年吉布森提出,1966 年美国运输部安全局局长哈登完善),归纳了造成事故的三个原因:人的不安全行为、物的不安全状态和管理的缺陷。

人和物这两方面的因素已经被大家广泛认可,但管理的缺陷却往往容易被忽视。管理上的缺陷往往是造成事故的最重要的因素,应该引起我们的高度重视。例如国内发生的两起重大的铁路交通事故就是最好的例子。一是"4.28"胶济铁路特别重大交通事故。一场近 10 年来中国铁路行业罕见的列车相撞事故在胶济铁路上瞬间发生,北京开往青岛的 T195 次列车运行到胶济铁路周村至王村之间时脱线,与上行的烟台至徐州的 5034 次列车相撞,造成 72 人死亡,416 人受伤,其中重伤 74 人,事故后果严重,给国家和人民生命财产安全造成重大损失。这次事故正如国务院事故调查组组长、安监总局局长王君所说,是一起典型的由于管理上的失误导致的事故,不是天灾,而是人祸,是一场人为引起的、完全可以避免的事故。这也充分暴露了一些企业安全生产意识不到位、领导不到位、安全生产责任不到位、安全生产措施不到位、隐患排查治理不到位和监督管理不到位等严重问题,也反映了基层安全意识薄弱,现场管理存在严重漏洞,安全生产责任没有得到真正落实。另一起事故发生在 2010 年 7 月 23 日,甬温线浙江省温州市内,由北京南站开往福州站的 D301 次列车与杭州开往福州南站的 D3115 次列车发生动车组列车追尾事故,402 人死亡,172 人受伤,中断行车 32 小时,直接经济损失 19 371.65 万元。2011 年 12 月 25 日发布的国务院"7.23"特别重大铁路交通事故调查报告认定该事故发生的原因是:通号集团所属通号设计院在 LKD2-T1 型列控中心设备研发中管理混乱,通号集团作为甬温线通信信号集成总承包商履行职责不力,致使为甬温线温州南站提供的 LKD2-T1 型列控中心设备存在严重设计缺陷和重大安全隐患。铁道部在设备招投标、技术审查、上道使用等方面违规操作、把关不严,致使其在温州南站上道使用。当温州南站列控中心采集驱动单元采集电路电源回路中某保险管遭雷击熔断后,采集数据不再更新,错误地控制轨道电路发码及信号显示,使行车处于不安全状态。雷击也造成 5829AG 轨道电路发送器与列控中心通信故障,使从永嘉站出发驶向温州南站的 D3115 次列车超速防护系统自动制动,在 5829AG 区段内停车。由于轨道电路发码异常,导致其三次转目视行车模式起车受阻,7 分 40 秒后才转为目视行车模式,以低于 20km/h 的速度向温州南站缓慢行驶,未能及时驶出 5829 闭塞分区。因温州南站列控中心管辖的 5829 闭塞分区及后续两个闭塞分区防护信号错误地显示绿灯,向 D301 次列车发送无车占用码,导致 D301 次列车驶向 D3115 次列车并发生追尾。上海铁路局有关作业人员安全意识不强,在设备故障发生后,未认真正确地履行职责,故障处置工作不得力,未能起到可能避免事故发生或减轻事故损失的作用。报告将事故性质确定为一起因列控中心设备存在严重设计缺陷、上道使用审查把关不严、雷击导致设备故障后应急处置不力等因素造成的责任事故。从这些事故中我们可以充分认识到管理的缺陷所带来的灾难性打击是多么的严重。

在所有计算机安全事件发生的原因中,属于管理方面的高达 70% 以上,或者说,能对组织造成巨大损失的风险主要还是来自组织内部。与 20 多年前大型计算机要受到严密看守,由技术专家管理的情况相比,今天计算机技术已非常成熟,无处不在。而今天的计算机使用者大都很少受到严格的培训,每天都在以不安全的方式处理着企业的大量重要信息,而且企业的贸易伙伴、咨询顾问、合作单位等外部人员都以不同的方式使用着企业的信息系统,他们都对企业的信息系统构成了潜在的威胁。例如,员工为了方便记忆而将系统登录密码粘贴在桌面或显示器边上的便条上,就足以毁掉花费了大量人力和物力建立起来的信息安全系统。许多对企业不满的员工"黑"掉公司的网站、偷窃并散布客户敏感资料、为竞争对手提供机密技术或商业数据,甚至破坏关键计算机系统,使企业遭受巨大的损失。

9.1.2　信息安全管理的相关概念

数据经过解释得到信息,大量信息的积累和学习使人们对某个方面有了认识。从数据到信息再到知识的过程,就是从具体到抽象的过程,从信息到知识对人们的决策所起到的指导作用更大,会对现实的工作学习和生活产生影响。

我们已经了解了信息和安全的概念,那么什么是"管理"呢?

《康熙字典》里对"管"的定义是:指细长的圆筒形物,用得比较多的物件有管状乐器、钥匙等,《左传》里"郑人使我掌其北门之管",此处"管"即钥匙。从钥匙引申出的是枢要、保管、看管、管束等义。"理"的本义是指玉石的纹路,表示"规律"和"原则"。"理"做动词时的本义是"治玉",即把玉石雕琢加工,制成玉器,所以引申出"治理""整理"的意思,如修理、理财。

创造"管理"这个词是因为"管"和"理"都不能包含所要表达的意思,但是两者加起来基本就是那个意思了,因此"管理"="管"+"理"。管理是一种活动,是活动就一定有主体和客观(活动者和对象)。

"管"就是将对象限制在一个狭小的范围之内进行看管,这个对象对我们来说是很重要的,必须在我们的控制之下。接下来就是"理":因为这个对象有自己的纹理、条理、道理和规律,所以我们必须充分了解对象自身的规律,并根据这些规律对对象进行整理或治理,最终达到一个使我们满意的理想状态或目标。

用一句话来概括就是:管理——是主体(人)通过客体(对象)来实现自己的目的的一种活动。

什么是信息安全管理? 组织中为了完成信息安全目标,针对信息系统,遵循安全策略,按照规定的程序,运用恰当的方法,而进行的规划、组织、指导、协调和控制等活动。也就是人通过一系列的活动实现自己的目标,这个目标就是信息安全。这一系列的活动就是根据信息安全系统的特点和规律,调动人力、财力、技术和各种资源,遵循相应的安全策略,运用恰当的方法,来保障信息和信息系统的安全。

9.1.3　信息安全管理模型

信息安全管理从信息系统的安全需求出发,以信息安全管理相关标准为指导,结合组织的信息系统安全建设情况,引入合乎要求的信息安全等级保护的技术控制措施和管理控制规范与方法,在信息安全保障体系基础上建立信息安全管理体系。

信息安全需求是信息安全的出发点,它包括保密性需求、完整性需求、可用性需求、抗抵赖性需求、可控制性需求和可靠性需求等。信息安全管理范围是由信息系统安全需求决定的具体信息安全控制点,对这些实施适当的控制措施可确保组织相应环节的信息安全,从而保证整个组织的整体信息安全水平。信息安全管理标准是在一定范围内获得的关于信息安全管理的最佳秩序,对信息安全管理活动或结果规定共同的和重复使用的具有指导性的规则、导则或特性的文件。

信息安全管理控制规范是为改善具体信息安全问题而设置的技术或管理手段,并运用信息安全管理相关方法来选择和实施控制规范,为信息安全管理体系服务。信息安全保障体系则是保障信息安全管理各环节、各对象正常动作的基础,在信息安全保障过程中,要实施信息安全工程。

什么是管理体系?体系(system)就是相互关联和相互作用的一组要素;管理体系(management system)就是人通过建立方针和目标并实现这些目标的体系。

目前的管理体系有很多类,成熟的管理体系有:

- 质量管理体系(QMS) ISO/IEC9000,9001,9004 等;
- 环境管理体系(EMS) ISO/IEC14000;
- 信息安全管理体系(ISMS)ISO/IEC17799,ISO/IEC27001 等。

9.2 信息安全保障

9.2.1 信息安全保障发展过程

信息安全保障经过了通信安全(Communication Security,COMSEC)、计算机安全(Computer Security,COMPUSEC)、信息系统安全(Information Security,INFOSEC)、信息安全保障(Information Assurance,IA)、网络空间安全/信息安全保障(Cyber Security/Information Assurance,CS/IA)五个发展阶段。

通信安全发展阶段,主要从 20 世纪 40 年代开始到 70 年代末。该阶段的核心思想是通过密码技术解决通信保密,保证数据的保密性和完整性,该阶段主要关注传输过程中的数据保护、安全威胁(包括搭线窃听、密码学分析等)、安全措施(包括加密)。这一阶段的主要标志有 1949 年 Shannon 发表的《保密通信的信息理论》、1977 年美国国家标准局公布的数据加密标准 DES、1976 年 Diffie 和 Hellman 在"New Directions in Cryptography"一文中提出的公钥密码体系。

计算机安全阶段,主要是指 20 世纪 70~90 年代,该阶段的核心思想是预防、检测和减小计算机系统(包括软件和硬件)用户(授权和未授权用户)执行的未授权活动所造成的后果,主要关注于数据处理和存储时的数据保护。该阶段的安全威胁包括非法访问、恶意代码、脆弱口令等,采取的安全措施主要是安全操作系统设计技术(TCB)。其标志为 1985 年美国国防部的可信计算机系统评估保障(TCSEC,橙皮书),将操作系统安全分级(D、C1、C2、B1、B2、B3、A1),后补充红皮书 TNI(1987)和 TDI(1991),发展为彩虹(rainbow)系列。

信息系统安全阶段,主要是指 20 世纪 90 年代后,该阶段的核心思想是综合通信安全和计算机系统安全,重点在于保护比"数据"更精炼的"信息",确保信息在存储、处理和传输过程中免受偶然或恶意的非法泄密、转移或破坏。主要的安全威胁有网络入侵、病毒破坏、信息对抗等。采取的安全措施包括防火墙、防病毒、漏洞扫描、入侵检测、PKI、VPN等,其标志主要是安全评估保障 CC(ISO 15408,GB/T 18336)。

信息安全保障阶段,主要是指 21 世纪 2000 年以后,其核心思想包括:①保障信息和信息系统资产,保障组织机构使命的执行;②综合技术、管理、过程、人员;③确保信息的保密性、完整性和可用性。其安全威胁包括黑客、恐怖分子、信息战、自然灾难、电力中断等。采取的安全措施包括技术安全保障体系、安全管理体系、人员意识/培训/教育、认证和认可。这一阶段的标志包括美国国防部的 IATF 深度防御战略技术、BS7799/ISO 17799 管理规范、美国国防部 DITSCAP 系统认证措施。

网络空间安全/信息安全保障阶段,主要是指 21 世纪 2010 年以后,在美国带动下,世界各国信息安全政策、技术和实践等发生重大变革。世界各国的共识是网络安全问题已上升到国家安全的重要程度。其核心思想是从传统防御的信息保障(IA),发展到"威慑"为主的防御、攻击和情报三位一体的信息保障/网络安全(IA/CS)的网空安全,包括网络防御——Defense(运维)、网络攻击——Offense(威慑)和网络利用——Exploitation(情报)。

9.2.2　信息保障技术框架

信息保障技术框架(Information Assurance Technical Framework,IATF)是美国国家安全局(NSA)制定的,为保护美国政府和工业界的信息与信息技术设施提供技术指南。IATF 的代表理论为"深度防御(Defense-in-Depth)"。

在关于实现信息保障目标的过程和方法上,IATF 论述了系统工程、系统采购、风险管理、认证和鉴定以及生命周期支持等过程,指出了一条较为清晰的建设信息保障体系的途径。

何谓"深度防御"? IATF 强调人、技术、操作这三个核心要素,从多种不同的角度对信息系统进行防护。IATF 关注四个信息安全保障领域:本地计算环境、区域边界、网络和基础设施、支撑性基础设施

在此基础上,对信息和信息系统就可以做到多层防护,实现组织的任务/业务运作。这样的防护被称为"深度防护战略(Defense-in-Depth Strategy)"。

IATF 的三要素如下。

(1) 人(People):信息保障体系的核心,是第一位的要素,同时也是最脆弱的。基于这样的认识,安全管理在安全保障体系中愈显重要,包括意识培训、组织管理、技术管理、操作管理等。

(2) 技术(Technology):技术是实现信息保障的重要手段。动态的技术体系实现防护、检测、响应、恢复。

(3) 操作(Operation):也叫运行,以构成安全保障的主动防御体系,是将各方面技术紧密结合在一起的主动的过程,包括风险评估、安全监控、安全审计、跟踪告警、入侵检测、响应恢复等。

IATF 定义了四个主要的技术焦点领域:本地计算环境、区域边界、网络和基础设施、支撑性基础设施。这四个领域构成了完整的信息保障体系所涉及的范围。在每个领域范围内,IATF 都描述了其特有的安全需求和相应的可供选择的技术措施。

1. 保护计算环境

目标:使用信息保障技术确保数据在进入、离开或驻留客户机和服务器时具有保密性、完整性和可用性。

方法:采用安全的操作系统、安全的应用程序、安全消息传递、安全浏览、文件保护、

主机入侵检测、防病毒系统、主机脆弱性扫描、文件完整性保护等。

2．保护区域边界

什么是边界？"域"指由单一授权通过专用或物理安全措施所控制的环境，包括物理环境和逻辑环境。区域的网络设备与其他网络设备的接入点被称为"区域边界"。

目标：对进出某区域（物理区域或逻辑区域）的数据流进行有效的控制与监视。

方法：病毒、恶意代码防御、防火墙、入侵检测、边界护卫、远程访问、多级别安全。

3．保护网络和基础设施

目标：网络和支持它的基础设施必须防止数据非法泄露、防止受到拒绝服务的攻击、防止受到保护的信息在发送过程中的时延、误传或未发送。

方法：骨干网可用性、无线网络安全框架、系统高度互联和虚拟专用网。

4．保护支撑性基础设施

目标：为安全保障服务提供一套相互关联的活动与基础设施，包括密钥管理功能和检测和响应功能。

方法：密钥管理、优先权管理、证书管理、入侵检测、审计、配置、信息调查与收集。

以 WPDRRC 安全体系模型为例，我国 863 信息安全专家组博采众长推出该模型，全面涵盖了各个安全因素，突出了人、策略、管理的重要性，反映了各个安全组件之间的内在联系。

- 人——核心；
- 政策（包括法律、法规、制度、管理）——桥梁；
- 技术——落实在 WPDRRC 六个环节的各个方面，在各个环节中起作用。

预警：采用多检测点数据收集和智能化的数据分析方法检测是否存在某种恶意的攻击行为，并评测攻击的威胁程度、攻击的本质、范围和起源，同时预测敌方可能的行动。

保护：采用一系列的手段（识别、认证、授权、访问控制、数据加密）保障数据的保密性、完整性、可用性、可控性和不可否认性等。

检测：利用高技术提供的工具检查系统存在的可能提供黑客攻击、白领犯罪、病毒泛滥脆弱性，即检测系统脆弱性检测，包括入侵检测、病毒检测。

响应：对危及安全的事件、行为、过程及时做出响应处理，杜绝危害的进一步蔓延扩大，力求系统尚能提供正常服务。包括审计跟踪、事件报警、事件处理。

恢复：一旦系统遭到破坏，将采取一系列的措施，如文件的备份、数据库的自动恢复等，以尽快恢复系统功能，提供正常服务。

反击：利用高技术工具取得证据，作为犯罪分子犯罪的线索和犯罪依据，依法侦查处置犯罪分子。

9.3　信息安全管理体系

"信息安全管理体系（ISMS）"已经成为一个专有名词，它的推广和应用渐渐成为信息安全产业中又一项新的业务领域。

信息安全管理体系是组织整体管理体系的一部分，基于业务风险方法以建立、实施、运行、监视、评审、保持和改进信息安全。

组织通过了 ISO 27001 和 ISO 27002 的认证,就相当于通过了 ISO 9000 的质量认证,表明组织信息安全管理已建立了一套科学有效的管理体系作为保障。

从理念上看,以前信息安全强调的是"规避风险",即防止发生破坏并提供保护,但破坏发生时无法挽回;而信息保障强调的是"风险管理",即综合运用保护、检测、响应和恢复等多种措施,使得信息在攻击突破某层防御后,仍能确保一定级别的可用性、完整性、真实性、保密性和不可否认性,并能及时对破坏进行修复,具有较好的可用性和一定的以提供信息安全保障的关键要素,概括起来就是"一个宗旨"(就是保障信息化带来的利益最大化,如果想利益最大化,就要保证应用服务安全),"两个对象"(信息和信息系统)、"三个能力来源"(技术、管理和人)"四个层面"(由于"深度防御"的信息保障战略将安全空间划分为了 4 个纵深防御焦点域:保护本地计算环境、保护区域边界、保护网络和基础设施以及支撑性基础设施。这四个领域构成了完整的信息保障体系所涉及的范围,满足了基于"深度防御"的信息保障战略的空间特性),"五个信息状态"(产生、存储、处理、传输和消亡)、"六个信息保障的环节"(预警、保护、检测、响应、恢复、反击)。并且介绍了信息安全保障体系的标志——美国国家安全局制定的信息保障技术框架 IATF。这个框架正好反映了上述信息安全保障体系的各个要素。可以看出,不管是从人通过技术进行操作这三个能力来源也好,还是保护本地计算环境、保护区域边界、保护网络和基础设施以及支撑性基础设施四个主要的技术焦点领域也好,信息安全保障的核心思想就是"深度防御"战略,即对攻击者和目标之间的信息环境进行分层,然后在每一层都"搭建"由技术手段和管理策略等综合措施构成的一道道"屏障",形成连续的、层次化的多重防御机制,保障用户信息及信息系统的安全,消除给攻击网络的企图提供的"缺口"。

9.3.1　信息安全管理现状

信息安全管理案例:2011 年,陈某在 QQ 网聊中偶然添加了一个网名叫做"机票"的人,通过聊天,他知道此人专门从事东航机票代理。"机票"告诉陈某,做东航的机票代理有较高的返点,可以与他合作,一起拉客户卖机票,赚取其中的差价,陈军立即同意。随后便在广州白云区的一幢楼房内租了一间屋子,并添置了几台手机和电脑作为代理机票销售的工具,他还找来朋友李超和姚振一起合作,生意就这么做了起来。通过"机票"的介绍,陈某得到了东航机票销售平台网站的一级机票代理账户和密码,有了一级代理的身份,他可以得到 3%～10% 的返点。然而,2011 年 4 月,当陈某又一次登录东航机票销售网站时,无意中发现了一个管理员账户。在好奇心的驱使下,他反复测试出了管理员账户的密码,并利用这个账户侵入了东航的系统。侵入系统之后,陈某发现了很多管理员名字与信息,随后,他便一个个进行测试与破解,最终获取了六七个管理员账户密码。陈某发现,在破解出的管理员账户中,有一个可以设置机票代理,随意输入机票销售返点率。于是他想,如果给自己设置的代理机构输入更高的返点率,岂不就可以赚到更多的差价了?于是,陈某通过这个账户自行设置了名为"哥本哈根办事处""利比亚营业点"等十多家机票代理,并把返点率设置成 40%～70%。在随后的"生意"中,他就利用这十多家机票代理的身份,总共出票 3300 余张,在 QQ 上吸引客户,低价入手高价出售,获取 200 多万元的差价。

后来这件事被发现，显然陈某及其朋友触犯了刑法，陈某等 3 人非法侵入东航交易平台，出票 3300 余张并销售，骗取代理费 200 余万元。后来因犯诈骗罪，陈某被判处有期徒刑 11 年 6 个月，剥夺政治权利一年，并处罚金 20 万元；李某、姚某判处有期徒刑 8 年 6 个月，并处罚金 10 万元。

反思：陈某等 3 人的侵入固然是非法的，以诈骗罪获刑，可谓咎由自取。但是作为经营单位东方航空公司，反观案发的过程，从信息安全的专业角度看，其管理漏洞也是显而易见的。首先陈某能够得到管理员账户就不可思议；其次，他通过反复测试得出了管理员账户的密码，并利用这个账户侵入了东航的系统，更匪夷所思；再次，他可以用这个帐号发现很多页的管理员名字与信息，并最终测试与破解，获取了多个管理员账户密码，简直就是天方夜谭（从专业角度讲，这样的密码是要定时更改，且对账户进行及时检测维护的）。

以上分析可以看出，东航自身的信息安全管理意识淡薄，制度执行缺位，正是这样的原因造成东航票务系统易受攻击。

东航的案例所反映的现象是具有代表性的。我们很多企业发生林林总总的信息安全事故，有的是外部无意侵入，有的是黑客有意攻击，甚至内外勾结，但核心的关键往往是我们管理者管理意识淡薄、制度执行缺位，因为所有的攻击点都是我们日常管理上的漏洞。要封堵漏洞，就要从上至下，全员参与，时时刻刻系紧信息安全之弦。当务之急，就是进行全面全员的培训教育，以防患于未然。

再来看一个信息安全管理案例。"16 时 10 分，百度正在读取你的通话记录；16 时 15 分，新浪微博正在获取你的位置信息；16 时 20 分，微信正在获取你的位置信息……"用户张先生最近打开新手机自带的第三方监测软件时，吓了一大跳：手机端的应用一个没打开，个人的位置信息等隐私怎么就会被很多应用偷读了呢？

由于这三大企业均与大量第三方企业合作，牵涉第三方调用信息，但上述企业均只用一条"如第三方同意承担与公司同等的保护用户隐私的责任，公司有权将用户注册资料提供给第三方"的条款便打发了，第三方企业是否泄露了用户隐私，提供信息的企业能否切实追踪？若第三方企业泄露了隐私，信息提供者是否也应负担责任？上海市消保委约谈了百度、腾讯、新浪三家互联网巨头。从约谈的情况来看，在涉及用户隐私方面，3 家企业均存在一些共同的问题。首先，手机客户端缺少隐私条款，而且在版本更新后，针对新增的可能涉及用户隐私的功能，也没有及时通知用户；其次，涉嫌对用户数据库进行商业上的利用。

在目前业界的状态下，靠自律肯定是不可能的，也是不现实的。工信部针对手机厂商预装应用发布规范，最早也是希望大家自律，但最后发现这事根本就行不通，所以只能出台相关的文件。这个文件如果还是不够力度的话，将来可能就得上升到法律层面了。李易强调，立法是非常重要的，用规范来约束相关的厂商。

上面两个例子，一个是企业在信息安全管理方面做得不够导致的，而第二个例子是由于国家在信息安全管理方面、在信息安全的立法方面，政策法规方面不够完善导致的，都属于信息安全管理的范畴。

9.3.2　信息安全管理标准

信息安全管理的理论和实践已经从依据掌控意志的人治型管理,经由制度化建设的规章型管理,发展到了根据管理理论和成功实践经验加以规范化、标准化。

到目前为止,与信息安全管理相关的国际标准主要是国际标准化组织(ISO)和国际电工委员会(International Electrotechnical Commission,IEC)制定的 ISO/IEC 17799、ISO/IEC 13335 和 ISO/IEC 27000 系列等,其中 ISO/IEC 17799、ISO/IEC 27001 都是由英国标准协会(BSI)制定的英国标准 BS7799 发展而来的,它们分别对应于 BS7799-1 和 BS7799-2,而 BS7799-2 又参考了 ISO9001 质量管理体系的标准。此外,有代表性的还有美国国家标准技术局(NIST)制定的一系列信息安全管理相关标准,如 SP 800 系列、FIPS系列等。GB/T22080-2008 和 GB/T22081-2008 是我们国家根据 ISO 17799 和 27000 系列制定的信息安全管理的标准规范,同时结合国情颁布了若干为等级保护所需要的信息安全管理标准和风险评估、风险管理、事件分级分类、处置、灾难备份恢复等国家标准。

9.3.3　信息安全管理体系 ISMS 标准内容简介

信息安全管理体系(ISMS)是基于业务风险方法,建立、实施、运行、监视、评审、保持和改进信息安全的体系,是一个组织整个管理体系的一部分。在一个组织里面,会同时存在多个管理体系,例如质量管理体系、环境管理体系和信息安全管理体系。它们各自有各自的管理标准。ISMS 关注的是信息安全的管理方面,从这个概念里我们可以看出,ISMS 是基于风险的。

- ISO/IEC27001：2005(BS7799 Part 2,Information Security Management Systems Requirement)信息安全管理体系要求;
- ISO/IEC27002：2005(BS7799 Part 1,Code of Practice for Information Security Management)信息安全管理实用规则。

ISO 27001 体系要求主要是给出一个组织或者单位的认证标准,也就是说一个单位想要建立信息安全管理体系,该如何建立,还有哪些差距,该怎样改进,最终是否达到建立要求,如果达到了,则给出认证的证书。这就是 27001 要做的。

而 ISO 27002 实用规则主要给出的就是控制措施,也就是说,如果想要建立信息安全管理体系,想要达到一定的要求,就要有相应的措施,例如资产管理的措施、用人安全的措施、安全事件管理的措施等,ISO 27002 就是这些具体控制措施的规范。

这里主要介绍 ISO 27001 ISMS 的建立过程 ISO 27001 主要是认证标准,可以按照 ISO 27001 建立信息安全管理体系并获得认证,下面我们来看一下 ISO 27001 的标准内容。首先是前言,对 ISO 27001 的发展历史进行介绍,然后是正文,包括标准作用的范围、规范引用的文件、相关的术语和定义、信息安全管理体系 ISMS 的建立过程、ISMS 的管理职责以及对要建立的信息安全管理体系进行的内部审核和管理评审,并提出改进意见。还包括三个附录,附录 A 是明确具体的控制目标和控制措施(A.5 安全方针,A.6 组织信息安全,A.7 资产管理,A.8 人力资源管理,A.9 物理和环境安全,A.10 通信和操作管理,A.11 访问控制,A.12 信息系统获取、开发和维护,A.13 信息安全事件管理,A.14 业务连续性管理,A.15 符合性),以列表方式展示 A.5~A.15 所列的控制目标和控制措施,是直接从 ISO/IEC17799:2005 正文 5~15 那里引用过来的,共 11 大控制领域、39 个控制目标和 133 个控制措施。此处列举的控制目标和控制措施应该被规定的 ISMS 过程所选择。附录 B 是 OECD 原则(OECD 原则是国际上最有影响力的公司治理原则,OECD 制定的公司治理准则是一些最基本的原则,是对公司治理的基本要求。OECD 认识到各国具体情况不同,认为各国应根据这些原则,采取不同方式,建立适合本国国情的公司治理机制)和本标准的关系,以及 OECD 在信息系统和网络安全方面的指导原则,在依据 PDCA 模型建立 ISMS 的本标准中有对应,附录 B 给出了这种对应关系。附录 C 是质量管理体系 ISO 9001 与环境管理体系 ISO 14001 和本标准信息安全管理体系的对照和比较,以列表方式展示了这三个管理体系标准在目录(内容)上的一致性。附录 A 是规范性的附录,应作为 ISMS 过程的一部分,附录 B 和附录 C 是资料性的附录。

下面我们介绍 ISMS 所采用的一个核心方法——PDCA 过程方法,也就是说 ISMS 的建立和实施的思想都是基于过程的。那么什么是过程呢?简单地说,过程就是一组活动,这组活动就是在将输入通过一定的资源作用转化为输出这个过程中所涉及的相互关联和相互作用的活动集。过程方法就是识别并管理这些过程,通过度量、反馈等方法规划并优化这些过程及过程之间的相互作用(系统地识别和管理组织所应用的过程,特别是这些过程之间的相互作用,称为过程方法)。在输入和输出之间,会有一系列的活动,这一系列的活动及其之间的相互作用叫做过程,这个过程是要明确相应责任人的,并且通过不断的测量、度量和反馈进行跟踪和改进使过程优化,这个过程会使用并产生一定的资源,所有这个过程还需要以文件的形式记录下来。这就是典型的过程方法模型 PDCA。P 是 Plan 规划,D 是 Do 实施,C 是 Check 检查,A 是 Act 处置。PDCA 循环是由美国质量管理专家戴明提出来的,所以又称为"戴明环"(Deming Cycle),它在质量管理中应用广泛,是一种持续改进的优秀方法,是有效进行任何一项工作的合乎逻辑的工作程序,取得了很好的效果。ISO 27001 采用一种过程方法来建立、实施、运行、监视、评审、保持和改进一个组织的 ISMS。一个组织必须识别和管理众多活动使之有效运行。通过使用资源和管理,将输入转化为输出的任意活动,可以视为一个过程。通常,一个过程的输出可直接构成下一过程的输入。一个组织内诸过程的系统的运用,连同这些过程的识别和相互作用及其管理,可称之为"过程方法"。

PDCA 特点一:按顺序进行,从 P 规划,到 D 实施,再到 C 检查,然后到 A 处置,处置完再循环这个过程,开始新一轮的 PDCA 过程,它靠组织的力量来推动,像车轮一样向前进,周而复始,不断循环。

PDCA 特点二:组织中的每个部分,甚至每个人,均可以采用 PDCA 循环,这样大的 PDCA 过程里面又套着小的 PDCA 过程,大环套小环,一层一层地解决问题。

PDCA 特点三:每通过一次 PDCA 循环,都要进行总结,提出新目标,再进行第二次 PDCA 循环,以达到不断改进优化的目的。

这是一般意义上的 PDCA 模型,可以适用于各种管理体系,ISO 27001 标准(也就是信息安全管理体系 ISMS)也采用了"规划—实施—检查—处置"的 PDCA 模型,并且该模型可应用于所有的 ISMS 过程。那么信息安全管理体系 ISMS 的 PDCA 模型是什么样的呢？

把 PDCA 模型应用于信息安全管理体系 ISMS 的建设，PDCA 四个阶段就有了具体的含义。

首先是规划（进行风险评估，并建立 ISMS），针对组织和信息系统面临的风险进行评估，针对风险评估报告提出风险管理的方法和措施，建立并改进信息安全有关的 ISMS 方针、目标、过程和程序，以提供与组织总方针和总目标相一致的结果。

然后，结合相关方提出的信息安全要求和期望，实施信息安全管理体系，包括实施和运行 ISMS 方针、控制措施、过程和程序。

在运行的过程中，不断进行检查，以监视 ISMS 的运行情况，对照 ISMS 方针、目标和实践经验，可以对 ISMS 进行评审和评估，并在适当时候测量过程的执行情况，并将结果报告管理者以供评审。

根据检查的结果，包括 ISMS 内部审核和管理评审的结果或者其他相关信息，对相应的情况进行相应的处置，采取纠正和预防措施，以持续改进 ISMS（保持和改进 ISMS）。

接着再进入新的一轮 PDCA 循环。通过这样一个过程相关的组织和信息系统就可以成为一个受控的信息系统。

所以 ISO 27001 的核心内容可以概括为四句话：

- 规定你应该做什么并形成文件：P；
- 按照文件，做文件已规定的事情：D；
- 评审你所做的事情的符合性，即符不符合组织要求和需求，符不符合法律法规：C；
- 采取纠正和预防措施，持续改进信息安全管理体系 ISMS：A。

ISO 27001 是设计用于认证的，可帮助组织建立和维护 ISMS。那么认证有什么好处呢？大家可以想想，如果一个组织或企业通过了 ISO 27001 这样一个国际标准的认证，有什么好处呢？

大的方面，从法律法规的角度来考虑，证书的获得可以向客户和合作伙伴表明：组织遵守了所有适用的法律法规，从而可以保护组织/企业和相关方的信息系统安全、知识产权、商业秘密等。小的方面，从组织/企业本身的角度来说，证书的获得可以维护企业的声誉、品牌和客户信任，同时可以使组织更好地履行信息安全管理的责任，在实施和运行信息安全管理体系的过程中，可以增强员工的意识、责任感和相关技能。重要的是，实施信息安全管理体系的过程，也是实现风险管理的过程，通过分析信息资产及其脆弱性（漏洞），以及面临的威胁，可以进行信息安全风险评估，并根据评估结果找到信息系统存在的问题以及相应的保护办法，这样就可以有效地把组织所面临的风险降低到一个可以接受的范围内，保证组织自身的信息资产能够在一个合理而完整的框架下得到妥善保护。当然，对组织/企业最大的好处就是：证书的获得，有助于确定组织在同行业内的竞争优势，提升其市场地位。事实上，现在很多投标项目已经开始要求 ISO 27001 的符合性了。

9.3.4　如何建立 ISMS

建立信息安全管理体系，首先要建立一个合理的信息安全管理框架。根据 ISO

27001从信息系统的所有层面进行整体安全建设,并从信息系统本身出发,通过建立资产清单进行风险分析,选择控制目标与控制措施等步骤,建立信息安全管理体系。

第一步,确定ISMS的范围。

组织应根据实际情况,在整个组织范围内或在个别部门和领域架构ISMS。例如是整个组织还是组织的某个部门,由于信息安全管理体系ISMS的整个过程都要以文件形式记录下来,所以要看文件里所写的是否缩小了ISMS的范围。所以可以将组织划分成不同的信息安全控制领域,以利于组织对有不同需求的领域进行适当的信息安全管理。要根据这一期的建设目标来看ISMS文件中是否缩小了认证范围。另外,确定ISMS的范围和边界还应该包括对ISMS范围之外的对象做出详细的和合理性的说明。

第二步,确定ISMS方针及方针文件。

ISMS信息安全方针是统领整个体系的管理方向和工作意图的文件,是组织的信息安全委员会或管理者制定的一个高层的纲领性文件,管理层应确定和出版信息安全方针,并以合适的方式传达给所有的员工。ISMS方针可以提供信息安全的管理方向和支持,并且还需要定期进行评审以预防有影响的变化发生,使其保持有效性。制定信息安全方针应包括:总体目标和范围;管理层意图、支持目标和信息安全原则的阐述;业务和法律法规的要求,以及合同中的安全义务要求;信息安全控制的简要说明等。我们看个小例子:审核时发现总经理曾发布过信息安全方针:"积极预防、整体控制,减少业务风险……"和安全目标:"机密信息泄露事故为0……"。在询问了两位中层干部、3名员工后,他们说在员工动员大会上,总经理屡次强调一定要实现安全目标,但没有提及安全方针,因此认为安全方针只是口号,和实际工作关系不大,只要达到安全目标就可以了。

可以这样理解,正是因为信息安全方针文件类似于法律中的宪法,方针文件看起来"务虚",但这是必须的,这些务虚只是因为该文件不是针对直接用户。当然,制度的精髓在于落地,绝对不是为了好看,听起来激动人心的制度,如果不能落地,往往既不能达到目的,又可能成为新的负担,越搞越糟。所以除了要有ISMS方针文件,还要有具体的策略,将这些方针进行具体化。安全策略就分成两个层次:顶层的是信息安全方针,然后是具体的信息安全策略。

第三步是确定系统化的风险评估方法,第四步是确定风险,第五步是评估风险,这三步其实就是在实施ISMS风险评估,所以可以把这三步合在一起来讲。这里主要针对把风险评估与信息安全管理体系的实施相结合时要考虑的几个问题进行介绍。

(1)建立ISMS首先要确定是否进行正式的风险评估并文件化?

(2)被选择的风险评估方法是否经过合适数量的员工验证?

(3)风险评估是否确认资产的脆弱性、威胁和对组织潜在的影响?

(4)风险评估是否在合适的时间段内进行,在何时对组织和体系进行改变?

针对第一个问题:风险评估是进行安全管理必须要做的最基本的一步,它为ISMS的控制目标与控制措施的选择提供依据,也是对安全控制的效果进行测量和评价的主要方法。

针对第二个问题:组织应考虑评估的目的、范围、时间、效果、人员素质等因素,确定适合ISMS的风险评估方法,该方法还应当符合相关业务的信息安全和法律法规要求。

针对第三个问题：资产、脆弱性和威胁是风险评估的三大要素，这些在我们之前已经讲过了，这里就不再重复，可以说风险评估的质量直接影响着 ISMS 建设的成败。

针对第四个问题：什么时候适合对组织进行风险评估，什么时候处理风险评估得出的问题，什么时候对组织及其信息系统进行改造？请读者思考一下。

第六步，进行 ISMS 风险管理。

（1）组织是否确定了风险管理的方法（投入产出均衡要求）？

（2）要求的保险程度是否被定义（最低保护要求）？

（3）管理决议是否产生出要选择的控制措施？

风险管理的方法主要有四种：接受风险、避免风险、转移风险和降低风险。顾名思义，接受风险就是不做任何事情，不引入控制措施，有意识地、客观地接受风险，即保持风险。避免风险是组织决定通过采用不同技术，或者更改操作流程等绕过风险，例如，通过放弃某种会带来风险的业务，或主动从某一风险大的区域撤离，例如容易发生地震、泥石流等灾难的地区，或者如果没有足够的保护措施，就不处理特别敏感的信息，或者由于担心接入因特网会招致黑客攻击便放弃使用，从而达到规避风险的目的。转移风险是组织在无法避免风险时，或者在减少风险成本很高、很困难时可能采用的一种选择。例如，给已确认的价值较高、风险较大的资产上保险，把风险转移给保险公司；或者，把关键业务的处理过程外包给拥有更好设备和高水平专业人员的第三方组织（要注意的是，在与第三方签署服务合同时，要详细描述所有的安全需求、控制目标与控制措施，以确保第三方提供服务时也能提供足够的安全保障。尽管这样，在许多外包项目的合同条款中，外购的信息及信息处理设施的安全责任大部分还是落在组织自己身上，对这一点要有清醒的认识）；第四种方法——降低风险，它是通过选择控制目标与控制措施来降低风险评估确定的风险。在转移风险前可以先采取措施降低风险。为了使风险降低到可接受的水平，把重要资产从信息处理设施的风险区域中转移出去，以降低信息处理设施的安全要求。例如，一份高度机密的文件使得存储与处理该文件的网络风险倍增，可将该文件转移到一个单独的 PC 上，风险也就明显降低了。

所以在进行风险管理时，要先考虑准备采用哪一种或哪几种风险管理方法。而要确定采用什么方法，就要看看 ISMS 文件中是否明确定义了组织能够接受的风险程度，根据组织能够接受的风险准则，确定采用什么样的风险管理方法及相应的控制目标和控制措施。一般情况下，是应该采取一定的措施来避免安全风险产生安全事故，防止由于缺乏安全控制而对正常业务运营造成损害。特殊情况下，当决定接受高于可接受水平的风险时，应获得管理层的批准。如果认为风险是组织不能接受的，那么就需要考虑其他的方法来应对这些风险。

第七步，确定控制目标，选择控制措施。

（1）选择的控制措施是否建立在风险评估的基础之上？

（2）是否来自于明确的以控制为基本标准的风险评估？哪一种控制是必需的，哪一种是可以选择的？

（3）控制措施是否反映组织的风险管理战略？

首先看选择的控制措施是否是针对风险评估中找出的问题，组织应根据信息安全风险评估的结果,针对具体风险,制定相应的控制目标,并实施相应的控制措施。

对控制目标与控制措施的选择,应当由安全需求来驱动,选择过程应该是基于满足安全需求,同时要考虑风险平衡与成本效益的原则(考虑成本费用不超过风险所造成的损失(成本意识))。控制措施的选择可以参考 ISO 27002 信息安全管理控制规范的相关内容,当然也可以根据组织的实际情况选择其他的控制措施。考虑哪一种控制是必需的,哪一种是可以选择的。

还要考虑选择的控制措施是否反映了组织的风险管理战略,即符合组织对风险的要求、最低保护要求、投入和产出的均衡要求等。并且要考虑信息安全的动态系统工程过程,对所选择的控制目标和控制措施要及时加以校验和调整,以适应不断变化的情况,使信息资产得到有效的、经济的、合理的保护。

在 ISO/IEC 27002 中结合组织信息资产可能存在的威胁、脆弱性制定了 11 大控制方面、39 个控制目标、133 项信息安全控制措施,这些详细严格的安全管理控制贯穿了系统生命周期的全过程和系统的所有环节。这 11 大控制方面包括信息安全方针、安全组织、资产管理、人员安全、物理和环境安全、通信与操作安全、访问控制、系统开发与维护、安全事件管理、业务持续性管理、符合性保证。

第八步,ISMS 适用性声明。

什么是适用性声明? 信息安全适应性声明记录了组织内相关的风险控制目标和针对它采用的各种控制措施;向组织内外表明信息安全风险的态度和作为,以表明组织已经全面、系统地审视了组织的信息安全系统,并将所有有必要管理的风险控制在能够接受的范围内。所以我们首先要看看 ISMS 是否准备了适用性声明(在该声明中证明所采用的控制目标和控制措施是正确的)?

注意:这是评估文件的关键。它是连接 ISO 27001 和 ISO 27002(ISO 17799 和信息安全管理体系)的关键。在 ISMS 的认证过程中也要用到适用性声明。

ISO 27001 的附录 A 给出了推荐使用的一些控制目标和控制措施 A.5~A.15。ISO 27002 的第 5~15 章也提供了最佳的实践建议和指南。组织可以只选择适合本机构使用的部分,而不适合使用的可以不选择。对于这些选择和不选择,都必须做出声明,即建立适用性声明文件。

从以下几方面准备适用性声明:

(1) 说明所选择的控制目标和控制措施,以及选择的理由;

(2) 对当前实施的控制目标和控制措施进行评估;

(3) 说明对 ISO/IEC 27001:2005 标准附录 A 中任何控制目标和控制措施的删减,以及删减进行合理性说明。

适用性声明文件中记录了组织内相关的风险控制目标和针对每种风险所采取的各种控制措施,并包括这些控制措施被选择或没有被选择的原则。

这是适用性声明的一个示例。首先从 ISMS 文件的附录 A 中选出一些控制措施,这里给出三个具体的控制措施,一个是 A.5.1.1 信息安全方针文件,A.10.10.3 日志信息的保护,A.15.3.2 信息系统审计工具的保护,然后看是不是选择该控制措施,并在说明一栏中写明选择和不选择的理由。像 A.5.1.1 信息安全方针文件就是必须要选的,而

A.15.3.2 信息系统审计工具的保护就没有被选择,在说明这一栏的原因中写了是因为公司没有这类保护要求,所以这项控制不适用。这就是适用性声明。

第 9 步,批准残余风险。

提议的残余风险应获得管理层批准,才能授权实施和运作 ISMS。

在风险被降低或转移后,还会有残余风险,这些残余风险应该让管理层知晓并且批准,对于残余风险,也应该有相应的控制措施,以避免不利的影响或被扩大的可能性。在此情况下才能授权实施和运行 ISMS。在实施和运行 ISMS 的过程中,还要进行日常监视和检查、内部审核、管理评审这三步,然后确定 ISMS 是否需要改进,如果需要改进,还需要制定纠正和预防措施。这样才完成一个 ISMS 的实施流程。

9.4　信息安全管理控制规范

9.4.1　信息安全管理控制规范的形成过程

BS7799 标准是国际上具有代表性的信息安全管理体系标准,依据 BS7799 建立信息安全管理体系并获得认证已成为世界潮流。组织可以参照信息安全管理模型,按照 BS7799 标准建立完整的信息安全管理体系并进行实施与保持,达到动态的、系统的、全员参与的、制度化的、以预防为主的信息安全管理方式,用最低的成本,达到可接受的信息安全水平,从根本上保证业务的连续性,提高企业的社会形象和市场竞争力。

BS7799(被信息界喻为"滴水不漏的信息安全管理标准")是世界上影响最深、最具代表性的信息安全管理体系标准,已经得到了很多国家的认可。它是由英国标准协会(BSI)发布的。1995 年首先发布了《信息安全管理实施细则》(BS7799-1:1995),它为信息安全提供了一套全面综合最佳实践经验的控制措施,其目的是将信息系统用于工业和商业用途时,为确定实施控制措施的范围提供一个参考依据,并且能够让各种规模的组织所采用。

由于 BS7799-1 采用指导和建议的方式编写,不适合作为认证标准使用。1998 年为了适应第三方认证的需求,BSI 又制定了世界上第一个信息安全管理体系认证标准,即《信息安全管理体系规范》(BS7799-2:1998),它规定了信息安全管理体系要求与信息安全控制要求,它是一个组织的全面或部分信息安全管理系统评估的基础,可以作为对一个组织的全面或部分信息安全管理体系进行评审认证的标准。

1999 年,鉴于新的信息处理技术应用,特别是网络和通信的发展情况,BSI 对信息安全管理体系标准进行了修订,即 BS7799-1:1999 和 BS7799-2:1999。1999 版特别强调了信息安全所涉及的商业问题和责任问题。BS7799-1:1999 和 BS7799-2:1999 是一对配套的标准,其中 BS7799-1:1999 对如何建立并实施符合 BS7799-2:1999 标准要求的信息安全管理体系提供了最佳的应用建议。

2000 年 12 月,BS7799-1 被 ISO 接受为国际标准,即《信息技术—安全技术——信息安全管理实施细则》(ISO/IEC17799:2000)。2004 年 4 月 19 日被我国等同采用为国家标准《信息技术—安全技术——信息安全管理实用规则》(GB/T19716-2005)。2005 年 6

月,ISO/IEC17799:2000 升级为 ISO/IEC17799:2005,主要增加了"信息安全事件管理"这一安全控制区域。目前世界上包括中国在内的绝大多数政府签署协议支持并认可 ISO/IEC17799 标准。

2002 年 9 月,BSI 发布了 BS7799-2:2002。BS7799-2:2002 主要在结构上做了修订,引入了国际上通行的管理模式——过程方法和 PDCA(Plan-DO-Check-Act)持续改进模式,建立了与 ISO9001、ISO14001 和 OHSAS18000 等管理体系标准相同的结构和运行模式。

2005 年 10 月,BS7799-2 被 ISO 接受为国际标准,即《信息技术—安全技术——信息安全管理体系要求》(ISO/IEC27001:2005),这意味着该标准已经得到了国际上的承认。ISO/IEC27001:2005 基本上与 BS7799-2 一致,但做了以下修改:必须为范围中任何被排除在外的部分指定理由,指定一个明确定义的风险分析方法。在风险处理中选择的措施必须被重新进行风险评估。

总的来说,ISO/IEC27001:2005 是建立信息安全管理体系(Information Security Management System,ISMS)的一套需求规范,其中详细说明了建立、实施和维护信息安全管理体系的要求,其内容非常全面,是一个真正基于风险的方法。这意味着组织必须评估自己的环境,并为所实施的控制负责。

2007 年 7 月,为了和 27000 系列保持统一,ISO 将 ISO/IEC17799:2005 正式更改编号为 ISO/IEC27002:2005。

2008 年 6 月 19 日,我国等同采用 ISO/IEC27001:2005 为国家标准《信息技术—安全技术——信息安全管理体系要求》(GB/T22080—2008),并同时赞同采用 ISO/IEC27002:2005 为国家标准《信息技术—安全技术——信息安全管理实用规则》(GB/T22081—2008),它也是对 GB/T19716—2005 的修订,并代替该标准。

ISO 已为信息安全管理体系预留了 ISO/IEC27000 系列编号,类似于质量管理体系的 ISO9000 系列和环境管理体系的 ISO 14000 系列标准。截至 2011 年 6 月,包括上面提到的 ISO/IEC27001 和 ISO/IEC27002,共发布了以下 9 项标准:

- ISO/IEC27000:2009《信息技术—安全技术——信息安全管理体系原理和术语》;
- ISO/IEC27001:2005《信息技术—安全技术——信息安全管理体系要求》;
- ISO/IEC27002:2005《信息技术—安全技术——信息安全管理实用规则》;
- ISO/IEC27003:2010《信息技术—安全技术——信息安全管理体系实施指南》;
- ISO/IEC27004:2009《信息技术—安全技术——信息安全管理测量与指标》;
- ISO/IEC27005:2008《信息技术—安全技术——信息安全风险管理》,2011 年 6 月发布新版 ISO/IEC27005:2011;
- ISO/IEC27006:2007《信息技术—安全技术——信息安全管理体系审核认证机构要求》;
- ISO/IEC27011:2008《信息技术—安全技术——电信机构基于 ISO/IEC27002 的信息安全管理指南》;
- ISO/IEC27799:2008《健康信息—应用 ISO/IEC27002 的医疗信息安全管理》。

在组织内建立和实施基于最新国际标准 ISO/IEC27001:2005 的信息安全管理体系

是目前国际上最先进的信息安全整体解决方案。信息安全管理体系是基于业务风险方法建立、实施、运行、监视、评审、保持和改进信息安全的体系。从这个概念里我们可以看出，ISMS 是基于风险的，它以组织风险评估为基石，运用 PDCA 过程方法和 133 项信息安全控制措施来帮助组织解决信息安全问题，实现信息安全目标。为什么要选择基于风险的信息安全管理体系？信息安全建设的宗旨之一，就是在综合考虑成本与效益的前提下，通过恰当、足够、综合的安全措施来控制风险，使残余风险降低到可接受的程度。ISMS 是一个组织整个管理体系的一部分。在一个组织里面会同时存在多个管理体系，例如质量管理体系、环境管理体系和信息安全管理体系，它们各自有各自的管理标准。ISMS 关注的是信息安全的管理方面。

根据 ISMS 的定义：基于业务风险方法，建立、实施、运行、监视、评审、保持和改进信息安全的体系，如果按照这个定义，很多标准都可以认为是信息安全管理体系，但是在实际的应用中，由于 ISMS 的概念在 GB/T22081—2008/ISO/IEC27002:2005 中提出，也由于该标准的广泛应用，以至于 ISMS 基本成了 ISO/IEC27000 标准族的代名词。可以说，ISMS 标准主要由 ISO27001 和 ISO27002 构成。

- ISO/IEC27001:2005 (BS7799 Part 2)信息安全管理体系要求；
- ISO/IEC27002：2005 (BS7799 Part 1)信息安全管理实用规则。

27001 体系要求主要是给出一个组织或者单位的认证标准，也就是说一个单位想要建立信息安全管理体系，该如何建立，还有哪些差距，该怎样改进，最终是否达到建立要求，如果达到了，给出认证的证书。这就是 27001 要做的。

而 27002 实用规则主要给出的就是控制措施，也就是说，如果想要建立信息安全管理体系，想要达到一定的要求，就要有相应的措施，例如资产管理的措施、用人安全的措施、安全事件管理的措施等。27002 就是这些具体控制措施的规范。

PDCA 模型应用于信息安全管理体系的建设，PDCA 四个阶段就有了具体的含义：

首先是 Plan 规划(进行风险评估，并建立 ISMS)：针对组织和信息系统面临的风险进行评估，针对风险评估报告提出风险管理的方法和措施，建立并改进信息安全有关的 ISMS 方针、目标、过程和程序，以提供与组织总方针和总目标相一致的结果。

然后结合相关方针提出的信息安全要求和期望，实施信息安全管理体系，包括实施和运行 ISMS 方针、控制措施、过程和程序。

在运行的过程中，不断进行检查，以监视 ISMS 的运行情况，对照 ISMS 方针、目标和实践经验，可以对 ISMS 进行评审和评估，并在适当时候，测量过程的执行情况，并将结果报告管理者以供评审。

根据检查的结果，包括 ISMS 内部审核和管理评审的结果或者其他相关信息，对相应的情况进行相应的处置，采取纠正和预防措施，以持续改进 ISMS(保持和改进 ISMS)。

然后再进入新的一轮 PDCA 循环。通过这样一个过程相关的组织和信息系统就可以成为一个受控的信息系统。

信息安全管理体系以 BS 7799 为基础，在 BS 7799-2:2002 中定义了 9 个建立步骤或阶段：

- 第 1 步，定义信息安全管理体系的范围；

- 第 2 步,定义安全方针;
- 第 3 步,确定系统化的风险评估方法;
- 第 4 步,确定风险;
- 第 5 步,评估风险;
- 第 6 步,识别和评价供处理风险的可选措施;
- 第 7 步,选择控制目标和控制措施处理风险;
- 第 8 步,准备适用性声明;
- 第 9 步,管理层批准残余风险。

建立信息安全管理体系,首先要建立一个合理的信息安全管理框架。根据 ISO 27001 从信息系统的所有层面进行整体安全建设,并从信息系统本身出发,通过建立资产清单,进行风险分析,选择控制目标与控制措施等步骤,建立信息安全管理体系。

可以看出,信息安全管理主要就是一系列的活动,这些活动相互协调,以控制组织面临的风险。而这些活动又要围绕根据风险评估建立的控制目标和控制措施来展开(来选择和实施),包括管理手段和技术方法等。这些管理活动要遵循 PDCA 模型。

在建立信息安全管理体系过程中,为了对组织所面临的信息安全风险实施有效的控制,需要针对具体的威胁和脆弱性采取适宜的控制措施。

首先看一下面临的风险都有哪些。从 2013 年黑帽大会上最酷黑客技术的角度来看一下面临的风险(2013 年的黑帽大会)很具有代表性。黑帽大会可以说是全球黑客的盛宴,一年一度,代表着最热的点和最牛的技术。在这次大会上,美国国家安全局局长基思·亚历山大发表了演讲,不过他在演讲的过程中,被人们吹口哨、扔东西,应该还是和"棱镜门"这种事情有关。

2013 年,著名的白帽黑客巴纳拜·杰克(出生于 1977 年 11 月 22 日,国籍为新西兰,后来在美国生活)本打算在 2013 年 7 月 31 日开幕的黑帽大会上展示遥控杀人"黑客绝技",就在这项"黑客绝技"曝光前夕,也就是在 2013 年 7 月 25 日,即黑帽大会召开一周前,杰克突然在美国旧金山神秘死亡,被发现死于旧金山的公寓内! 终年 35 岁。他最后一份工作是在 IOActive Labs 安全顾问公司担当软件安全研究员。那么,他到底要在黑帽大会上展示什么样的绝技呢? 他本来是要带来一场关于心脏起搏器(Pacemaker)和植入型心脏复律除颤器(ICD)安全研究的议题。

只需在 9m 之外的一台笔记本电脑,就能入侵植入式心脏起搏器等无线医疗装置,然后向其发出一系列 830V 高压电击,足以致人死地,从而令"遥控杀人"成为现实。杰克表示,问题在于心脏起搏器和心脏除颤器都是有无线接收装置的,可以调节它们的工作模式;正是这个无线遥控渠道里面存在漏洞。杰克声称,他已经发现多家厂商的心脏起搏器漏洞,并及时地将这个漏洞告知了这些厂商,希望这些厂商及时改善提高安全措施。他本来准备告诉我们,在 2006 年,美国食品和药物管理局批准了基于 WiFi 的植入设备的大规模使用,而 2006 年仅在美国境内就有 35 万心脏起搏器和 17.3 万除颤器使用者。这其中所隐含的安全漏洞,无疑是非常"致命"的。他是本次黑帽大会上最酷的黑客技术的第一名,他的上榜理由不仅是因为这项本来就足够吸引眼球的酷技术,更是因为杰克的去世,让这项技术被毫无悬念地被评为 5 颗星。虽然这项"黑客绝技"因杰克的去世未出现,但目前,大量医疗设备使用无线协议传输数据,如果设备制造商缺乏安全编程经验,医疗设备被黑客入侵控制绝不是天方夜谭。

不过巴纳拜·杰克是在这次黑帽大会的前一周去世的,也就是说他的这项技术还没有给大家展示,那为什么会神秘死亡呢?来看看他还有什么经历吧。

原来杰克早在 2010 年黑帽大会拉斯维加斯峰会上就做了关于 ATM 安全的议题,掀起了业界甚至公众对于 ATM 安全的关注,这个议题当时本应在 2009 年发布,但是由于某 ATM 厂商的干预而推迟了一年。他在黑帽 2010 演示了攻击 ATM 取款机,利用自己研发的一款名为 Jackpotting 的软件成功侵入装有两种不同系统的 ATM 机并让其狂吐钞票。他也因此闻名于世,成为世界顶级白帽子黑客。他此项展示缘于他小时候的梦想。他在小时候看电影《终结者 2》时有一个场景:John Connor 走到一台 ATM 取款机前,掏出一张卡刷过之后,ATM 机源源不断地吐钱。后来就有了 2010 年在黑帽大会演示攻击 ATM 的场景。

后来,在 2012 年黑帽大会上,巴纳拜·杰克又做了演讲和演示,这个演示是医疗设备方面的,因为他发现当人们身体出现问题后,越来越依赖医疗设备,例如糖尿病患者,依靠血糖仪来监测体内血糖水平,靠胰岛素泵全天候随时注射胰岛素。所以在 2012 年黑帽大会上,当时还在美国 McAfee 公司当信息安全专家的巴纳拜·杰克发现了一系列厂商胰岛素泵的安全问题,演示了如何远程操控医疗设备,他轻而易举地就改变了设备的安全参数,控制注射泵给病人注射药物。杰克模拟了黑客入侵医疗设备的全过程,操控设备按照他的意志行凶,整个过程让现场观摩的医生和设备供应商大为震惊。杰克和团队利用强大的无线电设备成功干扰了一台胰岛素泵的正常工作,这个时候再利用高超的计算机技术篡改胰岛素泵原本的工作流程,实现逆向通信。至此,这台胰岛素泵就处于黑客的控制中,黑客可随意加快胰岛素泵的注射频率,短时间内把 300 个单位的胰岛素注入病人体内,这样病人就会血糖急降,抢救不及时就会死亡。杰克说,只要让他在距离胰岛素泵 91m 以内的范围就可实现干扰,把胰岛素泵玩弄于股掌中,又不被患者本人和医护人员识破。

心脏除颤器、胰岛素泵、心脏监控仪等都是与病人生命安全息息相关的医疗设备,通常人们只关心这些医疗设备的质量安全,而巴纳拜·杰克的研究把人们的关注焦点引向了医疗设备的信息安全。身体出现问题后人们越来越依赖医疗设备,例如糖尿病患者,依靠血糖仪来监测体内血糖水平,靠胰岛素泵全天候随时注射胰岛素。而对于心脏病患者来说,一个心脏起搏器或心脏除颤器则至关重要。正是因为医疗设备与病人的身体有密切联系,才给了黑客可乘之机,这些医疗设备存在的安全隐患才更加可怕。

杰克的研究本可以让他在黑市上赚得让人想都不敢想的金钱,不过他没有把这些安全研究运用于黑市中,而是积极地与相关厂商沟通协调,保卫了广大用户的利益,促进了安全行业的发展,这也是他受到全世界黑客尊重的原因之一。这些就能解释为什么他叫白帽黑客,因为他研究这些攻击技术、黑客技术,不是为了去谋利,而是为了告诉世人,告诉这些厂商,使他们能够采取一定的安全措施避免被攻击。所以,有过这些经历,他在这次黑帽大会之前一周死亡,一定是有什么人害怕他顾忌他。截至今天,官方仍未发布杰克的死因,由于其研究方向极具想象空间,对于其死因的猜测仍未结束,今天让我们再次悼念这位为安全研究献身的研究员。他以自己的生命让世人警醒,也让世人尊重。其他的黑客技术简要介绍如下。

1. 智能电视监视——关注度：4.5 颗星

你信吗？你家里的电视机能够监视你的一举一动！黑帽大会上，两名黑客展示了他们如何让三星生产的最新电视机（配置了摄像头）监视用户。因为三星智能电视的菜单使用了传统的网页技术，所以存在和传统 Web 应用一样的漏洞，例如执行任意代码等。

上榜理由："智能家居"和"物联网"无疑是很酷的，但是随着越来越多家居设备连到网上，安全威胁也在变大。从目前的关注度看，该技术可评为 4.5 颗星。智能家居设备已成为黑客实施攻击的目标，智能家居设备带来的安全威胁可能是某种形式的身体伤害，更糟糕的是，智能家居设备不像手机和笔记本电脑那样，有密码保护和通过安全测试。

2. 充电器用作黑客工具——关注度：4 颗星

小心了！当你的 iPhone 连接到 USB 充电器时，黑客可在 1min 内将恶意程序植入 iPhone 中。黑帽大会上，乔治亚理工学院的三名研究人员展示了一款"概念验证"型充电器，它基于开源单片计算机 BeagleBoard 而开发，可在 iOS 设备上秘密安装恶意软件。

上榜理由：听上去就很可怕，不过，幸好身边还没人遇到过，关注度差不多是 4 颗星。充电器用作黑客工具，恶意软件的植入过程不需要手机用户做出互动，非常具有危险性，而且所有 iPhone 用户都面临这一风险，甚至是所有的 iOS 设备。随着苹果设备的广泛应用，这种利用 USB 连接线入侵 iOS 设备的攻击手段应该引起安全防护人员的关注。

3. 一秒破解豪车——关注度：4 颗星

汽车会成为黑客入侵的目标吗？在美国 DEFCON21 上，Charlie Miller 和 Chris Valasek 两位研究员通过黑进汽车内多个电子控制单元更改仪表盘上的油量和车速信息，发动碰撞前保护系统，控制部分电子动力转向系统中的功能，鸣笛、锁死司机的安全带，甚至让刹车失灵等多个行为。

上榜理由：在福特翼虎、丰田普锐斯被黑客找到漏洞的同时，大众旗下多款车型也被密码学家发现漏洞，可以被黑客轻松开锁点火，就像车钥匙被人拿走一样。而且目前，市面上多数导航仪能被远程 Hacking，这意味着拥有电子锁、点火系统、GPS 等智能设备的汽车安全问题将日趋严重。好在这还只是个开始，姑且先评 4 颗星吧。

4. 箱子将硬币换成比特币——关注度：3.5 颗星

黑客 Garbage 及其组织设计了一种可将金属硬币兑换成比特币的手提箱，其核心是 Raspberry Pi 迷你 PC 和移动 4G 通信模块，耗资约 250 美元。投入零钱后机器核查 Mt. Gox 比特币的兑换汇率，随后打印出含 QR 二维码的收据，其中包含可将零钱再兑现的加密哈希值。

上榜理由：不得不说，Garbage 跟他的团队 TwoSixNine 真是太有才了。比特币在 2013 年受到热烈追捧，价格一路飙升，这跟它日益增强的流通性自然密不可分。将硬币换成比特币，想想就觉得方便。不过，这么酷的手提箱不知道什么时候能够普及呢？好吧，考虑到可操作性的问题，给 3.5 颗星。

信息安全管理体系的建立就是要根据组织或者系统所面临的风险确定控制目标，并选取相应的控制措施。也这是我们这次课的重点，那么什么是控制措施呢？

控制措施就是管理风险的一些方法，它们可以是行政、技术、管理、法律等方面的措施,目的是为了达到组织的信息安全控制目标,提供保证,并能预防、检查和纠正风险。所以控制措施的分类分为预防性控制、检查性控制、纠正性控制。

预防性控制措施是指出在问题发生前的潜在问题,并做出纠正。例如仅雇佣胜任的人员、职责分工、使用访问控制软件,只允许授权用户访问敏感文件。检查性控制:检查控制发生的错误、疏漏或蓄意行为。例如生产作业中设置检查点、网络通信过程中的 Echo 控制、内部审计。纠正性控制:减少危害影响,修复检查性控制发现的问题。包括意外处理计划、备份流程、恢复运营流程。

下面是在真实世界中保护物理安全的一些措施。例如装甲运输车就相当是负责把东西从一个地方安全运到另一个地方的安全保护连接;门锁就相当于是边界安全,把门内和门外隔离开;摄像头和保安相当于是安全监视措施;指纹识别就是身份识别措施。

而在虚拟世界中,再来看一下保护信息安全的相应措施。例如,在虚拟世界中,安全保护连接采用的就是 VPN(虚拟专用网络,在公用网络上建立专用网络,进行加密通信),负责数据的安全传输;而防火墙就属于边界安全;入侵检测和扫描就相当于是物理安全中的摄像头和保安,是安全监视措施;而 PKI/CA 就是身份识别措施。

下面是信息安全管理中的一些控制措施,例如对于中断设备要关闭安全维护的“后门”,对于内部主机,需要进行漏洞扫描和补丁管理,同时还要进行病毒防护,对内部主机上的敏感信息要进行数据文件加密,同时还要采用审计系统。对于防火墙,主要是访问控制策略的设置,同时还要进行入侵检测和实时监控,这些都是保障一个信息系统能够安全运转要经常采用的控制措施。在 ISO27002 中,把这些看似没有章法的控制措施进行了规范。在该规范中详细介绍了 11 大控制方面、39 个控制目标、133 项信息安全控制措施的规范内容(根据 BS7799-2、ISO/IEC 17799:2005 和 ISO/IEC27001:2005 等标准,结合组织信息资产可能存在的威胁、脆弱性)。这 11 大类包括人员安全、资产分类和控制(又称资产管理)、物理和环境安全、通信与操作管理、安全组织、符合性保证、信息安全方针、访问控制、系统获得、开发和维护、信息安全事件管理、业务持续性管理等。

下面介绍信息安全管理控制措施的作用。首先,想完善信息安全管理框架,那就要先做风险评估,根据风险评估的结果进行安全规划,然后建立信息安全管理框架,选择控制措施,这些控制措施包括管理措施和技术手段,选取的这些控制措施还要经过安全审计,来判断是否符合控制标准。如果符合,则确立该信息安全管理框架,并且该管理框架要根据实际情况进行持续改进,如果不符合控制标准,则需要重新调整,完善该信息安全管理框架。

信息安全管理包括人员安全、资产管理、物理和环境安全、通信和操作管理这四大控制类。例如,一名网络管理员,发现最近来自外部的病毒攻击很猖獗,要是在 15 万买个防毒墙就解决问题了,那么找谁去要这笔钱,谁来采购这些东西? 再例如,如果是一名普通工作人员,内网计算机上不了外网没办法打补丁,那么该找谁获得帮助? 所以,应该有一群人,至少包括单位领导、技术部门和行政部门的人组织在一起,应该建立一个组织,专门负责信息安全的事。在一个机构中,安全角色与责任的不明确是实施信息安全过程中的最大障碍,建立安全组织与落实责任是实施信息安全管理的第一步。而这个信息安全管理组织中一定要有一个高层管理者,这个高层管理者就是能说了算的,可以给人、给钱、给设备,提出工作要求还给与资源保障的那个人。除了高层管理者还需要有信息化技术部门的参与,其他与信息安全相关的部门,如行政、人事、安保、采购、外联等部门,都应参与到组织体系中,各司其职,协调配合。所以,各级信息安全领导小组的组长一般由各级系统的高层领导挂帅,并结合与信息安全相关各职能部门的主要负责人参加。那怎么理解符合性呢?例如 Internet 上至少有 30 000 多个公开的黑客网站,这些网站除了黑客知识与技能的培训外,还提供了大量的黑客工具,一个稍具电脑知识的中学生经过黑客网站的培训,利用下载的黑客工具就可以发起有一定威胁性的攻击。最近有人甚至在网上以几百元的价格兜售定制的病毒。但同样的情况如果发生在现实生活中,结果就不一样了。例如有人想办一个小偷培训学校,可能还没开张就被取缔了;很少有人敢故意培养并散布传染病病毒,否则必将受到法律的严惩。所以,解决信息安全问题不能仅依靠安全技术,还需要依靠法律的力量,要制定并执行一系列完善的法律、法规才是保护信息安全最重要的手段。所以信息安全管理的全部过程既要与法律法规的要求相符合,又要符合安全方针、标准和相关技术要求,确保系统符合组织安全方针和标准,还要符合信息系统审计要求。这就是符合性要求的内涵。

9.4.2　信息安全管理控制规范的组织结构

每个主要安全类别包括多个控制目标,声明要实现什么目标、什么功能,达到什么要求。每个控制目标都会有一个或多个控制措施,可被用于实现该控制目标。每个控制措施又都会有相应的实施指南,实施指南就是对实施该控制措施的指导性说明。这些控制措施并不是适用于任何场合,它不会考虑到使用者的具体环境和技术限制,也不可能对一个组织中的所有人都适用。

基于风险分析的安全管理方法:信息安全管理是指导和控制组织的关于信息安全风险的相互协调的活动;信息安全策略方针为信息安全管理提供导向和支持;控制目标与控制措施的选择应该建立在风险评估的基础上;要考虑控制成本与风险平衡的原则,将风险降低到组织可接受的水平;需要全员参与;遵循管理的一般模式——PDCA 模型。

因为对于管理来说,人员安全管理中人的因素是最重要,也是最难的。

案例一:2010 年 3 月中旬,汇丰控股发布公告,其旗下汇丰私人银行(瑞士)的一名 IT 员工,曾于 3 年前窃取了银行客户的资料,失窃的资料涉及 1.5 万名于 2006 年 10 月前在瑞士开户的现有客户。鉴于此,汇丰银行 3 年来共投放 1 亿瑞士法郎,用来将 IT 系统升级并加强保安。这让人想起了《论语》中的一句话:"吾恐季孙之忧,不在颛(zhuan)臾(yu),而在萧墙之内也。"萧墙之祸比喻灾祸、变乱由内部原因所致。所以加强对内部人员的管理是很重要的。

案例二:某单位负责信息化工作的领导说:"为什么要买防火墙?我们盖楼时是严格按照国家消防有关规定施工的呀!"所以对人员的管理是多个阶段层次的管理,例如让这个领导上任前,是否对其进行考查,是否能承担起信息化工作的领导责任。所以人力资源安全的目标就是从雇佣前、雇佣中和雇佣后三方面都要有相应的要求和措施。

来看看人员安全管理的目标,就是要在任用之前,确保雇员、承包方人员和第三方人员承担的角色是适合的,并理解其职责,以降低信息资源被窃、欺诈和误用的风险;在人员任用之中,要确保所有的雇员、承包方人员和第三方人员知悉信息安全威胁和利害关系、他们的职责和义务,并准备好在其正常工作中支持组织的安全方针,以减少人为出错的风险;在人员任用终止或发生其他变化时,要确保所有的雇员、承包方人员和第三方人员以一个规范的方式退出一个组织或改变其任用关系。

- 雇佣前——确保员工、合同方和第三方用户了解他们的责任并适合于他们所考虑的角色,减少盗窃、滥用或设施误用的风险。
- 雇佣中——确保所有的员工、合同方和第三方用户了解信息安全威胁和相关事宜、他们的责任和义务,并在他们的日常工作中支持组织的信息安全方针,减少人为错误的风险。
- 解聘和变更——确保员工、合同方和第三方用户离开组织或变更雇佣关系时以一种有序的方式进行。

所以人员管理包含的内容就是要在上岗前、上岗中和上岗后:①明确故意或者无意的人为活动可能给数据和系统造成风险;②在正式的工作描述中建立安全责任,进行员工入职审查等。

下面以华为人员管理案例来说明这个问题。华为员工几万人,其中市场人员占33%,85%以上都是名牌大学的本科以上毕业生。那华为是怎么进行人员管理呢?

第一招:首先是招人,即选择良才。

两种方法:社会招聘和校园招聘。社会招聘就是招非应届生,例如因为种种原因没有在毕业之前签下一家公司的,不过一般非应届生找工作的难度比应届生要大得多。华为更热衷于校园招聘,已经形成了自己的专业招聘模式。一般是每年10月份开始,各个公司企业单位就要开始做宣讲会了,谁都想把好的学生收入自己的公司,所以这些公司也在抢时间点,因为每个学生都有个三方协议,而且通常一个学生会同时参加几家公司的面试和笔试,如果收到几个 Offer,就要选择和哪个公司签,一旦决定就要签这个三方协议,这样基本就定下来了,不能随意变来变去。在签三方协议之前,该学生还可以随意决定去不去某公司,接不接受该公司的 Offer,可如果好的学生已经和某公司签订了三方协议,其他晚来的公司就都没有机会了,所以各个公司会在10月、11月集中招聘,几乎每天都有公司开宣讲会。

第一步,校园推介会,也叫宣讲会。在宣讲会上,会先由公司的某个主管介绍华为的基本情况,宣传公司的文化、公司的发展等,然后再安排一两个华为近年招聘的新员工发表有关自己在华为如何成长的演说,介绍公司给员工提供了什么样的环境。最后接收简历并给学生们发一些表,有意向的同学可以填写,公司可以了解一下学生的情况,或者做最初的筛选。第二步,笔试,主要是专业知识和个人素质测试。第三步,面试,通常会有三到四轮面试,最开始可能是由技术人员的技术面试,然后交于人力资源进行个人素质方面的考察,再会有一名公司领导出面进行面试,内容不定。内容涉及专业知识、个人知识面和个人素质(多轮)。第四步,公司考察和宴会(现场签协议),他们希望快点把他们看中的学生签下来,免得被别的公司抢跑了。现场没签的,也可以回去考虑一下再签。

第二招:魔鬼培训。

新员工都要接受华为的培训,培训过程就是一次再生经历。在深圳,华为有自己的培训学校和培训基地。华为的所有员工都要经过培训,合格后才可以上岗。华为还有自己的网上学校,可以在线为分布在世界各地的华为人进行培训。

1. 上岗培训

接受上岗培训的人主要是应届毕业生,培训过程跨时之长、内容之丰富、考评之严格,对于毕业生来说这样的经历是炼狱,这样的培训又称"魔鬼培训"。主要包括军事训练、企业文化、车间实习与技术培训、营销理论与市场演习等。

2. 岗中培训

为了保证整个销售队伍时刻充满激情与活力,华为内部形成了一套完整针对个人的成长计划。有计划地、持续地对员工进行充电,让员工能够及时了解通信技术的最新进展、市场营销的新方法和公司的销售策略。实行在职培训与脱产培训相结合,传统教育和网络教育相结合。

3. 下岗培训

由于种种原因,有一些员工不能适合本岗位,华为则会给这些员工提供下岗培训。主要内容是岗位所需的技能与知识。要是员工经过培训还是无法适合原岗位,华为则会给这些员工提供新职位的技能与知识培训,帮助他们继续成长。没有专业的招聘,就不能招到良才;无系统的培训,华为将无法塑造自己的销售铁军,没有办法让整个销售队伍统一思想;没有完善的制度,华为对销售团队的管理将"无法可依";没有严格的考核,华为的制度将没有任何的意义;没有公平、有效且完善的激励制度,企业的销售团队将像死水一样毫无动力!这一切都是管理的措施和艺术。

看了华为这个例子,知道了华为在岗前招人、上岗培训和离岗处理的情况,可以来总结一下在岗前、岗中和岗后为了达到相应的目标都有哪些控制措施可以采用。

(1)首先是雇佣(上岗)前,它可以采用的控制措施有三种。①角色和职责。控制措施:明确安全角色和职责,并形成文件。实施指南:对安全角色和职责进行定义,并清晰地传达给岗位候选者;明确人员应遵守的安全规章制度;执行特定的信息安全工作;向组织报告安全事件或潜在风险。组织招聘人员,首先是为了满足业务需求,因此安全方面的职责往往被忽略,但是安全必须全员参与,本条款中说明安全职责是所有岗位、所有员工应负职责的一部分,并不仅仅是信息安全从业人员,例如,像组织报告安全事态、潜伏事态或其他安全风险,这就是每个员工都应承担的职责。本条款中很明确地要求安全角色和职责需要形成文件。②审查。控制措施:对所有任用人员的背景验证核查要按照法律、对应业务要求、被访问信息的类别来执行。实施指南:对担任敏感和重要岗位的人员要考察其身份、学历和技术背景、工作履历和违法违规记录。③任用条款和条件。控制措施:要在合同或专门的协议中,明确安全职责。实施指南:所有敏感人员应在给予权限之前签署保密协议;扩展到组织场所以外和正常工作时间之外的职责,例如家里工作的情形;明确如果漠视组织的安全要求所要采取的措施。

(2)然后是雇佣中,就是要知悉信息安全威胁和利害关系。要实现这个目标,接下来给出了三个方面的控制措施:管理者的重视、教育和培训及违规后的纪律处理。这在逻辑上很容易理解。①管理职责。控制措施:管理者应要求人员按照组织方针策略和规程对确保组织安全尽心尽力。管理职责强调的是管理者对雇员、承包方人员和第三方人员的安全要求,通过各种途径让所有的员工意识到他们的安全职责等。实施指南:保证其充分了解所在岗位的信息安全角色和职责;遵守任用的条款和条件;持续拥有适当的技能和资质。②信息安全意识、教育、培训。控制措施:有针对性地进行信息安全意识教育和技能培训。③纪律处理过程。控制措施:及时有效的惩戒措施。不是所有的安全事件都是可以预防的,如果无法阻止某些事件的发生,就只能通过另外一条途径,即威慑。纪律处理过程就是这个道理。如同防止盗窃,一方面要加强公民的防盗意识,加固加强建筑物入口的控制等各类安防措施等,但是实践证明,即使所有的人都已经丰衣足食了,还是不能排除盗窃获得心理快感的情况存在,还是有盗窃事件的发生。这时候,法律就起到了震慑的作用。

缺乏基本的安全意识,很多其他部门没有进行统一的、系统的安全培训和学习的机会。例如:个人电脑的密码设置为空或者非常脆弱;系统默认安装,从不进行补丁升级;拨号上网,给个人以及整个单位带来后门;启动众多不用的服务等。人员层次不同,流动性大,安全意识薄弱而产生病毒泛滥、终端滥用资源、非授权访问、恶意终端破坏、信息泄露等安全事件不胜枚举。正是由于员工对发生安全问题后造成的后果不负任何责任,从而也就不能有效地督促员工提高自己的安全意识,最终形成恶性循环,导致员工不能严格遵循公司的安全管理制度。

再来看看美国网战部队是如何进行人员管理的。2010 年 2 月,美国前国防部副部长林恩在接受《时代》周刊采访时宣称,很多国家正在通过"网络战争"的形式缩小其与美军常规力量的差距。林恩认为,美国的金融系统、通信和其他电子基础设施,都可能成为敌国黑客偷袭的对象。他透露,美国境内的计算机系统正在遭遇"史无前例"的黑客活动袭扰。其实,美国人自己也在不断强化网络战的能力。其中最重要的一点,就是美军正在尝试通过黑客的秘密活动,让敌国相信,它们仍在控制着自己的武装力量,而实际上,这些武装力量已经处在美军的掌握之中。美国后来组建的"网络战司令部"进一步说明,网络战已经成为五角大楼旗下的重要兵种。

美军网络战司令部归美军战略司令部管辖,于 2009 年 10 月开始局部运作(正好是奥巴马上台那段时间),到 2010 年 10 月开始全面运作。该司令部对分散在美国各军种中的网络战指挥机构进行整合。此举标志着世界上拥有最大网络战资源的军队开始把网络战争正式提上议事日程。

美方的网络战目标是:坐在五角大楼,敲打键盘,遥控敌方电脑系统。希望能具备"隐身"打入世界各国电脑系统潜伏数年而不被发现的能力,试图让敌国相信,它们仍在控制着自己的武装力量,而实际上,这些武装力量已经处于美军的掌握之中。

美国承认,一旦自己遭到敌方黑客袭击,那么此时再采取任何反击措施都"为时已晚"。此刻,美国必须想办法激活隐藏在敌方电脑系统中的黑客代码,从而实现反击之目的。对网络战来说,"从敌人内部瓦解对手",永远是最有效的办法。

在网络空间,没有国家界限,防卫一方必须时刻提高警惕,对所有潜在的敌人保持"清醒头脑"。而进攻一方(黑客),只要抓住一次机会,就可以给对方以沉重的打击。由于黑客不会直接从自己所在地发起攻势,而要借助多个服务器来进行"接力",因此追查黑客来源的努力几乎都以失败告终。

　　美军的黑客部队到底什么样？有多少人？这一直是美军的高级别机密。据防务专家评估，目前美军共有 3000～5000 名信息战专家、5～7 万名士兵涉足网络战。加上原有的电子战人员，美军的网络战部队人数应该在 8.87 万人左右，相当于 7 个美军最精锐的101 空降师的兵力。

　　美军网络战士招募的基本途径主要有三种：①刊登广告招募"网络真人"。面对眼下经济衰退，众多一度只去硅谷求职的青年才俊也开始加盟"政府网络黑客"这一队伍。②每年在赌城拉斯维加斯的全球黑客大赛和不同级别的黑客竞赛也是选拔人才的好机会。黑客大赛每年都在赌城举行。谁能在最短时间内攻陷市面上最强的杀毒软件，谁就能赢得高额奖金和"超级黑客"的称号，同时还可能在美军方谋得一份薪水可观的工作。此外，还有针对操作系统的竞赛。2008 年 4 月，各类操作系统可以说统统在黑客面前接受了检验。其中，苹果 MacBookAir 先行被攻下；Vista 笔记本电脑虽然极力支撑，但最后也还是被黑客攻下。当然，参赛黑客必须签署保密协定，将发现的漏洞提供给厂商。③其他国家举办的黑客大赛，美军方也积极参与。例如在韩国的全球顶级黑客大赛，美军就在现场等着挖人。此次黑客大赛为期两天，来自瑞典、西班牙、美国、意大利和韩国的 36 名参赛者，组成了 8 个"顶级黑客"小组。只有那些被各国安全部门列入"重点监控对象"名单的世界顶级黑客，过五关斩六将，才能跻身决赛选手之列。举办方负责人说："举办这次大赛的目的，是挖掘出之前未被发现的黑客，在确认其实力后，培养成专家。"

　　网络战士的训练复杂而奇特。他们的模拟训练更像是科幻小说或电脑游戏情节，主要研究两大类黑客攻击——即"阻断服务"和"僵尸网络"攻击——而这都是基于真实网络攻击情况的。网络战士的三种任务：①试验各种现有网络武器的效果；②制定美国使用网络武器的详细条例；③培训出一支"过硬的网上攻击队伍"。训练方法与犯罪分子手法相似，主要学习如何在其他用户毫无察觉的情况下，向外部计算机加载恶意软件，或通过电子邮件、光盘，甚至是在准备好的网址上通过简单的"网上冲浪"来完成任务。

　　网络战士如何作战？美军高层认为："电脑网络是自陆、海、空、太空之后第五作战领域，一定要掌握网络战争的主导权，而且出手必胜。这是事关美国能否继续保持超级大国地位的头等大事。"美军认为，就像空战一样，网络空间作为一个新的作战领域，当然是进攻优先。如果仍然采取守势，则为时太晚。如果不能统治网络，也就不能统治其他作战领域。

　　战时，美军将组建"全球网络作战联合特遣部队"。该部队不仅具有网络防御能力，还将"主动发现并攻击"那些威胁美军系统的敌人。战略司令部司令希尔顿直言不讳地提到，设想有朝一日，战略司令部麾下将具备整组、整营、整旅的成建制作战力量，以发起网络大战。美国的网络作战主要有三种模式：一是物理打击。指的是空投"聪明炸弹"或者炭丝武器切断敌方电脑网络的电源或使其部分瘫痪，其结果是造成对方网络暂时或永久性关闭。二是虚拟打击，也就是通常所说的"黑客攻击"。通过向敌方网络发动病毒攻击，干扰和破坏敌方网络操作系统，使其出现故障或死机。三是认识打击，也就是俗话说的"欺骗战术"，通过网络制造出一些虚拟信号和影像欺骗，误导对方的网络操作，使其指挥失灵。美国发动网络打击的目标不是通常的国际互联网，而将是敌方的内部安全网络。

　　在建立信息安全管理体系过程中，为对组织所面临的信息安全风险实施有效的控制，要针对具体的威胁和脆弱性采取适宜的控制措施,包括管理手段和技术方法等,结合组织信息资产可能存在的威胁、脆弱性分析,从控制目标、控制措施和实施指南等方面着手,这些控制措施包括安全方针、安全组织、资产管理、人员安全、物理和环境安全、通信与操作安全、访问控制、系统开发与维护、安全事件管理、业务持续性管理、符合性保证 11 个方面的控制规范。

在组织内建立和实施基于最新国际标准 ISO/IEC27001:2005 的信息安全管理体系是目前国际上最先进的信息安全整体解决方案。信息安全管理体系是基于业务风险方法,建立、实施、运行、监视、评审、保持和改进信息安全的体系。从这个概念里我们可以看出,ISMS 是以风险评估为基础的,那么为什么要选择基于风险的信息安全管理体系?因为信息安全建设的宗旨之一,就是要在综合考虑成本与效益的前提下,通过恰当、足够、综合的控制措施来控制风险,使残余风险降低到可接受的程度。所谓控制措施,其实就是管理风险的一些方法,包括出台行政政策、制定管理规定、制定法律法规、应用技术手段等,目的是为了达到组织的信息安全控制目标。

9.4.3 信息安全管理控制规范中的物理和环境安全

信息安全管理控制规范中的是物理和环境安全,环境安全好理解,那物理安全中的物理指的是什么呢?“物理”,包括身体的,例如人身安全,这也是物理安全首要考虑的问题,因为人也是信息系统的一部分;还有物质的,也就是承载信息的物质,包括信息存储、处理、传输和显示所用的设施和设备;此外还有自然的,即对自然环境的保障,如对温度、湿度的要求,对电力供应的要求、对灾害的预防等。

物理和环境安全的目标主要是要建立安全区域和保证设备安全。建立安全区域主要是要防止非授权访问、防止可能会破坏和干扰业务运行的情况出现。保证设备安全主要是预防资产的丢失、损坏或被盗,以及对组织业务活动的干扰。

具体来说,它所包含的内容包括:应该建立带有物理入口控制的安全区域,例如加设铁门铁窗;应该配备物理保护的硬件设备;应该防止网络电缆被搭线窃听,也就是防辐射;将设备搬离场所,或者准备报废时,应考虑其安全并按规定的流程和程序操作。

物理和环境安全就是要建立安全区域,保证设备安全。先来看第一个目标,建立安全区域。设置安全区域就是要防止对组织场所和信息资源的非授权访问、损坏和干扰,防止任何可能破坏和干扰业务运行的情况发生。安全区域保护的目标是组织场所(远离领地、建筑物及周围的土地)和信息,针对的方面是物理访问、损坏和干扰。组织场所和信息实际上属于两个不同层次的问题,信息毫无疑问是待保护的核心,其外层是信息处理设施,再外层就是场所(如果一定按照定义,严格来讲场所本身就是信息处理设施)。因此,保证场所(领地)的安全是首要的,也是防止信息未授权访问、损坏和干扰的前提。那么如何来建立安全区域呢?在物理和环境安全这方面,建立安全区域一共有六个控制措施。首先看第一个控制措施,建立物理安全周边。建立物理安全边界的控制措施,就是要采用安全周边(如墙、卡控制的入口或有人管理的接待台等屏障)来保护包含信息和信息处理设施的区域,形成安全区域。什么叫周边呢?周边和边界是不是一个概念,那为什么不叫物理安全边界?周边(perimeter)与边界还是有区别的,周边强调的是一个封闭的区域,在这样的前提下,物理入口(physical entry)才是有意义的。安全周边强调的是整个封闭区域的边界,不仅仅是墙,还要包括卡控制的入口或有人管理的接待台。后两者显然看起来更像是物理入口控制中讨论的内容。实际上物理入口控制强调的是"确保只有授权的人员才允许访问",其基础是已经建立了物理屏障(physical barrier)。因此,物理安全周边所强调的是要清晰地定义安全周边(划定领地),要保证周边在物理上是安全的(例如要有坚固的外墙等),要保证物理访问手段的控制到位(如有物理控制的入口),要尽量安装安防系统等内容。而物理入口控制强调的则是对访问者的允许进入规则,记录访问者的出入和时间,如何分辨访问者和单位员工(例如员工应着工作服佩戴工作证上班,来访者则佩戴专门的访问证)等内容。

第一个控制措施,对于物理安全周边,若合适,下列指南宜予以考虑和实施:①安全周边应清晰地予以定义,各个周边的设置地点和强度取决于周边内资产的安全要求和风险评估的结果。②信息处理设施的建筑物或场地的周边要在物理上是安全的(即在周边或区域内不要存在可能易于闯入的任何缺口);场所的外墙是坚固结构,所有外部的门要使用控制机制来适当保护,以防止未授权进入,例如,门闩、报警器、锁等;无人看管的门和窗户要上锁,还要考虑窗户的外部保护,尤其是地面一层的窗户。③对场所或建筑物的物理访问手段要到位(如有人管理的接待区域或其他控制);进入场所或建筑物要仅限于已授权人员。④如果可行,要建立物理屏障以防止未授权进入和环境污染。⑤安全周边的所有防火门要可发出报警信号,被监视并经过测试,与墙一起按照合适的国家标准建立所需的防卫级别;它们要使用故障保护方式按照当地防火规则来运行。⑥要按照我国标准安装适当的安防监测系统,并定期测试以覆盖所有的外部门窗;要一直警惕空闲区域;其他区域要提供掩护方法,例如计算机室或通信室。其他信息:物理保护可以通过在组织边界和信息处理设施周围设置一个或多个物理屏障来实现。多重屏障的使用将提供附加保护,因为一个屏障的失效不意味着立即就会危及安全。一个安全区域可以是一个可上锁的办公室,或是被连续的内部物理安全屏障包围的几个房间。而在安全边界内具有不同安全要求的区域之间,还需要控制物理访问的附加屏障和周边。

下面来看第二个控制措施,物理入口控制。建立完物理安全周边就要考虑对访问者的准入规则,这就是物理入口控制要强调的,所以它的控制措施就是安全区域应由合适的入口控制所保护,以确保只有授权的人员才允许访问。宜考虑如下的实施指南:①要想保证对处理或储存敏感信息的区域的访问受到控制,首先就要能够弄清来访者的身份,然后将访问者仅限于已授权的人员(并且访问仅限于已授权人员),并且所有访问者的审核踪迹要加以维护。②记录访问者进入和离开的日期和时间,要对所有来访者进行监督,除非他们的访问事前已经经过批准;只允许他们访问特定的、已授权的目标,并要向他们宣布关于该区域的安全要求。③所有雇员、承包方人员和第三方人员以及所有来访者要佩带某种形式的可视标识,如果遇到无人护送的访问者和未佩带可视标识的任何人,要立即通知保安人员(所有可以进出该区域的人员,包括所有雇员(组织内人员、干部)、承包方人员和第三方人员要持有识别证。此外,对安全区域的访问权要定期评审和更新,并在必要时废除)。例如参加会议,一般都会给参会人员发放一个胸卡,每天开会都带着胸牌进出会场,而这个胸牌又会分为工作人员和参会人员几种。④第三方支持服务人员只有在需要时才能有限制地访问安全区域或敏感信息处理设施；这种访问要被授权并受监视。⑤对安全区域的访问权要定期地予以评审和更新，并在必要时废除。

而通常采用的访问控制措施，可以采用一些像校园卡一类的磁卡进行访问控制，或者是基于指纹、视网膜扫描、签名、声音识别、手形等生物特征系统来识别访问者的身份和权限。

下面来看第三个控制措施，在办公室、房间和设施设计并采取合适的物理安全措施。办公室和房间是一类安全，设施安全是另外一个层次的问题。便利性和安全性有相互矛盾的一面，在讨论的时候要辩证地看待，在实施时还有很多问题要注意。例如关键设备应放在公众无法进入的地方；再例如，在建筑物内的标识，从安全的途径考虑，应该给出用途最少的指示，即只能在区域（建筑物）内侧或外侧用不明显的标记给出其用途的最少指示，并且标识敏感信息处理设施位置的目录和内部电话簿不要轻易为公众得到，防止恶意破坏的存在。在这个原则下，机场的机房不应该有类似"机房重地，非请莫入"的标识及"机房重地，请勿进入"的字样，这种标识虽然可以避免误入，但是同时也告诉了恶意人员足够的信息。因此，最好还是用其他的方法，例如"不能从公众区域直接进入"。将机房的标识做得像飞机的登机口一样清晰是不利于安全的，并且也是完全没有必要的，因为进入机房的基本都是专业内部人员，根本不需要标识。在安全区域内，各种打印机、复印机设备应齐全。

第四个控制措施：外部和环境威胁的安全防护。为防止火灾、洪水、地震、爆炸等自然或人为灾难引起的破坏，宜设计和采取物理保护措施。实施指南：①危险或易燃材料要在离安全区域安全距离以外的地方存放，大批供应品（例如文具）不要存放于安全区域内；②要提供适当的灭火设备，并放在合适的地点；③基本维持运行的设备和备份介质的存放地点要与主要场所有一段安全距离，以避免影响主要场所的灾难产生的破坏。这个环境问题比较宏观，可能关系到选址，尤其是机房。对于自然或人为灾难，尤其是来自外部和环境威胁的，可以参考机房相关的建设标准，对其进行裁剪使用就可以了。

第五个控制措施：在安全区域工作。应设计并应用于安全区域工作的物理保护措施。实施指南：①这些重要的安全区域要尽可能不引人注意，只在必要时允许员工知道安全区域的存在或其中的活动；②还要避免在安全区域内进行不受监督的活动，以减少恶意活动的机会；③未使用的安全区域在物理上要上锁，并定期核查；④除非授权，否则不允许携带摄影、摄像、音频、视频等记录设备。从实施指南看，安全区域最好要分出等级来，否则可能导致不易实施或者没有必要。关键或敏感的信息处理设施宜放在安全区域内，这个区域可以理解为关键区域，在期间的工作都要受到监督，例如重要机房或保密室等。毫无疑问，这比普通的办公区及房间安全要求更高。

第六个控制措施：访问点（交接区）和未授权人员可进入办公场所的其他点应加以控制，如果可能，应与信息处理设施隔离，以避免未授权访问。实施指南：①由建筑物外进入交接区的访问要局限于已标识的和已授权的人员；②交接区要设计成在无须交货人员获得对本建筑物其他部分访问权的情况下，就能卸下物资；③当内部门打开时，交接区的外部门处于安全保护中；④物资从交接区运到使用地点之前，要检查是否存在潜在威胁；⑤物资要按照资产管理规程在场所的入口处进行登记。交接区是专门设计的无须交货人员获得对本建筑物其他部分的访问权的情况下就能卸下物资的区域。对一个组织而言，即使没有经常的物资来往，快递、邮件等一定是存在的。这种经常性的交接，不需要进入办公区域其实就可以完成，应该尽量设计成与信息处理设施隔离开来。

所以建立安全区域还要考虑到物理监控措施，例如安全周边的入侵检测系统，例如报警器，报警系统可以探测到未经授权而进入的人并发出警报。此外，最常用的入侵监测还有类似窗户贴、绷紧线等，是防止从窗户、院墙翻入的，能够探测到电路的变化或断路，如果感觉到有人入侵，可能直接报警。

9.4.4 信息安全管理控制规范中的通信和操作安全管理

通信和操作管理目标有很多，主要有操作程序和责任、介质处理和安全、信息和软件交换、防范恶意代码和移动代码等。

操作程序和职责：要按照一定的规程进行通信等相关操作，并明确相关职责，以确保正确、安全地操作信息处理设施。

介质处理和安全：防止对资产的未授权泄漏、修改、移动或损坏，及对业务活动的干扰。

信息和软件的交换：应保持组织内部或组织与外部组织之间交换信息和软件的安全。

防范恶意和移动代码：保护软件和信息的完整性。

通信和操作安全的控制目标：操作程序和职责。要按照一定的规程进行通信等相关操作，并明确相关职责，以确保正确、安全地操作信息处理设施。

操作程序应形成文件，保持并对有需要的用户可用。与信息处理和通信设施相关的系统活动应形成文件的规程，如计算机启动和关机规程、备份、介质处理、机房、邮件处理等；制定各种安全事故的应变措施，包括通信故障、拒绝服务等。操作规程应详细规定执行每项的说明，应将操作规程和系统活动的文件看作正式的文件，其变更由管理者授权。技术上要行时，信息系统应使用相同的规程、工具和实用程序进行对此管理。

实施责任分割，各类责任及职责范围应加以分割，以降低未授权或无意识地修改或者误使用组织资产的机会。责任分割是一种减少意外或故意系统误用的风险方法。应当注意，在无授权或未被检测时，应使用个人不能访问、修改或使用的资产。在设计控制措施时就应考虑到勾结的可能性。小型组织可能感到难以实现这种责任分割，但只要具有可能性和可行性，应尽量使用该原则。如果难以分割，应考虑其他控制措施，例如对活动、审核踪迹和管理监督的监视等。责任分割是信息系统很重要的设计，例如恶意代码的防范，一般都是软件＋规程来实现，既关系到专业人员的维护，也包括普通终端用户的使用。因此从责任方来说，就至少包括三方：技术负责人（来自信息部门，信息技术部门负责运维（技术支持）），业务负责人（来自业务部门，业务部门使用（尤其是信息）），审计负责人（来自内审部门，可不专门针对某系统），要注意责任分割和职能范围的划分，以降低未授权或无意识的修改或不当使用。

通信和操作安全的控制目标——介质处置是对信息存储的介质进行管理和控制，防止信息资源遭受未授权泄露、修改、移动或销毁，以及业务活动的中断。其控制措施包括：

①可移动介质的管理；②介质的处置；③信息处理规程；④系统文件安全。

介质处置的控制措施：介质的管理和处置就是要有适当的可移动介质的管理规程，当介质不再需要时，应使用正式的规程可靠并安全的处置。实施指南：①制定适当的步骤保护介质的安全，包括烧毁或粉碎的步骤；②包含有敏感信息的介质应秘密和安全地存储和处置；③从组织取走的介质要有授权，记录并保持审核跟踪。

通信和操作安全的控制目标——信息的交换是对信息交换的过程进行控制，保持组织内以及与组织外的信息交换的安全。对于信息交换，不但是与外部实体信息交换，还包括了组织内部的信息交换。

（1）信息交换策略和规程。信息交换策略和规程的控制措施是应有正式的交换策略、规程和控制措施，以保护通过使用各种通信设施的信息交换。对信息交换的控制包括策略、规程和控制措施，涉及的对象包括各类通信设施，可见其重要性。信息交换可以通过不同的类型实现，例如电子邮件、声音、传真和视频等，以不同类型的介质进行软件交换，包括互联网下载或者从供应商处购买。由于多种类型和介质的存在，这意味着对每一种形式都要考虑可能的交换策略、规程和控制措施。例如，通过声音进行的信息交换（通俗地讲就是交谈、固定电话和手机等方式），宜通过合适的方式提醒工作人员，不要在公共场所或开放办公室和不隔音的会场进行保密会谈。再如在电梯中、工作场所或厕所中，经常会看见有人持移动电话与人通话，由于注意力集中于通话本身而忽视了周围的人，为了不泄露敏感信息，避免打电话时被人有意或者无意窃听，因此宜提醒工作人员：使用移动电话时，注意周围的人；防止搭线窃听，以及通过物理方式访问手持电话或电话线路，或者使用扫描接收器的其他窃听方式；提醒接收端的人接听电话的安全。使用电子通信设施（例如计算机、网络、固定电话、手机等）进行信息交换的规程和控制实施指南包括：①无线通信使用的规程，要考虑所涉及的特定风险；②使用密码技术保护信息的保密性、完整性和可用性；③提醒工作人员相关的预防措施，例如应答机上可能有敏感信息，传真机和复印机上可能有页面缓存等。举个案例，有关部门技术检测发现，从国外进口的传真机、复印机、碎纸机等设备，有的被安装了窃密装置，当使用这些设备时，窃密装置会自动将处理的信息转换成电子信号发射出去。新型数码一体机配置的大容量硬盘高达几十 GB，具备长期保存大量数据的功能，连接因特网时，处理的信息会自动传输到境外数字信息中心。我国某驻外使馆新馆启用之前，在例行保密技术检查时发现，该馆的碎纸机入口处被植入了有扫描功能的芯片，如果使用该碎纸机销毁文件，销毁的文件内容都会被同步扫描并向外发送。美国"太空及海上系统作战中心"网络曾受到俄罗斯黑客的攻击。事发当天，该中心网络工程师布罗尔斯马发现一项网络打印任务的操作时间超长，随即进行检测排查，发现造成操作时间超长的原因是打印任务列表中的一个文件在传送到网络打印机之前，被截留并送到俄罗斯的一台服务器上兜了一圈。经过分析，被认定为一起黑客攻击事件，黑客突破网络防线之后侵入网络打印机，修改了路由表，把打印文件送往俄罗斯的服务器。④提醒工作人员相关的预防措施，不要在公共场所或开放办公室和不隔音墙的会场进行保密会谈，防止打电话时被无意或有意窃听。

（2）交换协议。建立组织与外部交换信息的协议，即信息交换前应该签署协定。注明传送与接收信息的管理责任；规定传送与接收信息的程序；明确资料的遗失责任归属。

协议可以是电子的或手写的,可能采取正式合同或任用条款的形式。对敏感信息而言,信息交换使用的特定机制对于所有组织和各种协议宜是一致的。在协议中宜考虑控制和通知传输、分派和接收的管理职责,确保可追溯性和不可抵赖性的规程等。

(3) 运输中的物理介质。①控制措施:包含信息的介质在组织的物理边界外运送时,应防止未授权访问、不当使用或损坏。②实施指南:要使用可靠的运输或送信人;授权的送信人要经管理者批准;必要时采取专门的控制(例如上锁、手工交付、防篡改包装等)以保护敏感信息。包含信息的介质在组织外通过邮政服务或送信人传递期间容易受到未授权访问、不当使用或破坏。例如,在信件的传输中,一般会封口,就是为了保证其中信息的保密性和完整性。在实际操作中,本条款的主要任务是选择可靠的传输或送信人,此外就是对封装信息的控制,例如信件的骑缝章、容器上锁等。

本 章 小 结

在建立信息安全管理体系过程中,为对组织所面临的信息安全风险实施有效的控制,要针对具体的威胁和脆弱性采取适宜的控制措施,包括管理手段和技术方法等,结合组织信息资产可能存在的威胁和脆弱性,从控制目标、控制措施和实施指南等方面,详细介绍了安全方针、安全组织、资产管理、人员安全、物理和环境安全、通信与操作安全、访问控制、系统开发与维护、安全事件管理、业务持续性管理、符合性保证等方面的控制规范。

ISMS 实施流程包括:建立 ISMS、ISMS 的实施和运行、ISMS 的监视和评审、ISMS 的保持和改进。

习   题

1. 什么是信息安全管理? 信息安全管理的意义在哪里?
2. 简述信息安全管理模型。
3. 什么是信息安全保障?
4. 信息安全管理体系 ISMS 标准内容有哪些?
5. 如何把物理和环境安全管理、通信和操作安全管理这两个方面的控制目标和控制措施运用到我们本职工作的管理中?

第 10 章

信息安全工程案例

学习目标

- 了解涉密网络安全规划建设思路；
- 了解信息系统网络安全工程实现；
- 了解政府网络安全解决方案；
- 能够进行信息系统安全设计。

10.1　涉密网安全建设规划设计

涉密系统网络建设与通用型网络的建设有共性，也有其特殊性。在确定涉密系统安全需求时，要从网络、应用、系统、管理等方面，对其安全脆弱性和安全威胁方面进行详细的风险分析。在规划设计时，要以主动性防御为思路，既要防外也要防内，实时阻止网络中的异常行为，防止信息泄露，把安全风险降至最低。

10.1.1　安全风险分析

1. 安全脆弱性分析

1）人的脆弱性

当前，人们对涉密网络的保密性与安全性的意识以及技术要求和管理制度的认知程度还不够，缺乏有效的安全管理手段和制度保障，安全技术知识匮乏，安全培训薄弱，这将直接导致安全管理的脆弱。

2）安全技术的脆弱性

通常人们工作中使用的计算机主要是 Windows 操作系统，该系统存在大量漏洞，它面临着病毒和来自外部或内部人员的攻击威胁，利用这些漏洞的攻击工具在互联网上很容易获取。安全技术的脆弱性还表现在系统配置的安全性不完善和访问控制机制的安全脆弱性上。

3）运行的脆弱性

缺乏有效的网络运行监控管理系统，无法对各种系统和设备进行监控，可能导致对病毒等安全事件的响应时间缓慢、故障定位不准等问题。网络运行管理措施不健全，对来自外部或内部的网络入侵和违规操作等行为没有严格的检测、安全风险分析监控、响应和恢复措施，将会对系统稳定、可靠的运行构成威胁，导致整个安全技术系统的脆弱。

2. 安全威胁分析

1）物理层安全风险分析

网络的物理安全风险主要指网络周边环境和物理特性引起的网络设备和线路的不可用，进而造成网络系统的不可用，如设备被盗、被毁坏、链路老化或被有意或无意地破坏；因电磁辐射造成信息泄露；设备意外故障、停电；发生地震、火灾、水灾等自然灾害等。

2）网络层安全风险分析

在网络的数据传输过程中，存在以下风险：

- 重要业务数据泄露。由于在同级局域网和上下级网络数据传输线路之间存在被窃听的威胁，同时局域网络内部也存在着内部攻击行为，其中包括登录密码和一些敏感信息可能被侵袭者窃取和篡改，造成泄密。

- 重要业务数据被破坏。由于目前还缺乏对数据库及个人终端的安全保护措施，还不能完全抵御来自网络上的各种对数据库及个人终端的攻击，一旦非法用户针对网上传输数据做出伪造、删除、窃取、篡改等攻击，都将造成十分严重的影响和损失。

3）网络设备风险分析

由于在企业信息系统中要使用大量的网络设备，如交换机、路由器等，其自身安全性也会直接关系到信息系统和网络系统的正常运转。

4）系统风险分析

网络通常采用的操作系统本身、服务器、数据库及相关商用产品存在的一些安全隐患，可能对系统安全造成危害。

5）应用风险分析

用户提交的业务信息被监听或修改，用户对成功提交的业务事后抵赖，在信息共享中存在非法用户对内部网和服务器的攻击行为等。

6）身份认证漏洞

服务器系统登录和主机登录使用的是静态口令，口令在一定时间内是不变的，非法用户可能通过网络窃听、非法数据库访问、技术攻击等手段得到这种静态口令，然后利用口令对资源进行非法访问和越权操作。

7）文件存储漏洞

网络信息系统中，无论是办公文件还是业务相关的数据，都是以文件形式存储在本地桌面或备份在服务器中。一旦文件被非法复制或在未授权的情况下被打开或篡改，都会造成损失。在应用及管理方面，存在着如何加强网上传输重要信息的安全保密，如何加强笔记本电脑、PC终端和信息资源的保密管理等问题。

10.1.2　规划设计

涉密网络建设，为企业的应用系统提供统一的运行平台，统一管理各类信息，使研发设计、事务处理、信息管理、决策支持等几个层次的信息处理和应用融为一体，为内部员工提供信息资源共享。安全保密信息系统安全建设的体系结构主要由物理安全、网络运行安全、信息安全保密和安全保密管理四方面构成。

1. 物理安全

1）环境安全

对安全保密网络的环境进行安全保护，如区域保护和灾难保护。特别要关注其机房的建设，中心机房建设应满足国家有关标准的要求，包括场地、防火、防水、防震、电力、布线、配电、防雷以及防静电等方面。

2）设备安全

设备安全主要包括设备的防盗、防毁、防电磁信息辐射泄漏、防止线路截获、电磁干扰及电源保护等。对处理涉密信息的机房应按有关部门的规定进行管理，采用有效的监控手段，如安装门禁系统、电视监控系统等，记录出入机房及重要部门、部位人员的相关信息。对于一些重要的密码设备，可采用专用安全机柜进行保护，避免偷窃和破坏行为的发生。系统要具有异地备份的能力，以及容灾和快速恢复能力。

3）媒体安全

媒体安全包括媒体数据的安全及媒体本身的安全，防止系统中的信息在空间的扩散。涉密系统的安装使用、机房位置、接地屏蔽等必须满足国家的有关规定和标准。

2. 网络运行安全

1）系统运行安全

包括以下几个方面。

（1）网络设备安全。网络设备自身安全性，也会直接关系到信息网络及各种应用的正常运转。考虑到路由设备存在路由信息泄漏、交换机和路由器配置风险等，通过实施安全产品和安全风险评估进行合理安全配置，规避安全风险，提高和加强网络设备自身的安全防护能力。

（2）网络传输安全。在网络层的数据传输中，采用加密传输和访问控制策略，防止重要的或敏感的业务数据被泄露或被破坏。

（3）网络边界安全。采用防火墙、检测监控、安全认证等安全技术手段，防止非法用户侵入到涉密网络系统内，窃取或破坏网络设备和主机的信息，增强主网络及网内各安全域抗攻击的主动防范能力。

（4）网络系统访问安全。采用 PKI 技术、虚拟网（VLAN）技术、安全认证和防火墙技术来实现网络的安全访问控制，以及不同网络安全域的访问控制。

2）网络防病毒体系

建立多层次、全方位的网络防病毒体系，采用统一的、集中的、智能的和自动化的管理手段和管理工具，采用先进的防病毒技术以及安全的整体解决方案，有效地检测和清除各种多态病毒和未知病毒，以达到具有紧急处理能力和对新病毒具有最快的响应速度。

3）网络安全检测体系

实施远程安全评估，定期对网络系统进行安全性分析，对系统、核心网络设备和主机进行脆弱性扫描与分析，从而及时发现并修正系统存在的弱点和漏洞，降低系统的安全风险指数。

4）备份与恢复

（1）数据库安全。对数据库系统所管理的数据和资源提供安全保护，如物理完整性、逻辑完整性、元素完整性、数据的加密、用户鉴别、可获得性、可审计性等。

（2）容灾备份与恢复。对涉密系统的主要设备、软件、数据、电源等要进行备份，使其具有在较短的时间内恢复系统运行的能力。具有对备份介质的管理能力，支持多种备份方式，以保证备份数据的完整性和正确性。

3. 信息安全保密建设

1）安全审计与安全监控

通过安全审计，加强对核心服务器、网络设备和进出网络的信息流量进行日志记录分析，保护重要的或敏感的信息不被外泄。通过检测监控、安全审计等系统，可监控网络上的异常行为，以及网络系统中的安全运行状态、系统的异常事件等。通过对安全事件的不断收集与积累并且加以分析，可以为发现可能的破坏性行为提供有力的证据。

2）操作系统安全

操作系统的安全漏洞为攻击者提供了从外部访问计算机资源的后门，所以，对重要的应用系统应选用安全等级较高的操作系统作为服务器及重要终端的操作系统平台，正确地配置和管理所使用的操作系统，并通过安全加固和安全服务，提高和加强服务器及操作系统的自身安全性。

3）终端安全防护

（1）客户端身份认证及访问控制。采用基于口令或密码算法的身份验证等安全技术，对用户登录系统和操作被控资源进行身份认证。实行多级用户权限管理，防止非法使用机器。防止越权操作及非法访问文件，对软驱、光驱、USB 接口进行访问控制。

（2）客户端信息保护。对存储设备及信息进行统一安全管理。采用 PKI 加密技术存放敏感信息，防止敏感明文信息的外泄。在系统平台上实施身份认证机制和权限控制，实施应用平台上用户对资源的合法访问。防止非法软盘拷贝和硬盘启动，对数据和程序代码进行加密存储，防止信息被窃。预防病毒，防止病毒侵袭。

4）信息传输安全

（1）信息加密传输。采用加密技术，在应用层实施信息传输加密，以防止通信线路上的窃听、泄漏、篡改和破坏。

（2）数据完整性。通过安全认证，采用数字签名机制保护涉密信息的完整性，防止信息在其动态传输过程中被非法篡改、插入和删除。

（3）抗抵赖。采用数字签名，防止发送方在发出数据后又否认自己发送过此数据。通信双方采用公钥加密体制，发送方使用接收方的公钥和自己的私钥加密的信息，接收方只有使用自己的私钥和发送方的公钥才能解密。

4. 安全保密管理

1）管理组织机构

建立安全保密管理机构，明确安全保密管理机构的职能，制定安全保密管理的安全策略，指导和推动各级安全保密管理工作的开展。

2）管理制度

在网络信息系统建设中，要同步建立和不断完善安全保密管理制度，管理制度的内容应包括：网络及信息系统的安全管理、机房安全管理、计算机病毒安全防范、存储介质的管理、笔记本电脑的管理、密钥及口令的管理、传真机与复印机的管理等。

3）安全保密管理技术

安全管理技术体系是实施安全管理的技术手段，是安全管理智能化、程序化、自动化的技术保障。应主动防御的设计思路，有一定的前瞻性，采用先进、适用的安全技术，统一规划、统一标准根据、统一管理，根据国家有关规定和标准，经过充分的安全需求调研，做出网络安全建设的总体规划设计方案。

在安全保密网建设中，应建立统一的安全管理平台，通过安全技术手段的实施，制定统一的安全策略，加强对内网中违规操作及行为的安全管理，为企业的各类应用提供统一的身份认证、授权与访问控制服务，实现统一的安全策略和统一的安全管理。使系统运行集成化、安全管理流程合理化、安全监控动态化、安全预警自动化、管理改善持续化。

10.2　信息系统网络安全工程实施

项目实施计划和工程组织将直接关系到设计思想能否得到充分体现，从而保证系统的最终性能能够达到系统设计的要求。所以，可以这样认为，良好的施工计划以及组织保障是项目成功的关键。

一般来说，把信息系统网络安全建设实施分成以下三个阶段：

- 制定项目计划；
- 建立项目组织机构；
- 工程具体实施。

10.2.1　制定项目计划

针对每个信息系统网络安全建设工程都专门制定项目工程实施计划，对项目工程的实施方式、进度、步骤进行详细的考虑。

在项目计划的制定中，采用工程化的项目管理方法，进行严格、科学和有效的项目管理。从组织管理和技术管理两个方面对项目实施严格规范和有效的管理。

在项目实施中将按照 SSE-CMM 的要求，即按照系统安全工程能力成熟度模型进行信息安全工程的实施。不断提高信息安全工程质量与可用性，降低工程实施成本。

SSE-CMM 给出了信息系统安全工程需要考虑的关键过程域，可指导安全工程从单一的安全设备设置转向系统地解决整个工程的风险评估、安全策略形成、安全方案提出、实施和生命周期控制等问题。可以将整个项目所做的工作分为项目启动准备、项目实施改进、项目完成跟踪三个阶段，如图 10-1 所示。

从图 10-1 可以看出，工程实施贯穿于一个项目的执行改进阶段和完成跟踪阶段，因此制定一个切实可行的项目实施计划对一个项目的成功至关重要。

一个完美的项目实施计划需要业主单位和施工单位多次沟通，进行细致的调研，在此基础上形成初步方案，再模拟实施运行，最终得到切实可操作的项目实施计划书。

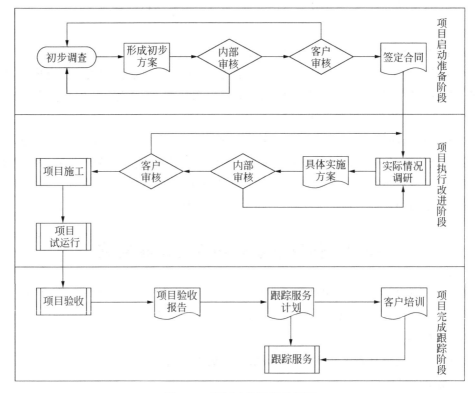

图 10-1   项目实施阶段示意图

10.2.2   项目组织机构

信息系统信息安全建设是一个大规模的系统工程,它不仅涉及技术实现的方法和手段,而且涉及实施期间各项资源的管理与调配。为了能够有效进行资源管理控制、进度控制和质量控制,确保项目能正常顺利实施,必须建立职责明确、执行有力的项目组织机构,从组织管理方面对项目实施严格、规范和有效的控制。因此,实施双方须协调一致,由双方管理人员和技术人员共同组成项目实施组,一方面保证工程项目的正常进行,另一方面也有力于今后的运行维护。

项目组织机构主要包括项目领导小组、工程实施小组、质量保障小组等。其组织关系如图 10-2 所示。

项目实施工程组织将直接关系到设计思想能否得到充分体现,从而保证系统的最终性能能够达到系统设计要求。

项目领导小组:由业主单位安全建设项目负责人和施工单位主要负责人共同组成,负责工程的整体把握,制定项目目标和验收标准,明确项目管理框架及项目实施的总体协调。

项目经理:主要负责整个工程的总体规划、施工进度的安排和确保实施质量,执行领导小组所制定的各项准则,负责组织实施队伍。一般由施工单位人员担任。

质量保障小组:由业主单位安全建设项目相关技术人员组成,负责对整个项目的实

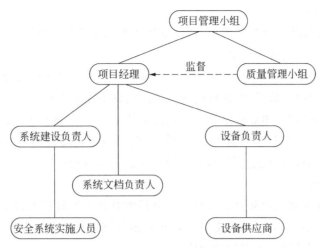

图 10-2 项目组织关系

施质量进行监督。检查、督促项目实施的进度和效果,及时对项目实施情况提出意见和建议。

系统建设负责人:主要负责项目安全建设中所涉及各个方面工作的总体规划以及各项工作的具体实施等相关工程方面的内容。一般由施工单位人员担任。

系统文档负责人:主要负责工程实施过程中所有文档资料的编写、整理、归档等工作。一般由施工单位人员担任。

安全设备负责人:负责信息安全产品的采购、总体调试、供应商协调工作。一般由施工单位人员担任。

以上为一个信息系统建设项目工程基本需要的组织机构。在大型的信息系统建设项目中,还需要考虑培训负责人员来安排培训日程,以及服务负责人来负责项目软件安装、配置和后期工作等。

10.2.3 工程具体实施

为了保证项目实施进度,将具体的工程实施周期分为五个阶段,分别如下:

- 第一阶段:设备订货阶段(指合同签订及预付款到达后的一段时间);
- 第二阶段:设备到场、检验阶段;
- 第三阶段:设备的安装、调试以及设备验收阶段(双方单位共同验收);
- 第四阶段:工程验收和售后服务阶段;
- 第五阶段:系统正常运行后的售后跟踪服务阶段。

1. 设备订货

从合同签订到合同预付款收到后,由设备采购单位向设备提供商下订货单。设备从订货到到货时间可以双方商定,一般为 1~4 周时间。

2. 设备到货

设备到场后,业主单位派代表监督施工单位进行现场检验。检验结果须有文字记录,由双方确认,每方各执一份。对检验不合格的设备,将由设备采购方负责更换。

验收测试要求：

- 设备出货前，将依据合同清单，对设备品种和数量进行核对后，运送到合同规定的地点，并出具《设备送货单》。
- 对于出厂设备，施工单位售后项目工程师和销售人员将严格按合同检查买卖双方共同核准的设备数量，保证到达业主单位的设备完全正确。
- 以合同清单为准，和业主单位一道完成设备清点，并共同填写《设备送货单》。

出货检查后，施工单位将对检测、验收的所有设备，包括硬件、软件，将列出详细的设备检测情况一览表，并提交正式打印的记录材料《设备验收报告》。

3. 安装和开通

施工单位和业主单位必须在开工前确定共同的具体工作日程表和实施计划。施工单位的技术人员到达后，双方必须根据日程表和实施计划开始工作。任何日程表和实施计划的修改，必须由双方通过友好协商制定。

双方代表应对工程进度和主要工作及业主单位提出的问题和解决办法用文字在工作日志上登记，一式两份，由双方代表签字，每方一份。

施工单位必须指派代表负责执行设备的安装、调试服务，并应配合业主单位工地总代表，解决合同中出现的技术和工作问题。

技术人员必须向业主单位被指导的技术人员仔细解释技术文件、图纸、运行手册，并回答业主单位技术人员提出的在合同范围中的技术问题。

4. 工程的验收

1）安装测试验收

系统安装及测试时，施工单位将组织工程实施小组。小组成员由买卖双方共同确定，以施工单位为主，业主单位以参与、协调为辅，工程实施小组将专人负责，每天安装及测试的内容有详细的工作文档记录。在开始工程实施前后，施工单位将提供：工程实施计划、工程进度安排、工程进展安排、工程进展状况、工程问题报告、工程解决方案等工程资料，提交业主单位负责人，直到工程移交为止。

2）移交测试

移交测试将由双方共同拟定测试内容、测试指标、测试结果说明、测试仪器及方法等内容给项目负责人审查通过。

双方移交测试结果经业主单位审查，若其中有未达到要求之项目，买卖双方按照合同条款，按双方商定的结果做下一步解决办法。

设备由施工单位工程实施小组安装实施完毕后，在开通之前，工程小组将进行开通前的准备工作，包括用户设置、网络配置、操作注意事项等。开通时需要施工单位提供行政上的支持，包括召集相关单位技术人员配合工作，技术人员协调实施问题。对于产品质量问题，由买卖双方全面负责，加以解决。

3）试运转验收测试

试运转期间，施工单位工程人员将观察、记录产品的各项功能实施情况，主要测试及观察以下问题：

- 对各个终端运行情况进行记录,了解各终端在使用时是否有障碍及发生的概率;
- 交换机各项功能在运转时的情况;
- 服务器各项功能在运转时的情况。

5. 售后服务跟踪

工程实施结束后,项目并没有结束。还应该按照合同上规定的售后服务条款,由售后服务的提供单位负责整个项目的应急响应、设备升级、安全服务等。

10.3　政府网络安全解决方案

10.3.1　概述

以 Internet 为代表的全球性信息化浪潮日益高涨,信息网络技术的应用正日益普及和广泛,应用层次正在深入,应用领域从传统的小型业务系统逐渐向大型、关键业务系统扩展,典型的如行政部门业务系统、金融业务系统、企业商务系统等。伴随网络的普及,安全日益成为影响网络效能的重要问题,而 Internet 所具有的开放性、国际性和自由性在增加应用自由度的同时,对安全提出了更高的要求。如何使信息网络系统不受黑客和工业间谍的入侵,已成为政府机构、企事业单位信息化健康发展所要考虑的重要事情之一。

政府机构从事的行业性质是跟国家紧密联系的,所涉及信息可以说都带有机密性,所以其信息安全问题,如敏感信息的泄露、黑客的侵扰、网络资源的非法使用以及计算机病毒入侵等,都将对政府机构信息安全构成威胁。为保证政府网络系统的安全,有必要对其网络进行专门安全设计。

10.3.2　网络系统分析

1. 基本网络结构

随着网络发展与普及,多数政府行业单位也从原来的单机发展到局域网并扩展到广域网,把分布在全国各地的系统内单位通过网络互联起来,从整体上提高了办事效率。图 10-3 是某个政府机关网络系统拓扑示意图。

如图 10-3 所示,国家局网络一方面通过宽带网与国家局直属单位互联,另一方面与各省局单位网络互联;而各省局单位又与其各自的下属地市局单位互联。本行业系统各局域网经广域线路互联,构成一个全国性的企业网。

2. 网络应用

常见应用如下:

- 文件共享、办公自动化、WWW 服务、电子邮件服务;
- 文件数据的统一存储;
- 针对特定的应用在数据库服务器上进行二次开发(例如财务系统);
- 提供 Internet 的访问;
- 通过公开服务器对外发布企业信息、发送电子邮件等;

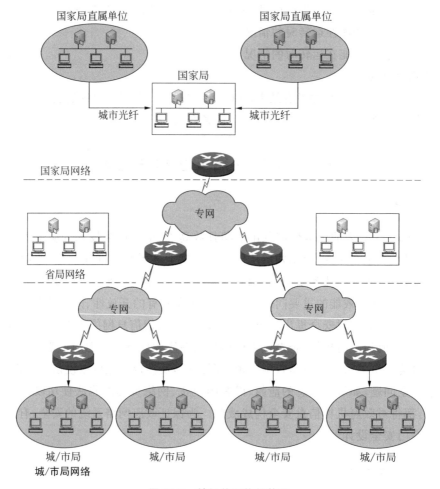

图 10-3　某机关网络拓扑图

10.3.3　网络安全风险分析

网络应用给人们带来了无尽的好处,但随着网络应用扩大,网络安全风险也变得更加严重和复杂。

1. 物理安全风险分析

物理安全风险分析主要有:

- 网络的物理安全主要是指地震、水灾、火灾等环境事故;
- 电源故障;
- 人为操作失误或错误;
- 设备被盗、被毁;
- 电磁干扰;
- 线路截获。

2. 网络平台的安全风险分析

网络平台的安全涉及网络拓扑结构、网络路由状况及网络的环境等。

1）整个网络结构和路由状况

安全的应用往往是建立在网络系统之上的，网络系统的成熟与否直接影响安全系统建设的成功与否。

2）保密安全

确保上网计算机不涉密，涉密计算机不上网。

3）终端安全

局域网内计算机终端作为信息发布平台，一旦不能运行，或者受到攻击，影响巨大。黑客、病毒、非授权访问都是面临的威胁。

3. 系统的安全风险分析

所谓系统的安全，显而易见是指整个局域网网络操作系统、网络硬件平台是否可靠且值得信任。网络操作系统、网络硬件平台的可靠性依靠对现有的操作平台进行安全配置、对操作和访问权限进行严格控制，以提高系统的安全性。

4. 应用的安全风险分析

应用系统的安全与具体的应用有关，它涉及很多方面。应用系统的安全是动态的、不断变化的。应用的安全性也涉及信息的安全性，它包括很多方面：

- 涉及信息、数据的安全性；
- 涉及机密信息泄露、访问未经授权、信息完整性破坏、假冒、系统的可用性破坏等。

5. 管理的安全风险分析

管理是网络中安全最重要的部分。责权不明、管理混乱、安全管理制度不健全及缺乏可操作性等都可能引起管理安全的风险。

10.3.4　网络安全需求及安全目标

1. 安全需求分析

通过前面对局域网络结构、应用及安全威胁的分析，可以得出必须要集中力量加强对服务器的安全保护，严防黑客和病毒，强化重要网段的保护，积极进行网络安全管理。因此，必须采取相应的安全措施杜绝安全隐患，应该做到：

- 公开服务器的安全保护；
- 防止黑客从外部攻击；
- 进行入侵检测与监控；
- 进行信息审计与记录；
- 进行病毒防护；
- 进行数据安全保护；
- 进行数据备份与恢复；
- 进行网络的安全管理。

在系统考虑如何解决上述安全问题的设计时应满足如下要求：

- 大幅度地提高系统的安全性（重点是可用性和可控性）；

- 保持网络原有的特点,即对网络的协议和传输具有很好的透明性,能透明接入,无须更改网络设置;
- 易于操作、维护,并便于自动化管理,而不增加或少增加附加操作;
- 尽量不影响原网络拓扑结构,同时便于系统及系统功能的扩展;
- 安全保密系统具有较好的性能价格比,进行一次性投资,可以长期使用;
- 安全产品具有合法性,须经过国家有关管理部门的认可或认证。

2. 网络安全策略

安全策略是指在一个特定的环境里,为保证提供一定级别的安全保护所必须遵守的规则。该安全策略模型包括了建立安全环境的三个重要组成部分。

(1) 威严的法律。安全的基石是社会法律、法规与手段,这部分用于建立一套安全管理标准和方法。即通过建立与信息安全相关的法律、法规,使非法分子慑于法律,不敢轻举妄动。

(2) 先进的技术。先进的安全技术是信息安全的根本保障,用户对自身面临的威胁进行风险评估,决定其需要的安全等级以及服务种类,选择相应的安全机制,然后集成先进的安全技术。

(3) 严格的管理。各网络使用机构、企业和单位应建立相宜的信息安全管理办法,加强内部管理,建立审计和跟踪体系,提高整体信息安全意识。

3. 系统安全目标

基于以上的分析,局域网网络系统安全应该实现以下目标:

- 建立一套完整可行的网络安全与网络管理策略;
- 将内部网络、公关服务器网络和外网进行有效隔离,避免与外部网络的直接通信;
- 建立网站各主机和服务器的安全保护措施,保证系统安全;
- 对网上服务请求内容进行控制,使非法访问在到达主机前被拒绝;
- 加强合法用户的访问认证,同时将用户的访问权限控制在最低限度;
- 全面监视对公开服务器的访问,及时发现和拒绝不安全的操作和黑客攻击行为;
- 加强对各种访问的审计工作,详细记录对网络、公开服务器的访问行为,形成完整的系统日志;
- 备份与灾难恢复——强化系统备份,实现系统快速恢复;
- 加强网络安全管理,提高系统全体人员的网络安全意识和防范技术。

10.3.5　网络安全方案总体设计

1. 安全方案设计原则

对局域网网络系统安全方案进行设计、规划时,应遵循以下原则。

1) 综合性、整体性原则

应用系统工程的观点、方法,分析网络的安全及具体措施。安全措施主要包括:行政法律手段、管理制度(人员审查、工作流程、维护保障制度等)以及专业措施(识别技术、存取控制、密码、低辐射、容错、防病毒、采用高安全产品等)。一个较好的安全措施往往是多种方法适当综合的应用结果。这些环节在网络中的地位和影响作用,也只有从系统综合整体的角度去看待、分析,才能取得有效、可行的措施。即计算机网络安全应遵循整体安全性原则,根据规定的安全策略制定出合理的网络安全体系结构。

2)需求、风险、代价平衡的原则

对任一网络,绝对安全难以达到,也不一定是必要的。对一个网络进行具体研究(包括任务、性能、结构、可靠性、可维护性等),并对网络面临的威胁及可能承担的风险进行定性与定量相结合的分析,然后制定规范和措施,确定该系统的安全策略。

3)一致性原则

一致性原则主要是指网络安全问题应与整个网络的工作周期(或生命周期)同时存在,制定的安全体系结构必须与网络的安全需求相一致。安全的网络系统设计(包括初步或详细设计)及实施计划、网络验证、验收、运行等,都要有安全的内容及措施,实际上,在网络建设的开始就考虑网络安全对策,在网络建设好后再考虑安全措施,不但容易,且花费也小得多。

4)易操作性原则

安全措施需要人去完成,如果措施过于复杂,对人的要求过高,本身就降低了安全性。其次,措施的采用不能影响系统的正常运行。

5)分步实施原则

由于网络系统及其应用扩展范围广阔,随着网络规模的扩大及应用的增加,网络脆弱性也会不断增加。一劳永逸地解决网络安全问题是不现实的,同时由于实施信息安全措施需相当的费用支出,因此分步实施即可满足网络系统及信息安全的基本需求,也可节省费用开支。

6)多重保护原则

任何安全措施都不是绝对安全的,都可能被攻破。但是如果建立一个多重保护系统,各层保护相互补充,当一层保护被攻破时,其他层保护仍可保护信息的安全。

7)可评价性原则

如何预先评价一个安全设计并验证其网络的安全性,这需要通过国家有关网络信息安全测评认证机构的评估来实现。

2. 安全服务、机制与技术

安全服务包括控制服务、对象认证服务、可靠性服务等;安全机制包括访问控制机制、认证机制等;安全技术包括防火墙技术、鉴别技术、审计监控技术、病毒防治技术等。在安全的开放环境中,用户可以使用各种安全应用。安全应用由一些安全服务来实现,而安全服务又是由各种安全机制或安全技术来实现的。应当指出,同一安全机制有时也可以用于实现不同的安全服务。

10.3.6　网络安全体系结构

通过对安全风险、需求分析结果、安全策略以及网络安全目标的分析,可以将网络安全体系从以下几个方面描述:物理安全、系统安全、网络安全、应用安全、管理安全。

1. 物理安全

保证计算机信息系统各种设备的物理安全是保障整个网络系统安全的前提。物理安全是保护计算机网络设备、设施以及其他媒体免遭地震、水灾、火灾等环境事故和人为操作失误或错误及各种计算机犯罪行为导致的破坏过程的必要条件。它主要包括三个方面：

1）环境安全

对系统所在环境的安全保护，参见国家标准 GB50173—93《电子计算机机房设计规范》、国标 GB2887—89《计算站场地技术条件》、GB9361—88《计算站场地安全要求》等标准进行实施。

2）设备安全

（1）屏蔽。对主机房及重要信息存储、收发部门进行屏蔽处理，即建设一个具有高效屏蔽效能的屏蔽室，用它来安装运行主要设备，以防止磁鼓、磁带与高辐射设备等的信号外泄。为提高屏蔽室的效能，在屏蔽室与外界的各项联系、连接中均要采取相应的隔离措施和设计，如信号线、电话线、空调、消防控制线以及通风、波导、门的把柄等。

（2）抑制。对本地网、局域网传输线路传导辐射进行抑制，由于电缆传输辐射信息的不可避免性，现均采用光缆传输的方式，大多数均在 Modem 出来的设备用光电转换接口，再用光缆接出屏蔽室外进行传输。

（3）干扰。对终端设备辐射进行防范。终端机尤其是 CRT 显示器，由于上万伏高压电子流的作用，辐射有极强的信号外泄，但又因终端分散使用，不宜集中采用屏蔽室的办法来防止，故现在的要求除在订购设备上尽量选取低辐射产品外，主要采取主动式的干扰设备（如干扰机）来破坏对应信息的窃取。

2. 系统安全

1）网络结构安全

网络结构的安全主要指：网络拓扑结构是否合理，线路是否有冗余，路由是否冗余。

2）操作系统安全

尽量采用安全性较高的网络操作系统并进行必要的安全配置，关闭一些不常用但存在安全隐患的应用，对一些保存有用户信息及其口令的关键文件（如 UNIX 下的 host、etc/host、passwd、shadow、group 等；Windows NT 下 LMHOST、SAM 等）使用权限进行严格限制。

加强口令字的使用（增加口令复杂程度，不要使用与用户身份有关的、容易猜测的信息作为口令），并及时给系统打补丁，系统内部的相互调用不对外公开。

通过配备操作系统安全扫描系统对操作系统进行安全性扫描，发现其中存在的安全漏洞，有针对性地对网络设备进行重新配置或升级。

3）应用系统安全

在应用系统安全上，应用服务器尽量不要开放一些不经常用的协议及协议端口号，如文件服务、电子邮件服务器等应用系统。加强登录身份认证，确保用户使用的合法性。严格限制登录者的操作权限，将其完成的操作限制在最小的范围内。充分利用操作系统和应用系统本身的日志功能，对用户所访问的信息做记录，为事后审查提供依据。

3. 网络安全

网络安全是整个安全解决方案的关键，从访问控制、通信保密、入侵检测、扫描系统、病毒防护、应用安全、构建 CA 体系、安全管理方面分别描述。

1）隔离与访问控制

（1）严格的管理制度。可制定的制度有：《用户授权实施细则》《口令字及账户管理规范》《权限管理制度》《安全责任制度》等。

（2）划分虚拟子网（VLAN）。内部办公自动化网络根据不同用户安全级别或者不同部门的安全需求，利用三层交换机来划分虚拟子网（VLAN），在没有配置路由的情况下，不同虚拟子网间不能够互相访问。通过虚拟子网的划分，能够实现较粗略的访问控制。

（3）配备防火墙。防火墙是实现网络安全最基本、最经济、最有效的安全措施之一。防火墙通过制定严格的安全策略实现内外网络或内部网络不同信任域之间的隔离与访问控制。防火墙还可以实现单向或双向控制，对一些高层协议实现较细粒的访问控制。FortiGate 产品从网络层到应用层都实现了自由控制。

2）通信保密

数据的机密性与完整性主要是为了保护在网上传送的涉及企业秘密的信息，经过配备加密设备，使得在网上传送的数据是密文形式，而不是明文。可以选择以下几种方式。

（1）链路层加密。对于连接各涉密网节点的广域网线路，根据线路种类不同，可以采用相应的链路级加密设备，以保证各节点涉密网之间交换的数据都是加密传送，防止非授权用户读懂、篡改传输的数据。

由于链路加密机是在链路级，加密机制采用点对点的加密、解密，即在有相互访问需求并且要求加密传输的各网点的每条外线线路上都得配一台链路加密机。通过两端加密机的协商配合实现加密、解密过程，如图 10-4 所示。

图 10-4　链路密码机配备示意图

（2）网络层加密。对于分布较广、网点较多，而且可能采用多种通信线路的网络，如果采用多种链路加密设备的设计方案则增加了系统投资费用，同时会为系统维护、升级、扩展也带来相应的困难。因此在这种情况下拟采用网络层加密设备（VPN）来保护内部敏感信息和企业秘密的机密性、真实性及完整性。

IPSec 是在 TCP/IP 体系中实现网络安全服务的重要措施，而 VPN 设备正是一种符合 IPSec 标准的 IP 协议加密设备。它通过利用跨越不安全的公共网络的线路建立 IP 安全隧道，能够保护子网间传输信息的机密性、完整性和真实性。经过对 VPN 的配置，可以让网络内的某些主机通过加密隧道，而另一些主机仍以明文方式传输，以达到安全性、传输效率的最佳平衡。一般来说，VPN 设备可以一对一和一对多的运行，并具有对数据完整性的保证功能，它安装在被保护网络和路由器之间的位置。VPN 配置示意图如图 10-5 所示。

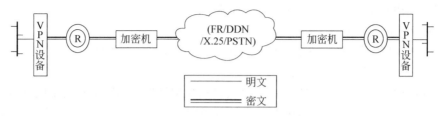

图 10-5　VPN 配置示意图

　　由于 VPN 设备不依赖于底层的具体传输链路,它一方面可以降低网络安全设备的投资;而另一方面,更重要的是它可以为上层的各种应用提供统一的网络层安全基础设施和可选的虚拟专用网服务平台。对政府行业网络系统这样一种大型的网络,VPN 设备可以使网络在升级提速时具有很好的扩展性。

　　3) 入侵检测

　　利用防火墙并经过严格配置,可以阻止各种不安全访问通过防火墙,从而降低安全风险。但是,网络安全不可能完全依靠防火墙单一产品来实现,网络安全是个统一的整体,作为防火墙的必要补充,入侵检测系统就是很好的安全产品。入侵检测系统根据已有的、最新的攻击手段的信息代码对进出网段的所有操作行为进行实时监控、记录,并按制定的策略实行响应(阻断、报警、发送 E-mail),从而防止针对网络的攻击与犯罪行为。入侵检测系统一般包括控制台和探测器(网络引擎)。控制台制定并管理所有探测器(网络引擎),探测器(网络引擎)监听进出网络的访问行为,根据控制台的指令执行相应行为。由于探测器采取的是监听而不是过滤数据包,因此入侵检测系统的应用不会对网络系统性能造成太大影响。

　　4) 扫描系统

　　网络扫描系统可以对网络中所有部件(Web 站点、防火墙、路由器、TCP/IP 及相关协议服务)进行攻击性扫描、分析和评估,发现并报告系统存在的弱点和漏洞,评估安全风险,建议补救措施。

　　5) 病毒防护

　　由于在网络环境下,计算机病毒有不可估量的威胁性和破坏力,政府网络系统中使用的操作系统一般均为 Windows 系统,比较容易感染病毒,因此计算机病毒的防范也是网络安全建设中应该考虑的重要环节。反病毒技术包括预防病毒、检测病毒和杀毒三种技术。

　　(1) 预防病毒技术。预防病毒技术通过自身常驻系统内存,优先获得系统的控制权,监视和判断系统中是否有病毒存在,进而阻止计算机病毒进入计算机系统和对系统进行破坏。可以采用加密可执行程序、引导区保护、系统监控与读写控制(如防病毒卡等)等技术。

　　(2) 检测病毒技术。检测病毒技术是通过对计算机病毒的特征来进行判断的技术(如自身校验、关键字、文件长度的变化等)来确定病毒的类型。

　　(3) 杀毒技术。杀毒技术通过对计算机病毒代码的分析,开发出具有删除病毒程序并恢复原文件的软件。反病毒技术的具体实现方法包括对网络中服务器及工作站中的文件及电子邮件等进行频繁的扫描和监测,一旦发现与病毒代码库中相匹配的病毒代码,反病毒程序会采取相应处理措施(清除、更名或删除),防止病毒进入网络进行传播扩散。

4. 应用安全

1) 内部 OA 系统中资源共享

严格控制内部员工对网络共享资源的使用。在内部子网中一般不要轻易开放共享目录,否则容易因各种原因在与员工间交换信息时泄漏重要信息。对有经常交换信息需求的用户,在共享时也必须加上必要的口令认证机制,即只有通过口令的认证才允许访问数据。

2) 信息存储

对有涉及企业秘密信息的用户主机,使用者在应用过程中应该做到尽量少开放一些不常用的网络服务。对数据库服务器中的数据库必须做安全备份,通过网络备份系统可以对数据库进行远程备份存储。

5. 构建 CA 体系

针对信息的安全性、完整性、正确性和不可否认性等问题,目前国际上先进的方法是采用信息加密技术、数字签名技术。具体实现的办法是使用数字证书,通过数字证书,把证书持有者的公开密钥与用户的身份信息紧密安全地结合起来,以实现身份确认和不可否认性。签发数字证书的机构即数字证书认证中心(Certification Authority,CA),数字证书认证中心为用户签发数字证书,为用户身份确认提供各种相应的服务。在数字证书中有证书拥有者的甄别名称(Distinguish Name,DN),并且还有其公开密钥,对应于该公开密钥的私有密钥由证书的拥有者持有,这对密钥的作用是用来进行数字签名和验证签名,这样就能够保证通信双方的真实身份。同时,采用数字签名技术还很好地解决了不可否认性的问题。根据机构本身的特点,可以考虑先构建一个本系统内部的 CA 系统,即所有的证书只能限定在本系统内部使用有效。随着发展及在有需求的情况下,可以对 CA 系统进行扩充,与国家级 CA 系统互联,实现不同企业间的交叉认证。

6. 安全管理

1) 制定健全的安全管理体制

制定健全的安全管理体制将是网络安全得以实现的重要保证。各政府机关单位可以根据自身的实际情况,制定安全操作流程、安全事故的奖罚制度以及对任命安全管理人员的考查等。

2) 构建安全管理平台

构建安全管理平台将会降低很多因为无意的人为因素而造成的风险。构建安全管理平台从技术上组成安全管理子网,安装集中统一的安全管理软件,如病毒软件管理系统、网络设备管理系统以及网络安全设备统管理软件。通过安全管理平台实现全网的安全管理。

3) 增强人员的安全防范意识

政府机关单位应该经常对单位员工进行网络安全防范意识的培训,全面提高员工的整体网络安全防范意识。

本 章 小 结

本章通过对涉密网络的安全规划设计,提出了建设思路,主要包括安全风险分析和规划设计;对信息系统网络安全工程的实施过程进行了详细讲解,包括制定项目计划、项目组织机构和工程具体实施;通过具体的政府网络安全解决方案,分别对网络系统分析、网络安全风险分析、网络安全需求及安全目标、网络安全方案总体设计、网络安全体系结构进行了讲解。

习 题

1. 简述保密信息网络的体系结构有哪几方面。
2. 简述信息系统网络安全工程实施的各阶段任务。
3. 试编制一份网络安全解决方案。

参 考 文 献

[1] 周彦伟,杨波.物联网移动节点直接匿名漫游认证协议[J].软件学报,2015(9):2436-2450.

[2] 顾爽.法律视角下网络空间战的主要特点评析[J].才智,2015,26:240.

[3] 蔡翠红.美国网络空间先发制人战略的构建及其影响[J].国际问题研究,2014(1):40-53..

[4] 马骏.物联网感知环境分层访问控制机制研究[D].西安:西安电子科技大学,2014.

[5] 林代茂.信息安全——系统的理论与技术[M].北京:科学出版社,2008.

[6] 罗万伯,周安民,谭兴烈,等.信息系统安全工程学[M].北京:电子工业出版社,2002.

[7] 钱刚,达庆利.基于SSE-CMM模型的信息系统安全工程管理[J].东南大学学报,2002,32(1):32-36.

[8] 赵卫东.信息系统生命周期中的安全工程活动研究[J].计算机工程与科学,2004,26(12):108-109.

[9] 刘兰娟,张庆华.信息安全工程理论与实践[J].计算机应用研究,2003(4):85-87.

[10] 沈昌祥,蔡谊,赵泽良.信息安全工程技术[J].计算机工程与科学,2002,24(2):1-8.

[11] 关义章.信息系统安全工程学[M].北京:电子工业出版社,2002.

[12] 陈晓红,罗新星.信息系统教程[M].北京:电子工业出版社,2003.

[13] 戴宗坤.信息系统安全[M].北京:电子工业出版社,2002.

[14] 高德明.信息系统安全工程体系及其应用研究[D].哈尔滨:哈尔滨工业大学,2002.

[15] 沈昌祥.信息系统安全工程导论[M].北京:电子工业出版社,2003.

[16] 王英梅,王胜开,陈国顺,等.信息安全风险评估[M].北京:电子工业出版社,2007.

[17] 张建军,孟亚平.信息安全风险评估探索与实践[M].北京:中国标准出版社,2005.

[18] 吴亚非,李新友,禄凯.信息安全风险评估[M].北京:清华大学出版社,2006.

[19] 王奕,费洪晓.基于AHP的信息安全风险评估方法研究[J].湖南城市学院学报,2006(3).

[20] 张晓伟,金涛.信息安全策略与机制[M].北京:机械工业出版社,2004.

[21] 薛质,苏波,李建华.信息安全技术基础和安全策略[M].北京:清华大学出版社,2007.

[22] 肖军模.计算机信息安全等级划分准则解读[J].南京:解放军理工大学学报,2000,5(1):46~50.

[23] Mizuno K,Kato K,Tsuji T,et al. Spatial and temporal dynamics of visual search tasks distinguish subtypes of unilateral spatial neglect:Comparison of two cases with viewer-centered and stimulus-centered neglect[J]. Neuropsychological Rehabilitation,2016,26(4):610-634.

[24] Facchin A,Beschin N,Pisano A,et al. Normative data for distal line bisection and baking tray task [J]. Neurological Sciences,2016,10(5):1-6.

[25] Conti D,Di N S,Cangelosi A,et al. Lateral specialization in unilateral spatial neglect:a cognitive robotics model[J]. Cognitive Processing,2016,17(3):1-8.

[26] Kosseff J. The hazards of cyber-vigilantism[J]. Computer Law & Security Review,2016,32(4):642-649.

[27] Toegl R,Winkler T,Nauman M,et al. Specification and standardization of a java trusted computing api[J]. Software:Practice and Experience,2012,42(8):945-965.

[28] Gan J. A GPU-based DEM approach for modelling of particulate systems[J]. Powder Technology,2016,301(4):1172-1182.

[29] Islam S H. Design and analysis of an improved smartcard-based remote user password authentication scheme[J]. International Journal of Communication Systems,2014,29(11):34-39.

[30] Li Hehua,Wu Chunling. Study on the application of digital certificates in the protection of network information security and data integrity[J]. Journal of Networks,2013,8(11):33-36.

[31] Zhou Rigui, Wu qian, Zhang manqun. Quantum Image Encryption and Decryption Algorithms Based on Quantum Image Geometric Transformations[J]. International Journal of Theoretical Physics,2013,52(6):1802-1817.

[32] Wang Yixian,Ye Zunzhong. New trends in impedimetric biosensors for the detection of foodborne pathogenic bacteria[J]. Sensors,2012,12(3):3449-3471.

[33] Abkenar F S,Rahbar A G. Study and Analysis of Routing and Spectrum Allocation (RSA) and Routing,Modulation and Spectrum Allocation (RMSA) Algorithms in Elastic Optical Networks (EONs)[J]. Optical Switching & Networking,2017,2(3):5-39.

[34] Murthy N V E S,Naresh V S. Extended Diffie-Hellman Technique to Generate Multiple Shared Keys at a Time with Reduced KEOs and its Polynomial Time Complexity[J]. International Journal of Computer Science Issues,2010,7(3),45-49.

[35] Liao Chunsheng. Complex Network Based Computer Network Topology Discovery Optimization Algorithm[J]. Journal of Convergence Information Technology,2013,8(9):348-355.

[36] Xie Ding,Zhang Hui. A Proposal for Combination of Lymph Node Ratio and Anatomic Location of Involved Lymph Nodes for Nodal Classification in Non-small Cell Lung Cancer[J]. Journal of Thoracic Oncology Official Publication of the International Association for the Study of Lung Cancer,2016,11(9):1565-1573.

[37] Ballarini P,Mokdad L,Monnet Q. Modeling tools for detecting DoS attacks in WSNs[J]. Security & Communication Networks,2013,6(4):420-436.

[38] Singh A A,Singh K S. Network Threat Ratings in Conventional DREAD Model Using Fuzzy Logic [J]. International Journal of Computer Science Issues,2012,9(1):52-58.